原來如此！實驗・觀察超有趣！

燒杯君和他的實驗室大百科

上谷夫婦 著　林詠純 譯

Glossary of science lab terms
by Beaker-kun

前言

大家好，我們是作者上谷夫婦。真的非常感謝您選擇這本書。

燒杯君系列至今已經出版了四本書，這本書的日文版書名是「用語辭典」，顧名思義，就是書中列出了用語的意義與解說，但我們會想辦法避免使用困難的詞彙。另外也加入了許多插圖和漫畫，無論是哪一個用語，都盡量讓讀者容易想像。我們認為，即使只看插圖和漫畫，還是能讀得很開心的。

此外，日文版的書名不是「自然科學用語辭典」，而是「自然科學實驗室用語辭典」，因為我們希望傳達這樣的想法：「這本書不是參考書，而是讓大家愉快的體驗自然科學實驗室的書。」學習自然科學用語固然很重要，但我們認為，「享受自然科學，親近自然科學實驗室」更加重要。因此，本書除了自然科學實驗室的器材、藥品、實驗、發生的現象等之外，也加入了有點特別的詞條。

例如，「遺失（164頁）」、「拔不起來……（135頁）」、「被遺忘的課本與筆記本（192頁）」等偶爾會發生在自然科學實驗室的事情，以及「工作手套（62頁）」、「水盆（118頁）」、「水桶（147頁）」等，雖然不太起眼，卻是自然科學實驗室必備的物品。除此之外，還介紹了「滅火用的沙（92頁）」「水槽的碗型排水孔蓋（136頁）」等許多少見的用語。如果大家覺得「我們的實驗室也有這個！」而感到有趣，那就太好了。

雖然已經說到這裡，還是想要補充說明一下，本書也包含了許多自然科學領域中的重要用語。

例如其中有一個詞條是「泥」（135頁）。說到「泥」的時候，或許會讓人聯想到「雨天溼答答的土」，但在自然科學領域中，所謂的「泥」指的是「岩石變細形成的顆粒中，粒徑小於 0.0625毫米的小顆粒」。換句話說，這與是否含水並無關聯。這主要是國中學習的範圍，但如果能夠事先掌握，學習科學應該會更加順利。

其他還有許多學習自然科學時最好能記住的內容，例如岩石與礦物的不同、氣體檢測管的使用方法、能夠加熱的玻璃器材等。

除了以上內容之外，還有「顯微鏡」、「製作地層的實驗」、「燒杯」、「實驗室的規則」、「紅酒蒸餾」等，介紹的用語總計超過400個，無論從哪裡開始讀都會很有趣。有些用語解說最後的箭頭部分也附上了相關用語，所以很推薦閱讀時從一個用語跳到另一個用語。

或許有些人對於自然科學實驗室有著不好的印象，像是「總覺得有點可怕」、「擺放了許多很難懂的複雜器材」等。如果這些人在讀了本書之後，能夠稍微改變對自然科學實驗室的印象，例如「自然科學實驗室似乎很有趣」、「原來也有這樣的實驗？好想試試看」等，那就太令人開心了。當然啦，對於「我最喜歡自然科學實驗室！」的人也是非常歡迎的。讓我們一起享受自然科學實驗室的有趣之處吧！

附帶一提，本書中出現的自然科學實驗室純屬虛構。不過，這是「上谷夫婦根據過去的經驗與採訪，所創作出來的自然科學實驗室」，因此也可說是集合了部分真實存在的學校實驗室所進行的創作。如果大家一邊閱讀，一邊比對自己學校的自然科學實驗室，想必也會很有趣。

希望本書能夠成為大家覺得「科學真有趣」、「自然科學實驗室莫名的讓人很興奮」的契機。

上谷夫婦

目錄

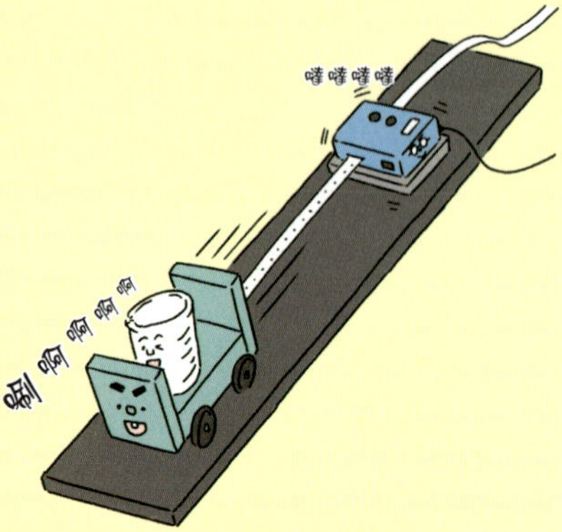

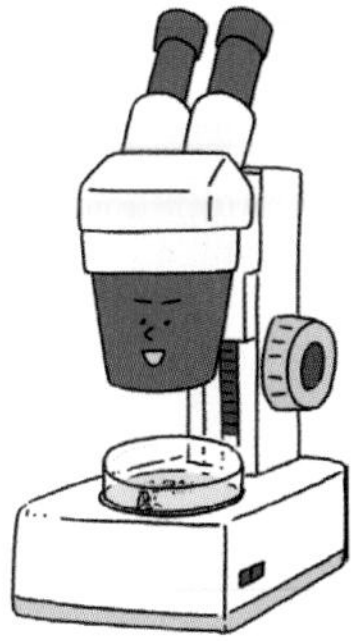

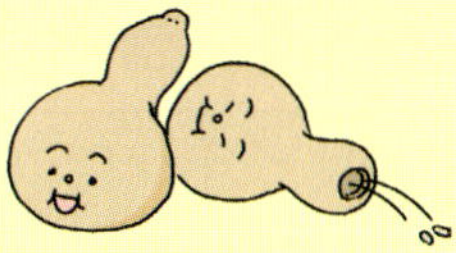

自然科學實驗室與燒杯君
某所學校……
實驗室
……終於出了。
吞口水……
燒杯君的第五集單行本?!!
燒杯君和他的實驗室大百科
太棒了！

第一集是
實驗器材
燒杯君和他的夥伴
第二集是
化學實驗
燒杯君和他的化學實驗
第三集是
早期的實驗器材
燒杯君和他的偉大前輩
第四集是工廠
與博物館的
採訪報導
燒杯君和他的小旅行
而這次的書就是……
這裡!!
以實驗室為主題
的百科!!
砰—
平常有使用實
驗室的人就不
用說了，
希望未來會使用
實驗室的人也能
讀一讀喔！
……首先，就來介紹
實驗室是個什麼樣的
地方吧！
好～

實驗室是這樣的地方

這裡擺放了實驗與觀察用的器材及設備。
除此之外也準備了以防萬一的物品，
例如急救箱與滅火用的沙等。

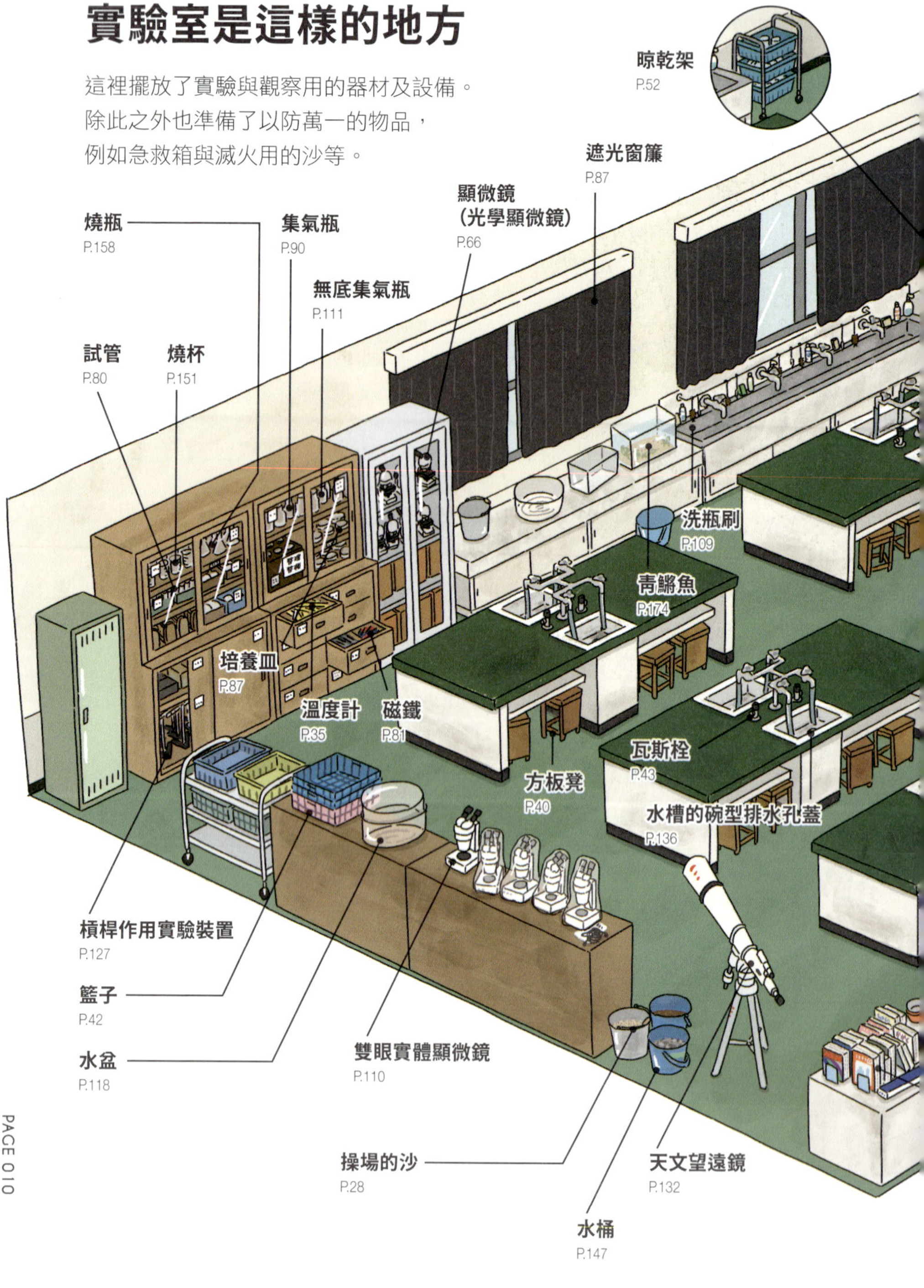

晾乾架
P.52
遮光窗簾
P.87
顯微鏡
(光學顯微鏡)
P.66
燒瓶
P.158
集氣瓶
P.90
無底集氣瓶
P.111
試管
P.80
燒杯
P.151
洗瓶刷
P.109
青鱂魚
P.174
培養皿
P.87
溫度計
P.35
磁鐵
P.81
瓦斯栓
P.43
方板凳
P.40
水槽的碗型排水孔蓋
P.136
槓桿作用實驗裝置
P.127
籃子
P.42
水盆
P.118
雙眼實體顯微鏡
P.110
操場的沙
P.28
天文望遠鏡
P.132
水桶
P.147

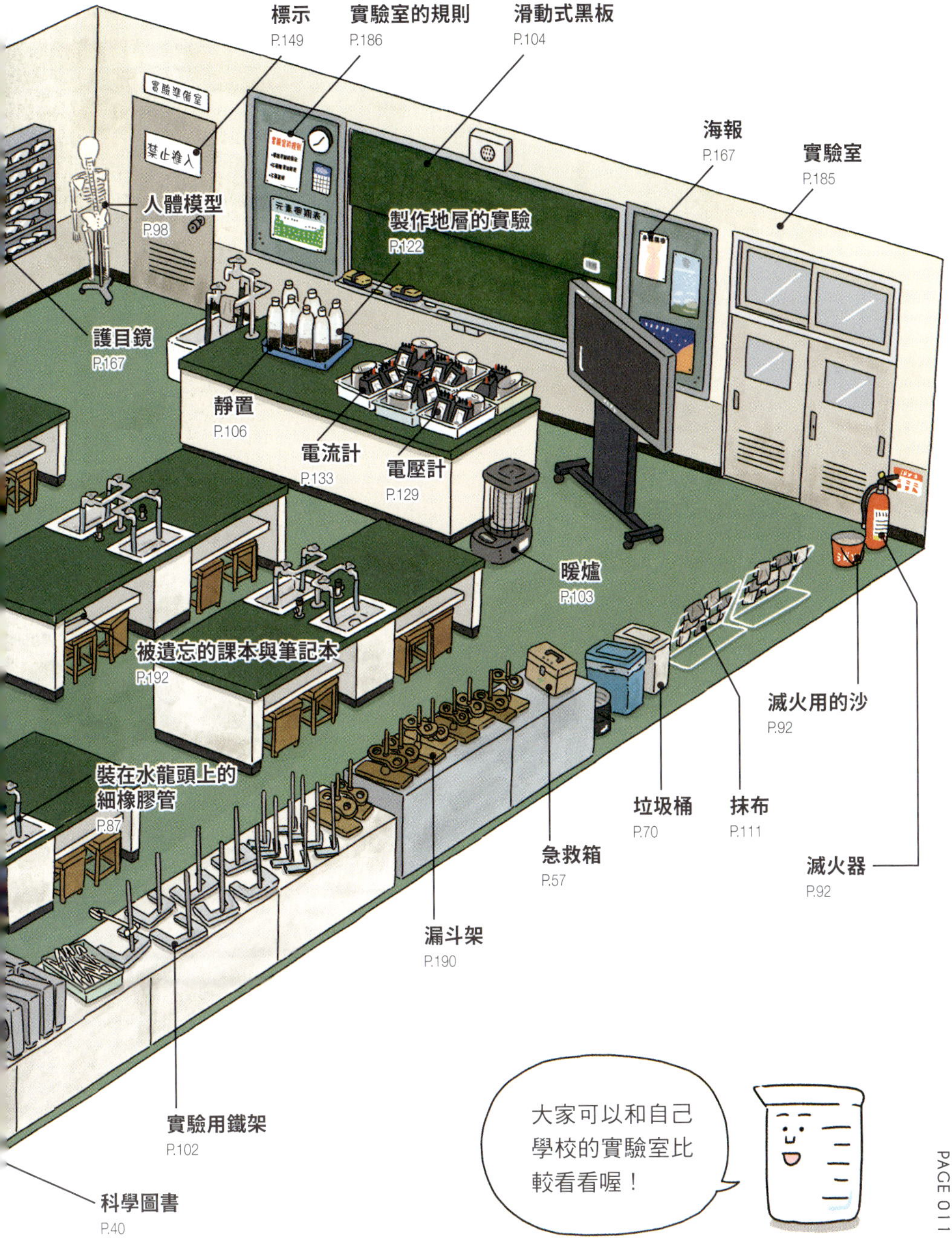
標示
P.149
實驗室的規則
P.186
滑動式黑板
P.104
海報
P.167
實驗室
P.185
人體模型
P.98
製作地層的實驗
P.122
護目鏡
P.167
靜置
P.106
電流計
P.133
電壓計
P.129
暖爐
P.103
被遺忘的課本與筆記本
P.192
滅火用的沙
P.92
裝在水龍頭上的
細橡膠管
P.87
垃圾桶
P.70
抹布
P.111
急救箱
P.57
滅火器
P.92
漏斗架
P.190
實驗用鐵架
P.102
科學圖書
P.40
大家可以和自己
學校的實驗室比
較看看喔！

這裡也介紹
實驗室進行
的活動

實驗室主要進行的活動

（同時也列出各個用語的解說頁面）

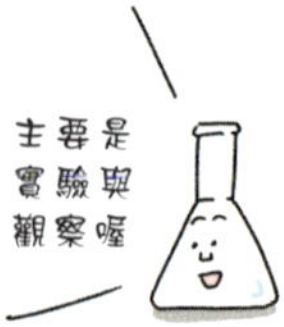
主要是
實驗與
觀察喔

各式各樣的實驗

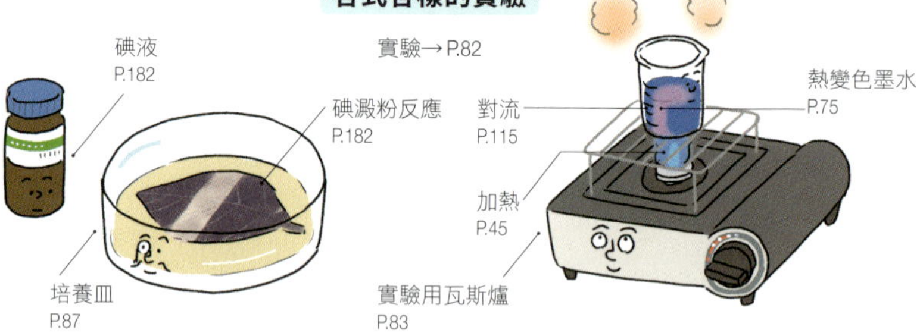
實驗→P.82
碘液 P.182
碘澱粉反應 P.182
培養皿 P.87
對流 P.115
加熱 P.45
熱變色墨水 P.75
實驗用瓦斯爐 P.83

各式各樣的觀察

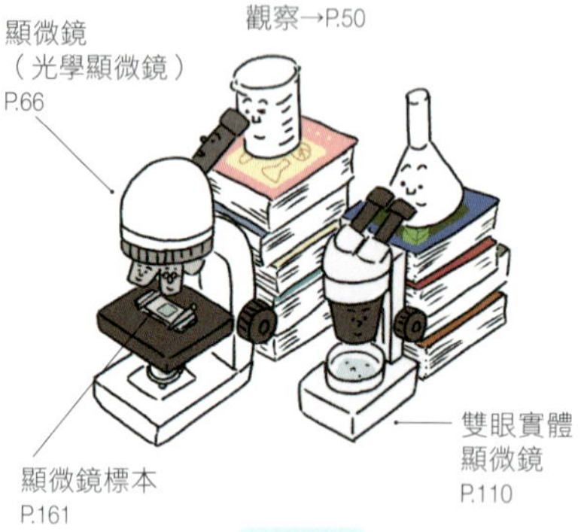
觀察→P.50
顯微鏡（光學顯微鏡）P.66
顯微鏡標本 P.161
雙眼實體顯微鏡 P.110

各式各樣的測量

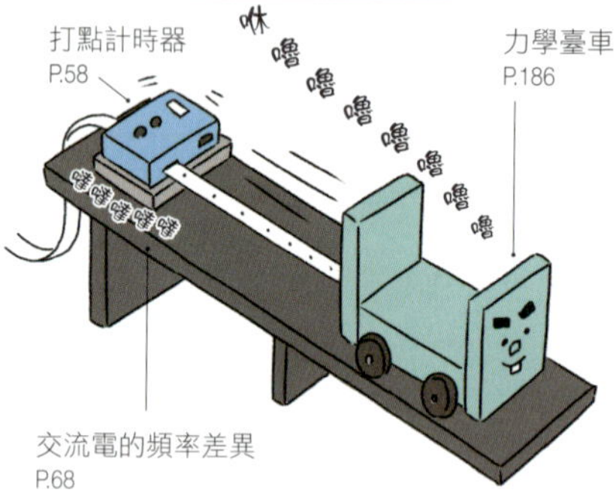
打點計時器 P.58
咻
嚕嚕嚕嚕嚕嚕嚕
噠噠噠噠噠
力學臺車 P.186
交流電的頻率差異 P.68

素描

→P.101
盯
畫畫 畫畫

雖然在外
面也是可
以畫素描

示範實驗

→P.32
護目鏡 P.167
液態氮 P.28
倒倒倒
喔喔喔
好厲害！

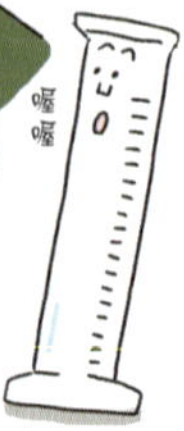
喔喔

不過，偶爾也
會發生這樣的
事情……

實驗室
偶爾會發生的意外

最好不要
發生這種
事啦！

咚
哇
藥品
P.178
流出來……

失敗

→P.83

咦？少一個
砝碼
P.164

遺失

→P.164

用力用力
試管
P.80
橡皮塞
P.72

拔不起來……

→P.135

雖然繼續介紹實驗室
也可以，
不過呢……
熱熱
鬧鬧
成群
結隊
今天就特別
進來這個房
間看看吧！
實驗準備室
好期待～
喂——
酒精燈君——
開門
來了來了，
請進～
慢走喔——

實驗準備室是這樣的地方

這裡保管了各式各樣的實驗器材與藥品，
老師也會在這裡進行實驗。

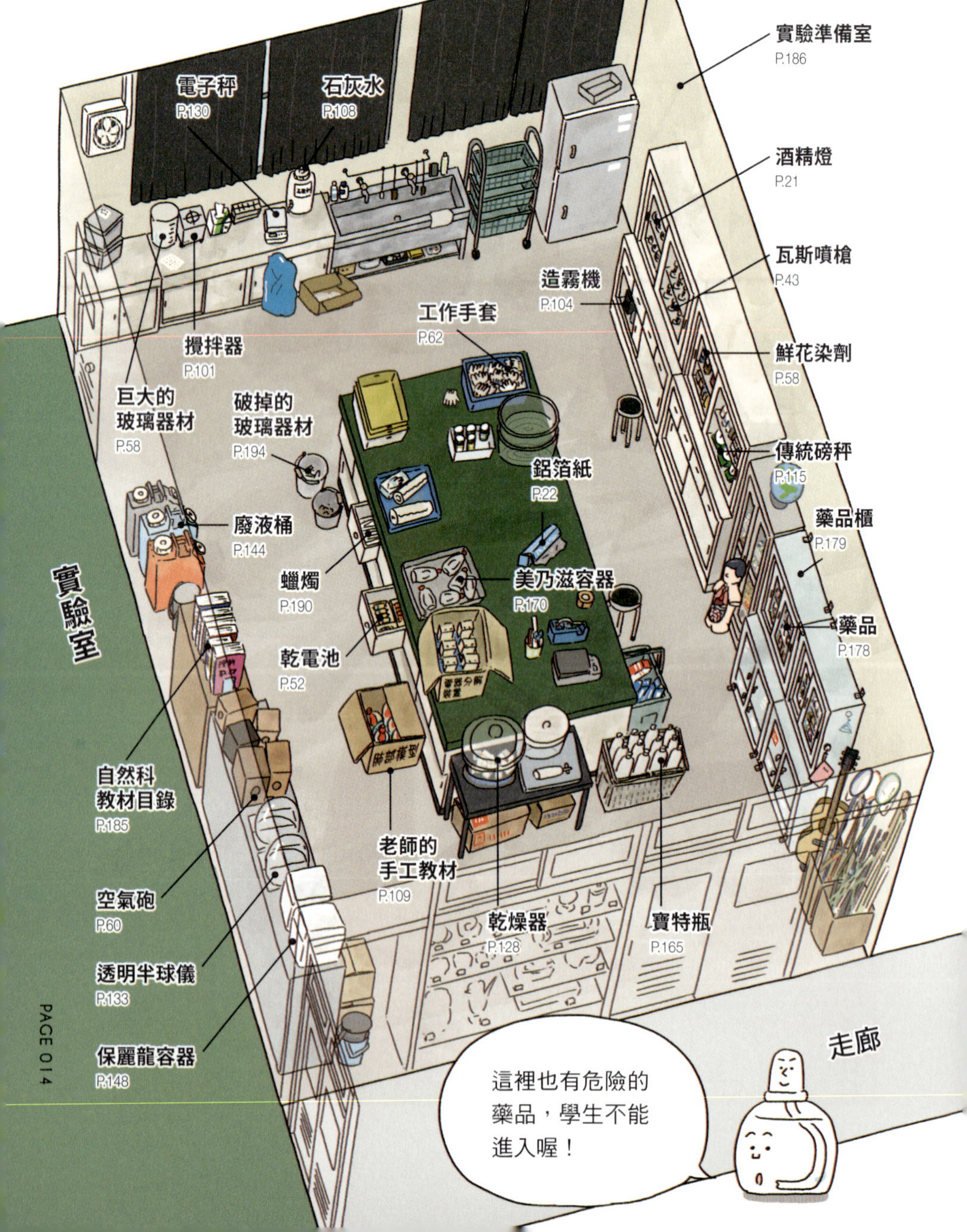

實驗準備室
P.186
電子秤
P.130
石灰水
P.108
酒精燈
P.21
瓦斯噴槍
P.43
造霧機
P.104
工作手套
P.62
攪拌器
P.101
鮮花染劑
P.58
巨大的
玻璃器材
P.58
破掉的
玻璃器材
P.194
傳統磅秤
P.115
鋁箔紙
P.22
藥品櫃
P.179
廢液桶
P.144
蠟燭
P.190
美乃滋容器
P.170
實驗室
藥品
P.178
乾電池
P.52
自然科
教材目錄
P.185
老師的
手工教材
P.109
空氣砲
P.60
乾燥器
P.128
寶特瓶
P.165
透明半球儀
P.133
走廊
保麗龍容器
P.148
這裡也有危險的
藥品，學生不能
進入喔！

實驗準備室給人的感覺好像祕密空間～
石灰水
畢竟你們兩個平常很少進來吧！

老師會在這裡進行事前實驗之類喔！
石灰
咻
原來如此～

老師在實驗準備室進行的工作

這只是一部分

啵
啵
啵

預備實驗

事先確認進行實驗時的危險事項等。

藥品管理

→P.178

準備實驗用藥品

那麼，差不多該進入正題了……雖然很想這麼說。
還有想要介紹的地方吧？
嗯嗯

所以我們就往這邊去吧～
唰啦
Let's Go!!

實驗室・實驗準備室前方走廊

這裡有以前的實驗器材與剝製標本等的展示空間，
以及貼著海報及學生作品的布告欄等。

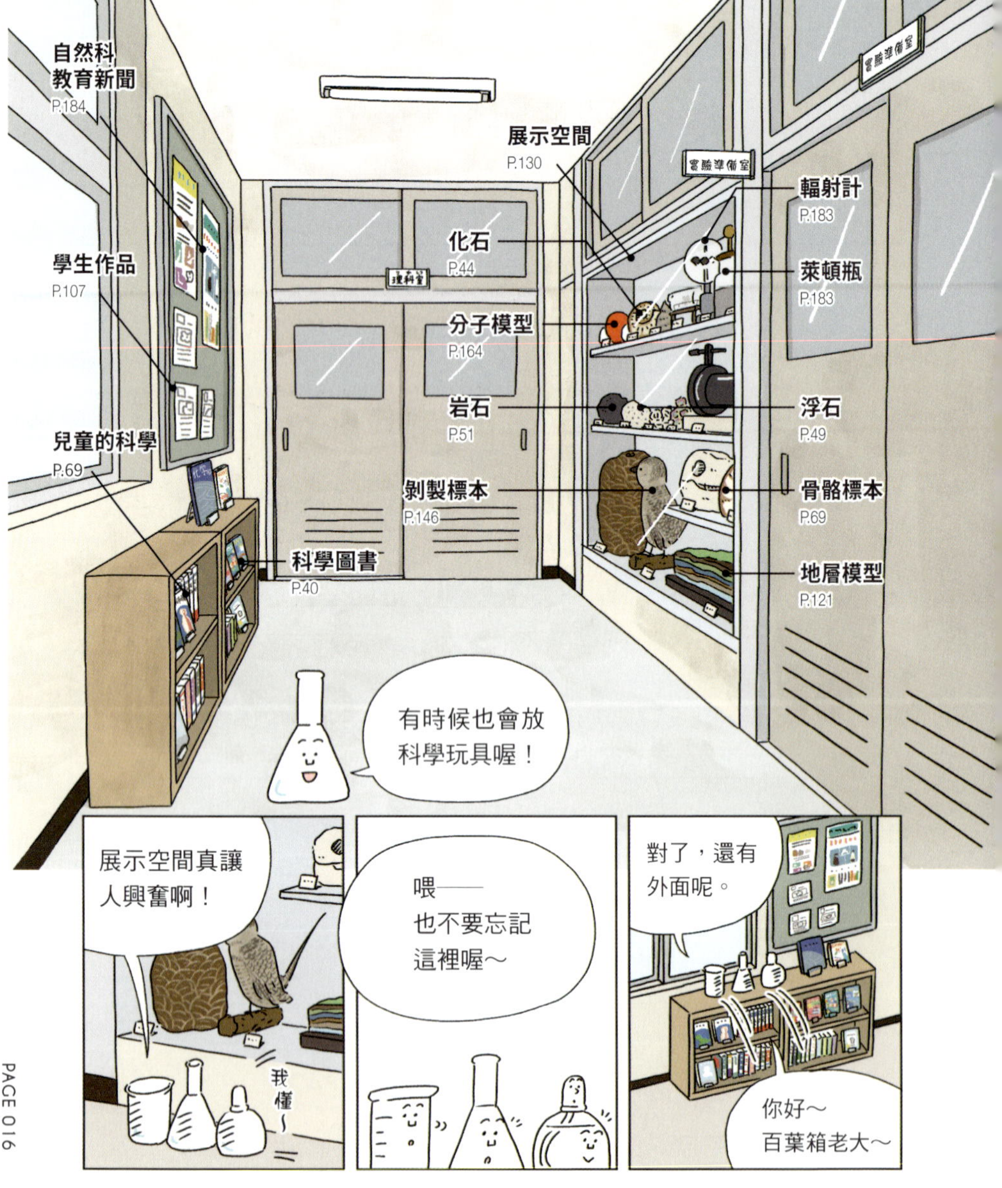

自然科教育新聞 P.184
學生作品 P.107
兒童的科學 P.69
展示空間 P.130
實驗準備室
理科室
化石 P.44
分子模型 P.164
岩石 P.51
剝製標本 P.146
科學圖書 P.40
輻射計 P.183
萊頓瓶 P.183
浮石 P.49
骨骼標本 P.69
地層模型 P.121
有時候也會放科學玩具喔！
展示空間真讓人興奮啊！
我懂～
喂——也不要忘記這裡喔～
對了，還有外面呢。
你好～百葉箱老大～

校舍外也有……

戶外也有各種自然科學相關教材，
例如百葉箱、絲瓜、栽培來觀察的植物等。

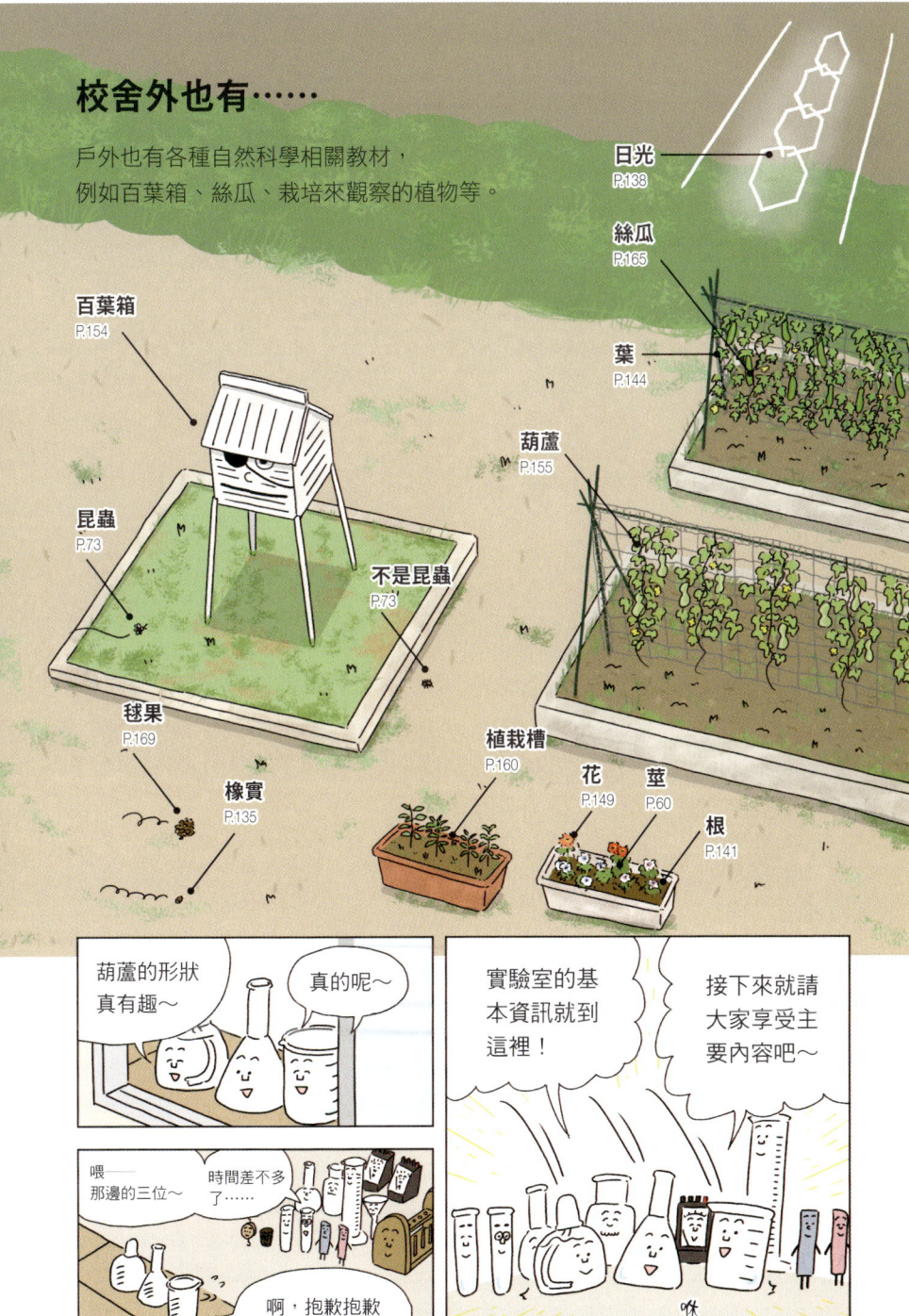

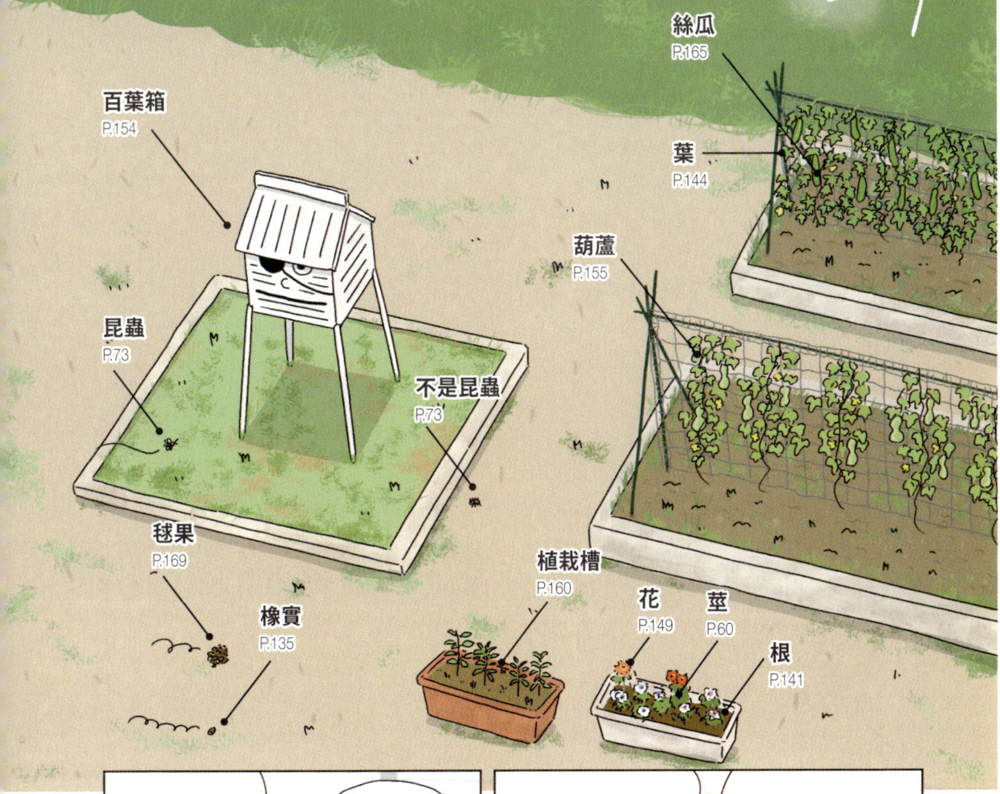
日光
P.138
絲瓜
P.165
葉
P.144
百葉箱
P.154
葫蘆
P.155
昆蟲
P.73
不是昆蟲
P.73
毬果
P.169
植栽槽
P.160
橡實
P.135
花
P.149
莖
P.60
根
P.141

葫蘆的形狀真有趣～
真的呢～
喂——那邊的三位～
時間差不多了……
啊，抱歉抱歉
實驗室的基本資訊就到這裡！
接下來就請大家享受主要內容吧～

本書的閱讀方式

詞條
包括實驗器材、藥品、實驗的名稱等自然科學實驗室相關詞彙。

相關用語
與詞條高度相關的用語。在其他頁面有進一步的介紹，一併閱讀會更有趣。

用語解說
詞條的意義與小知識等。

插圖
用語解說的示意圖或補充資訊。

漫畫
內容與前後頁的用語有關。

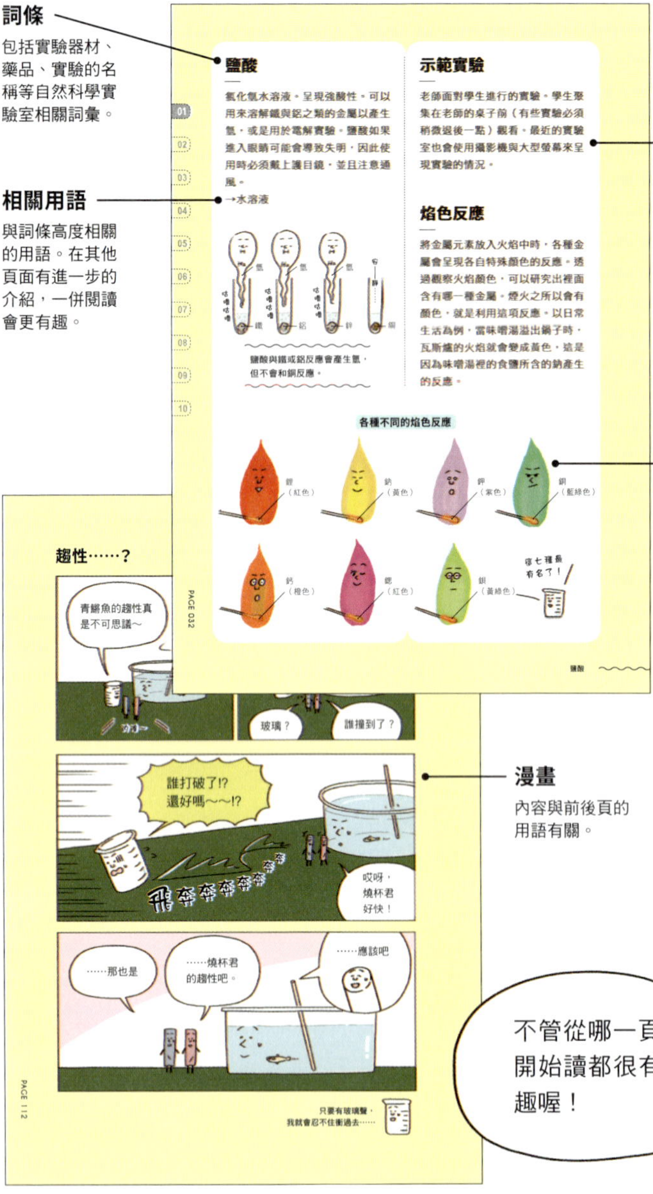

01
02
03
04
05
06
07
08
09
10
鹽酸
氯化氫水溶液。呈現強酸性。可以用來溶解鐵與鋁之類的金屬以產生氫，或是用於電解實驗。鹽酸如果進入眼睛可能會導致失明，因此使用時必須戴上護目鏡，並且注意通風。
→水溶液
鹽酸與鐵或鋁反應會產生氫，但不會和銅反應。
示範實驗
老師面對學生進行的實驗。學生聚集在老師的桌子前（有些實驗必須稍微退後一點）觀看。最近的實驗室也會使用攝影機與大型螢幕來呈現實驗的情況。
焰色反應
將金屬元素放入火焰中時，各種金屬會呈現各自特殊顏色的反應。透過觀察火焰顏色，可以研究出裡面含有哪一種金屬。煙火之所以會有顏色，就是利用這項反應。以日常生活為例，當味噌湯溢出鍋子時，瓦斯爐的火焰就會變成黃色，這是因為味噌湯裡的食鹽所含的鈉產生的反應。
各種不同的焰色反應
鋰（紅色）
鈉（黃色）
鉀（紫色）
銅（藍綠色）
鈣（橙色）
鍶（紅色）
鋇（黃綠色）
PAGE 032
鹽酸
趣性……？
青鱂魚的趣性真是不可思議～
玻璃？
誰撞到了？
誰打破了!?還好嗎～～!?
哎呀，燒杯君好快！
……那也是
……燒杯君的趣性吧。
……應該吧
只要有玻璃聲，我就會忍不住衝過去……
PAGE 112

不管從哪一頁開始讀都很有趣喔！

燒杯君和他的實驗室大百科

Glossary of science lab terms
by Beaker-kun

製作冰淇淋

趣味實驗之一。一般來說，如果只有冰塊，溫度無法低於0℃。但只要將鹽與水混合，溫度就可以下降到-20℃左右，利用這個現象就能製作冰淇淋。

→冷凍劑、趣味實驗

用鹽與冰塊冰鎮製作的冰淇淋

❶將蛋1顆、砂糖30g、牛奶200mL混合後裝進夾鏈袋裡。

❷在大袋子裡裝入鹽150g與冰塊500g，並搓揉均勻。

❸將②放入①，用毛巾包起來充分搖晃。

❹約5分鐘後，裡面就完成凝固了！

空罐

經常用在學習燃燒的實驗。準備2個罐子，就能觀察到側面底部附近開孔與不開孔時的燃燒狀況有所不同。有開孔時較通風，火會燒得較旺。

→無底集氣瓶

空罐君們

水流抽氣管

利用自來水流降低壓力的器材。抽氣管連著兩條橡膠管，一條安裝在水龍頭上，另一條安裝在容器上（過濾吸引瓶等）。當水流通過水流抽氣管時，便吸走容器內的空氣，於是壓力就會下降。這在減壓過濾時會用到。

→過濾

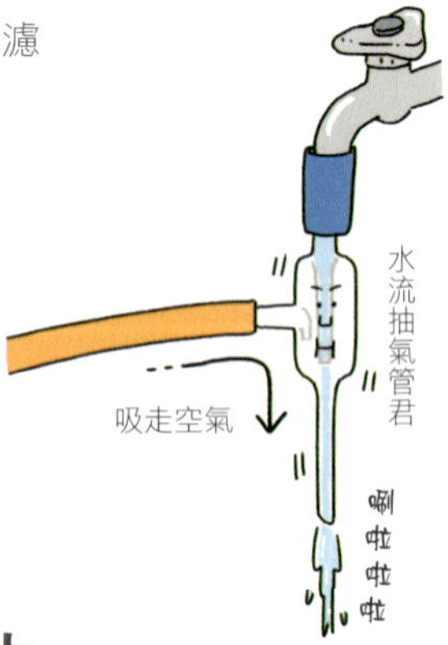

壓力

這是當力施加於某個面時，該力的垂直方向大小除以面積所得到的值。舉例來說，當手指按壓鉛筆的兩端時，即使施加的力量相同，接觸尖端部分的手指也會較痛。這是因為尖端的面積較小，所以壓力相對較大。
→水壓、大氣壓

$$\text{壓力}=\frac{\text{按壓面的力}}{\text{力作用的面積}}$$

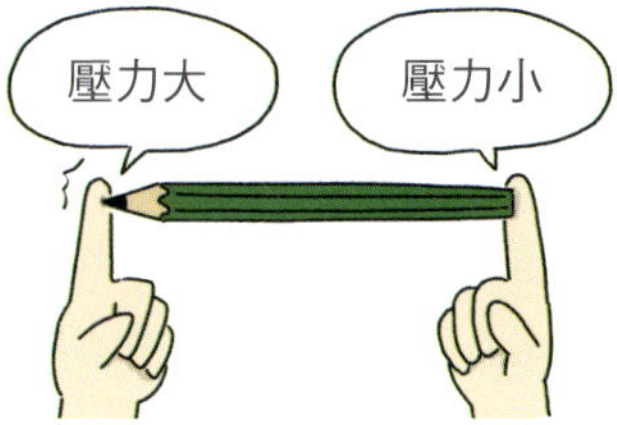

壓力大
壓力小

鹼

形成水溶液時呈現鹼性的物質。鹼性水溶液會讓石蕊試紙從紅色變藍色，讓酚酞指示劑從無色變紅色，讓溴瑞香草藍指示劑（BTB）從綠色變藍色。
→酸、pH指示劑、石蕊試紙

酒精燈

加熱器材之一。最適合緩慢加熱，能夠輕易移動。但另一方面，由於「無法調節火力」、「存在酒精潑灑出去的風險」等問題，近來小學幾乎不再使用。
→實驗用瓦斯爐、不再使用的器材

使用酒精燈前的檢查事項

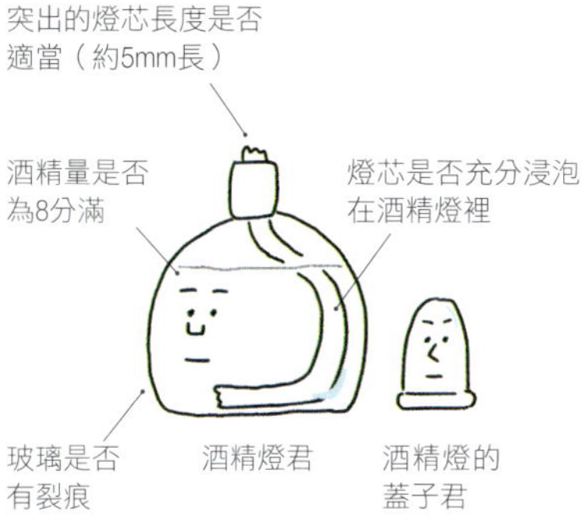

突出的燈芯長度是否適當（約5mm長）
酒精量是否為8分滿
燈芯是否充分浸泡在酒精燈裡
玻璃是否有裂痕
酒精燈君
酒精燈的蓋子君

酒精燈的注意事項

住手~

不能在點火的狀態下移動。

不能使用酒精燈互相點火。

如果長時間不使用，須將裡面的酒精倒空。

酒精燈蓋子

酒精燈的蓋子主要用於熄滅酒精燈的火焰。熄滅時應該要從火焰的斜上方蓋上，並且立刻再取下蓋子一次。如果不這麼做，蓋子很可能變得很難拔起來，或者酒精會附著於蓋子內側，恐怕會造成下次實驗時著火。此外，如果蓋子是玻璃製品，就會製作成與酒精燈本體完美密合的形狀，因此不能與其他酒精燈的蓋子調換。這些繁複的注意事項，或許也是小學不再使用酒精燈的主要原因……。

→拔不起來……

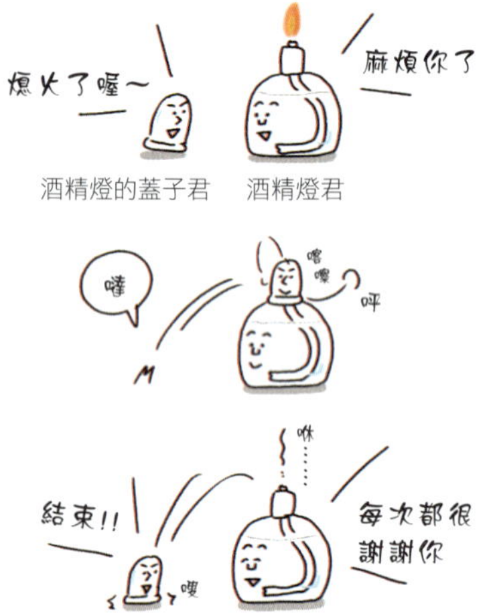
熄火了喔～
麻煩你了
酒精燈的蓋子君
酒精燈君
噠
呼
咻……
結束!!
每次都很謝謝你
嘍

鋁箔紙

將金屬鋁延展到很薄所製成的製品，有時也會簡稱為鋁箔。使用於電的相關實驗，或是觀察葉片光合作用的實驗等。不過，使用鋁箔紙包裹乾電池會發熱，非常危險，千萬不能這麼做。

→不可以做

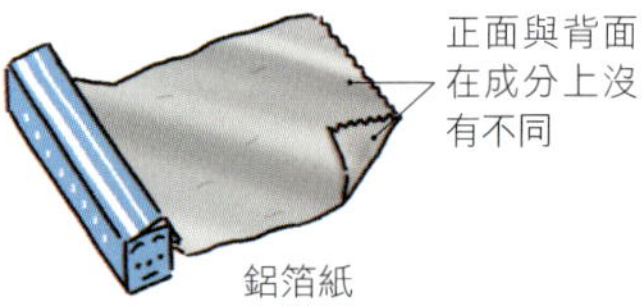
正面與背面在成分上沒有不同
鋁箔紙

鋁箔紙的用途

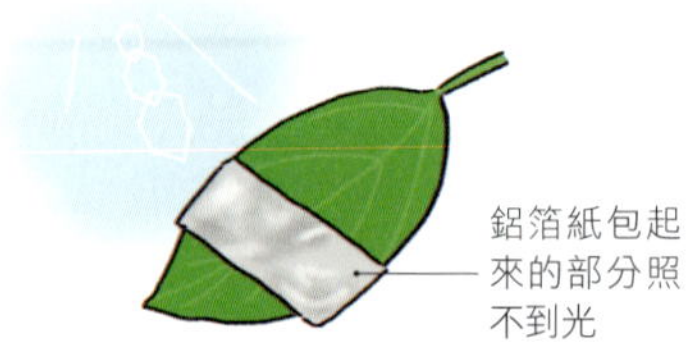
鋁箔紙包起來的部分照不到光

光合作用實驗

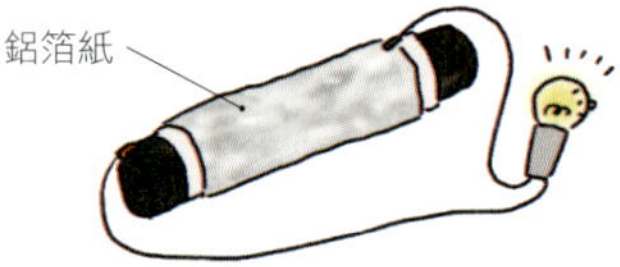
鋁箔紙

製作備長炭電池的實驗

安全第一

這是使用實驗室時、也就是做實驗時的首要概念。如果忘記這一點，就會引發事故或受到傷害。實驗中如果用到玻璃器材、藥品、火或電等，更必須特別注意。此外，實驗前的準備及實驗後的收拾也不能大意。使用實驗室要遵守老師的指示與實驗室的規則喔！

→不可以做、整理整頓、標示、實驗室的規則

氨氣

具有刺鼻的刺激性氣味，是無色有毒的氣體。非常容易溶於水，它的水溶液（氨水）呈鹼性。氨水也和氨氣一樣具有高度危險性，必須嚴格保管於藥品櫃。

→稀釋、嗅聞氣味的方式、藥品櫃

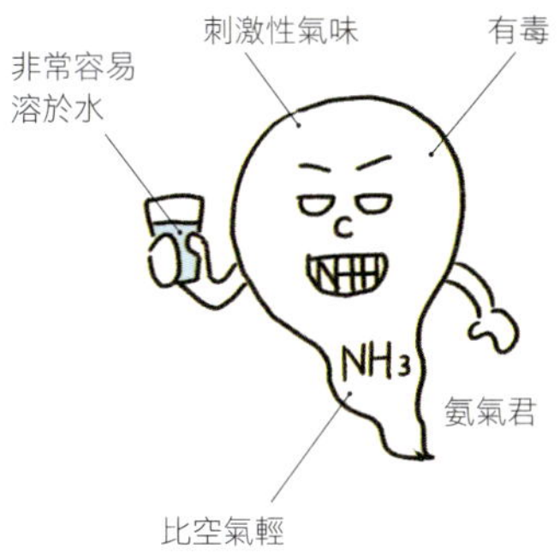

刺激性氣味
有毒
非常容易
溶於水
NH_3
氨氣君
比空氣輕

氨水噴泉

這是利用氨氣非常容易溶於水的特性所進行的實驗。如果在充滿氨氣的燒瓶內加入少量的水，氨氣就會溶解在水裡，導致燒瓶內的壓力下降。這麼一來，燒杯中的水就會被吸入燒瓶裡，並在燒瓶內強勁噴射。如果事先在燒杯中的水加入酚酞指示劑，水的顏色也會發生變化。這個實驗的視覺效果絕佳，相當有趣。

→pH指示劑

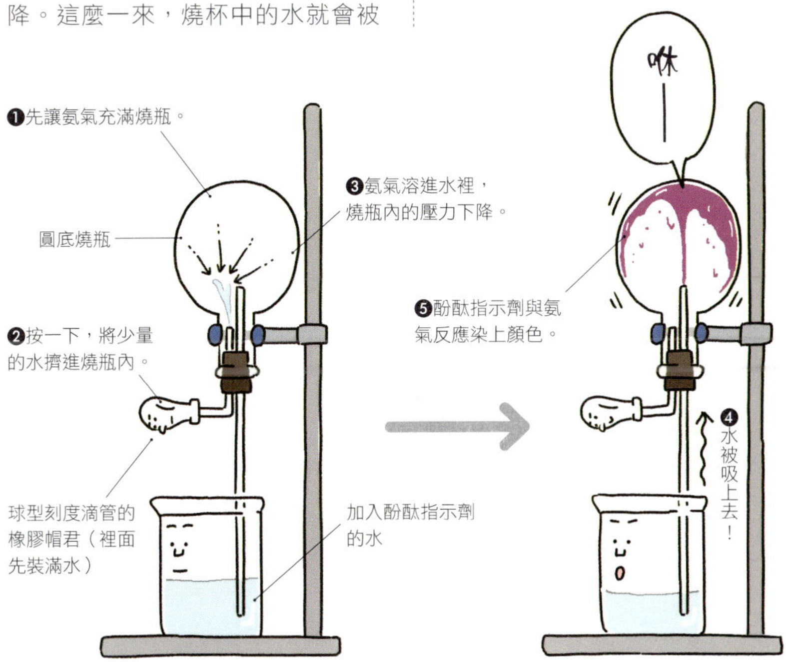

❶先讓氨氣充滿燒瓶。
圓底燒瓶
❸氨氣溶進水裡，
燒瓶內的壓力下降。
❷按一下，將少量
的水擠進燒瓶內。
球型刻度滴管的
橡膠帽君（裡面
先裝滿水）
加入酚酞指示劑
的水
咻
❺酚酞指示劑與氨
氣反應染上顏色。
❹水被吸上去！

離子

帶電的原子或分子。原子因為接收電子或失去電子，導致正負電不再平衡而變成離子。舉例來說，氫失去一個電子，就會變成氫離子。

原子變成離子的示意圖

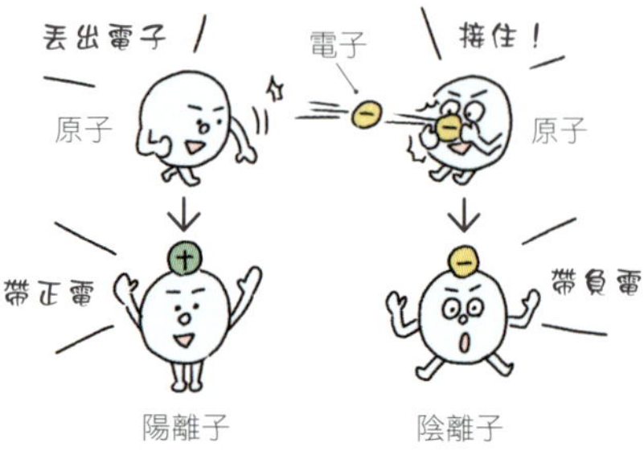
丟出電子
電子
接住！
原子
原子
帶正電
帶負電
陽離子
陰離子

維管束

植物的莖內部導管（從根部吸收的水分和養分通過的管道）與篩管（葉片製造的養分通過的管道）集中的部分。只要使用鮮花染劑，就能觀察雙子葉植物與單子葉植物的維管束差異。

→鮮花染劑

如何觀察莖的切面

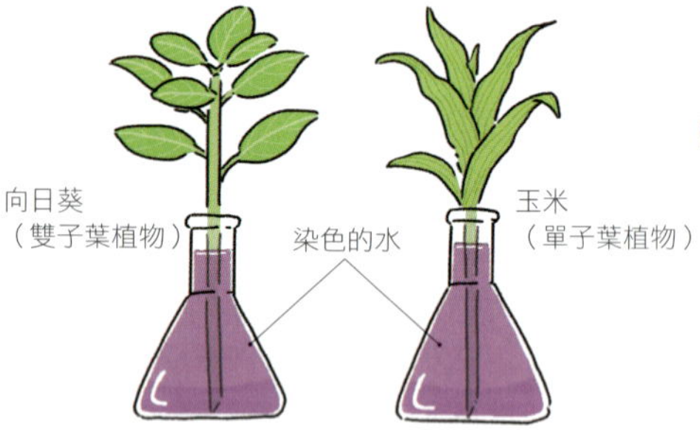
向日葵
（雙子葉植物）
染色的水
玉米
（單子葉植物）

❶先將植物浸泡在染色的水中幾個小時。

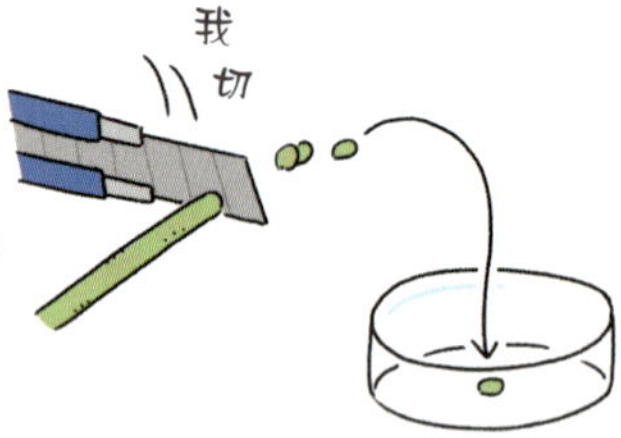
我切

❷用美工刀將莖切成薄片。

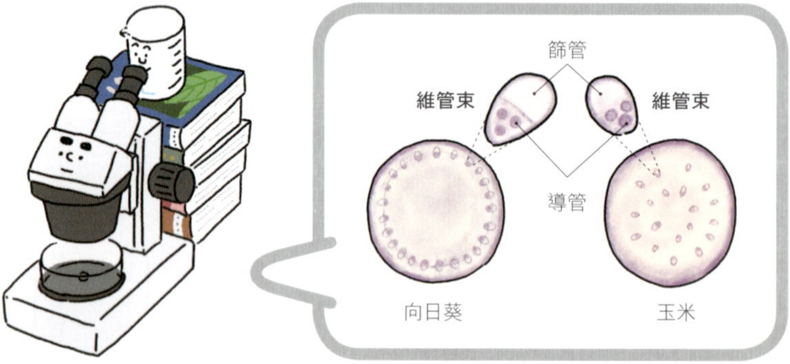
篩管
維管束
維管束
導管
向日葵
玉米

❸使用顯微鏡觀察。

胃觀測

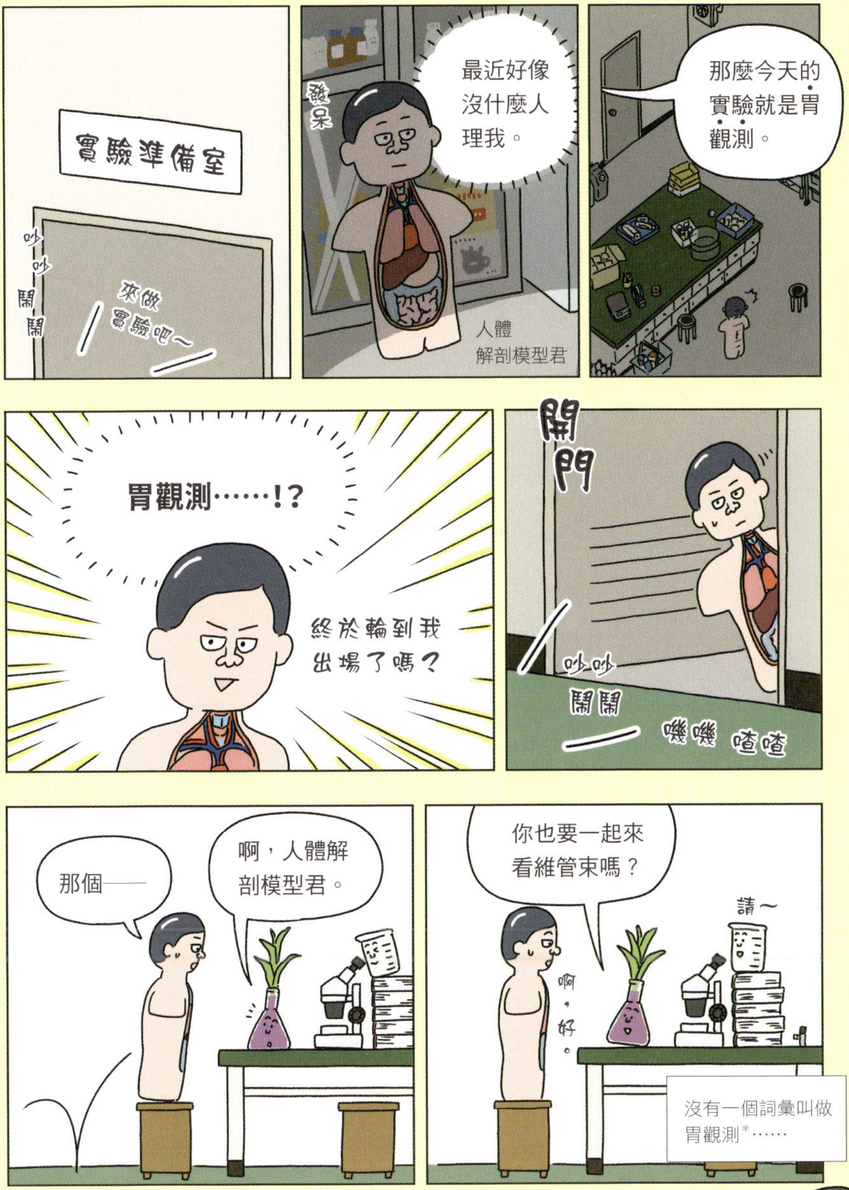

＊譯注：日文的維管束音同胃觀測（ikansoku）。

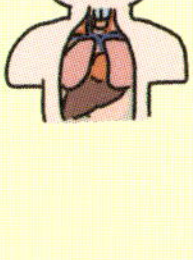
算了，觀察維管束也很有趣！

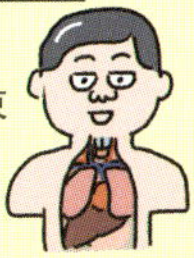

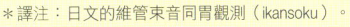

活化石

目前仍然存活的生物，而且體型和特徵與在地層中發現的化石幾乎相同，所以被稱為「活化石」。除了腔棘魚、鱟、大山椒魚等動物之外，還包括銀杏與水杉等植物。

→化石

聽說目前
還不知道為什麼
形狀一直沒變的
原因。

化石

鱟

化石

腔棘魚

化石

龍宮貝

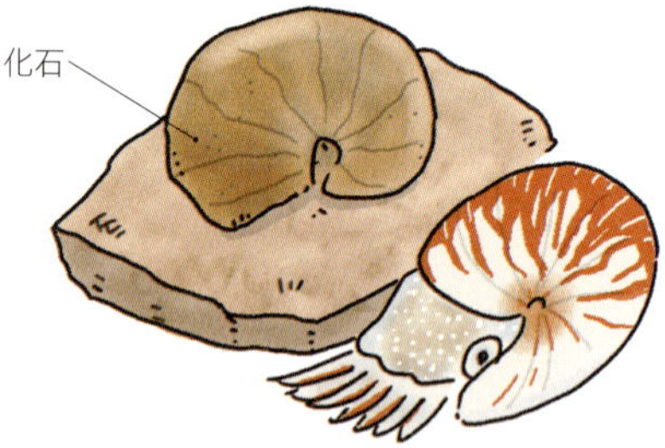
化石

鸚鵡螺

化石

銀杏

化石

水杉

石綿

一種天然的纖維狀礦物，鬆開後呈現棉絮狀。曾被用於建築物中作為保溫材料與耐火材料等，但因為石綿的粉塵對人體有害，目前已被禁止製造與使用。實驗室直到1980年代後半，仍然將石綿使用於石綿心網的白色部分，不過現在已經改用陶瓷材料製成的陶瓷纖維網。

→陶瓷纖維網

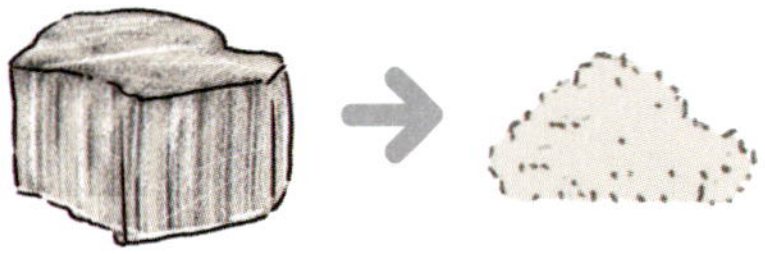

石綿（礦物）　　石綿（加工品）

紙杯傳聲筒

一種學習聲音性質的玩具。雖然簡單，實際玩玩看後會發現很有趣。使用紙杯與繩線製成，聽見聲音時觸摸繩線，就會發現繩線在震動。此外，還能進行各種聲音實驗，例如可以將繩線捏住或放鬆，看看會發生什麼事。

→聲音的性質、科學玩具

陰極射線

電流在真空中流動時，從負極朝向正極釋放的電子束。人眼通常看不到，不過如果使用螢光板等工具就能看見。

→克魯克斯管、電子

上皿天平

利用左右秤盤的平衡狀況來測量質量的器材。把想要測量的物體放在一邊的秤盤上，另一邊則放砝碼，觀察指針的搖晃狀況。當指針左右晃動幅度相同時，代表達到平衡，這時砝碼合計的質量就是物體的質量。不過，現在小學已經不用上皿天平，而是改用測量起來更簡單的電子天平。

→質量、不再使用的器材、砝碼

砝碼
包藥紙
橡皮擦君
17g!!

上皿天平君

風箏線
紙杯
喂
喂

操場的沙

從操場拿來的沙子。有時候會裝在水桶裡放在實驗室。這些沙子被用在觀察水的滲透實驗及製作地層的實驗等。雖然目的和滅火用的沙不一樣，但遇到緊急狀況時也能代替。

實驗用

液態氮

液體狀態的氮。有時也簡稱為「液氮」。無色透明，-196℃。能夠用來進行看起來容易理解的實驗。不過，液態氮會有導致凍傷或破裂之類的危險性，必須由理解這種性質的指導者使用。

-196℃
使用我的時候，請戴上專用手套和護目鏡喔！
液態氮君

液態氮運輸容器

用來運輸或暫時儲存液態氮的容器。由於液態氮絕對不可以密閉，因此運輸容器的蓋子設計成只是蓋上的結構。

液態氮運輸容器君

使用液態氮的簡單實驗

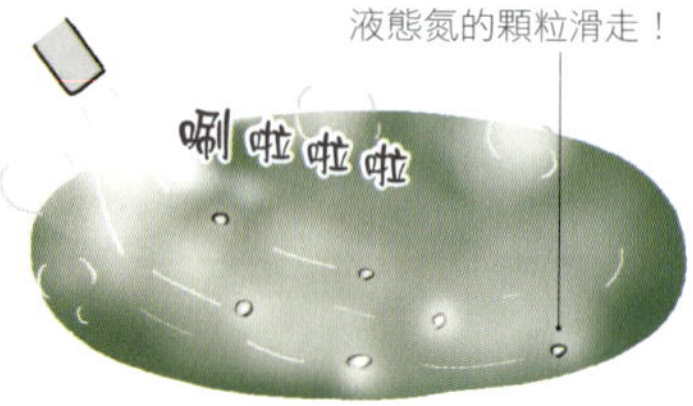
液態氮的顆粒滑走！
唰啦啦啦
故意倒在桌上

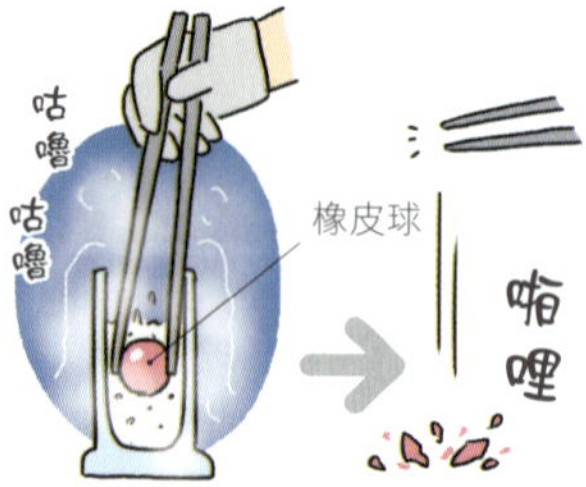
咕嚕咕嚕
橡皮球
啪哩
冰凍橡皮球

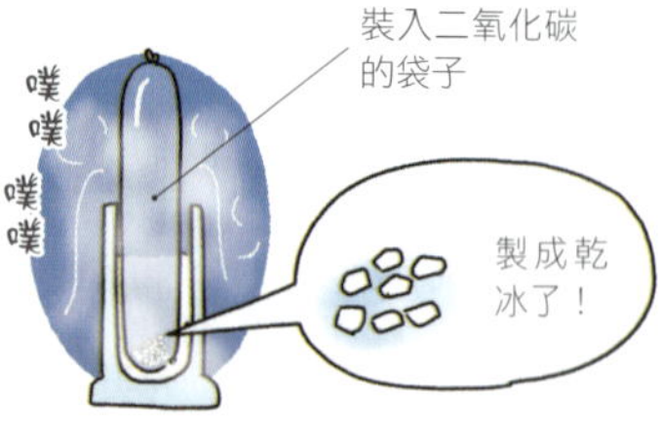
裝入二氧化碳的袋子
噗噗噗噗
製成乾冰了！
冷卻二氧化碳

臭味的真相⋯⋯!?

飄過來⋯⋯
嗯？好像臭臭的。
我們來找出臭味的原因吧。
就這麼辦。
好像沒人在做產生氣體的實驗。
的確。
到底是哪裡呢？
飄⋯⋯
臭味從這裡傳來。
該不會是毒氣!?
臭味在這裡！
跳
實驗用
Z Z Z
這、這是⋯⋯
這是狗大便！
喂，水桶君，快起來！
實驗用
唔？
混在操場的沙裡面。

聽說偶爾會混在裡面。

乙醇

具有特殊氣味的無色液體，也稱為酒精。容易蒸發，點火就會燃燒。可以用於將葉子脫色或進行蒸餾的實驗。相似名稱的藥品還有甲醇，不過甲醇對人體具有毒性，必須注意。甲醇具有刺激性氣味，即使只喝到一點點，也可能導致失明甚至死亡。

→蒸餾

乙醇

漆包線

外層包覆絕緣塗層（不導電塗料）的銅線，用來製作電磁鐵等。用銼刀磨掉絕緣塗層的部分，裡面的銅線會露出來，就可以利用它來製作簡單的馬達。

→線圈、電磁鐵

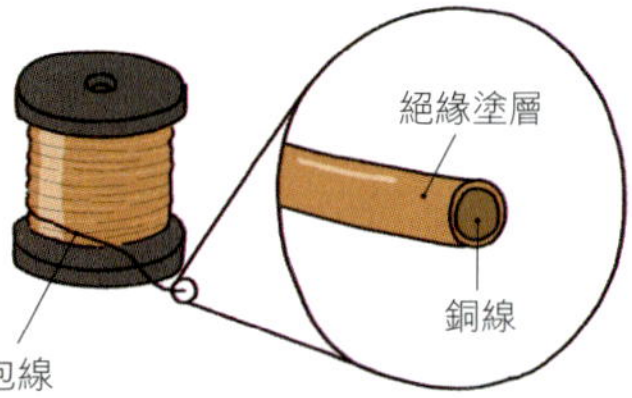
絕緣塗層
銅線
漆包線

能量

具有使物體產生變化的作用，例如「施力移動物體」、「使液體變成氣體」等。顯示作用大小的單位是「焦耳」（J）。能量有許多種類，能夠彼此轉移。

各種能量

轟
轟
光能
熱能
電能
唰啦啦啦啦啦
轟
轟
轟
轟
轟
動能
聲能
化學能

鰓呼吸

魚類與兩棲類的寶寶（例如蝌蚪）所採用的呼吸方式。鰓內的血管會吸收溶解於水中的氧氣，並將二氧化碳釋放到水中。

鹽

酸鹼中和所形成水以外的化合物。舉例來說，鹽酸與氫氧化鈉反應會形成氯化鈉和水，這時產生的氯化鈉就是鹽。

中和反應的例子

$$HCl + NaOH \rightarrow NaCl + H_2O$$

鹽酸　氫氧化鈉　鹽類　水

酸　氫氧化鈉　鹼

氯化氫

具有刺鼻的刺激性臭味，是無色有毒氣體。非常容易溶於水，它的水溶液（鹽酸）呈強烈的酸性。比空氣重，因此聚集在集氣瓶時，會在下方進行置換。

→收集氣體的方法

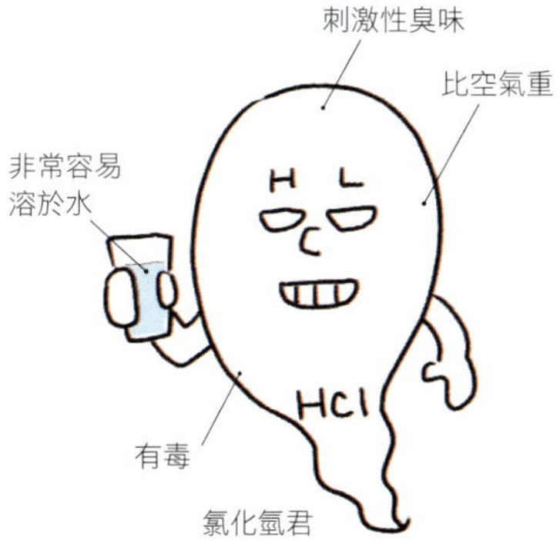
刺激性臭味
比空氣重
非常容易溶於水
HCl
有毒
氯化氫君

氯化鈉

白色粉末狀物質，也稱為食鹽。能夠進行各種實驗，例如觀察溶解在水中的方式、使其再結晶、降低凝固點等。使用氯化鈉和線把冰塊釣起來的實驗也很有趣。

→冷凍劑、再結晶

用氯化鈉釣冰塊的方法

約3小匙的氯化鈉
稍微溶解的冰
砰
黏住
哇
咻—

❶把冰放在氯化鈉上。　❷把線垂放在冰塊上，等待1分鐘。　❸釣起來了！

鹽酸

氯化氫水溶液。呈現強酸性。可以用來溶解鐵與鋁之類的金屬以產生氫，或是用於電解實驗。鹽酸如果進入眼睛很可能會導致失明，因此使用時必須戴上護目鏡，並且注意通風。

→水溶液

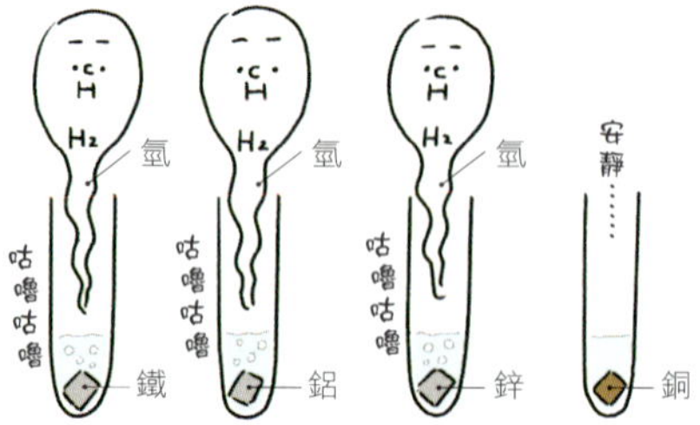
H_2
氫
咕嚕咕嚕
鐵
鋁
鋅
安靜……
銅

鹽酸與鐵或鋁反應會產生氫，但不會和銅反應。

示範實驗

老師面對學生進行的實驗。學生聚集在老師的桌子前（有些實驗必須稍微退後一點）觀看。最近的實驗室也會使用攝影機與大型螢幕來呈現實驗的情況。

焰色反應

將金屬元素放入火焰中時，各種金屬會呈現各自特殊顏色的反應。透過觀察火焰顏色，可以研究出裡面含有哪一種金屬。煙火之所以會有顏色，就是利用這項反應。以日常生活為例，當味噌湯溢出鍋子時，瓦斯爐的火焰就會變成黃色，這是因為味噌湯裡的食鹽所含的鈉產生的反應。

各種不同的焰色反應

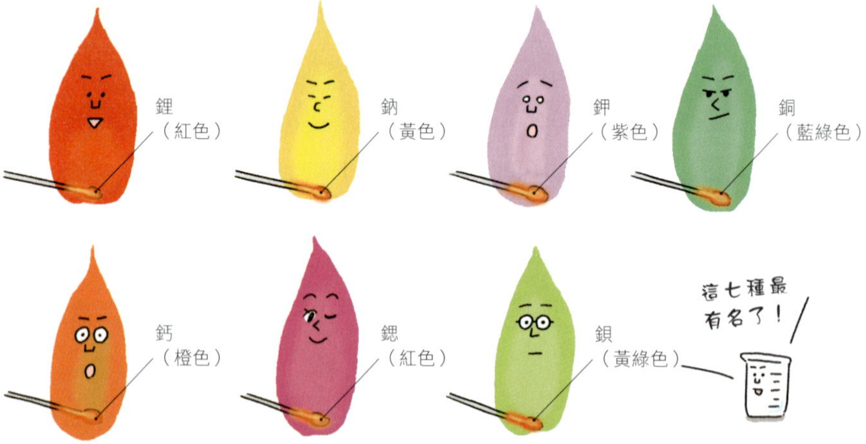
鋰（紅色）
鈉（黃色）
鉀（紫色）
銅（藍綠色）
鈣（橙色）
鍶（紅色）
鋇（黃綠色）
這七種最有名了！

離心力

進行圓周運動的物體，所感受到由旋轉中心往外側作用的力量。舉例來說，提著裝有水的水桶就算快速的轉動，水也不會灑出來，就可以想成是因為離心力將水壓向桶底的緣故。

氯氣

具有刺鼻的刺激性氣味，是黃綠色且有毒的氣體。易溶於水，水溶液具有殺菌作用，因此自來水與游泳池都會根據規定的標準加入一定量的氯。而溶解在水中的氯會變成氯化物離子，在低濃度的情況下，幾乎對健康沒有影響。

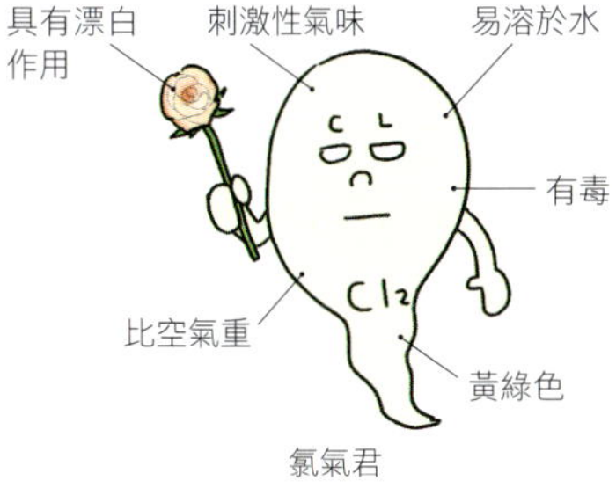

煙囪效應

指煙囪中發生的空氣流動。燃燒物體時，溫度升高的空氣在煙囪中上升，冷空氣便從下方進入，於是在煙囪內部形成上升的氣流。可以透過使用空罐或無底集氣瓶進行的實驗來體驗這種效果。

→空罐、無底集氣瓶

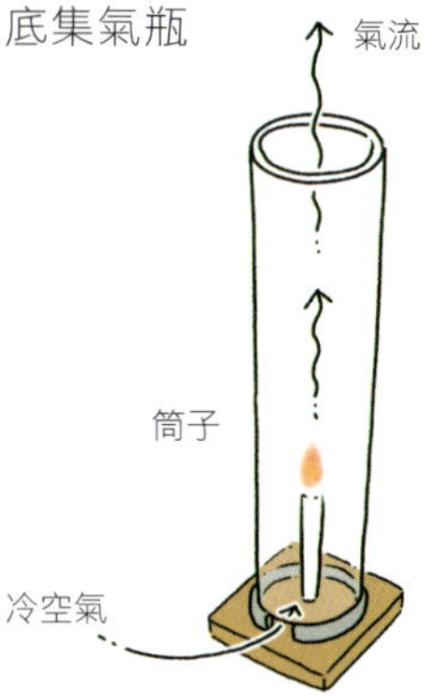

歐姆定律

這項定律顯示流過電路的電流、電壓與電阻之間的關係。簡單來說，「電壓大，電流就愈大」，「電阻大，電流則愈小」。這項定律是由德國物理學家歐姆（Georg Simon Ohm）所發現，因此而得名。

→電路

歐姆定律

電壓 (V) = 電流 (A) × 電阻 (Ω)

單位　單位

示波器

將聲音與電流的變化顯示為波形的裝置。以顯示聲音的情況為例，這種裝置能夠根據波形來判斷聲音的大小與高低等。除了可以接上麥克風來觀察自己或樂器的聲音波形，示波器也能用在高中和大學的電子電路實驗。

→吉他

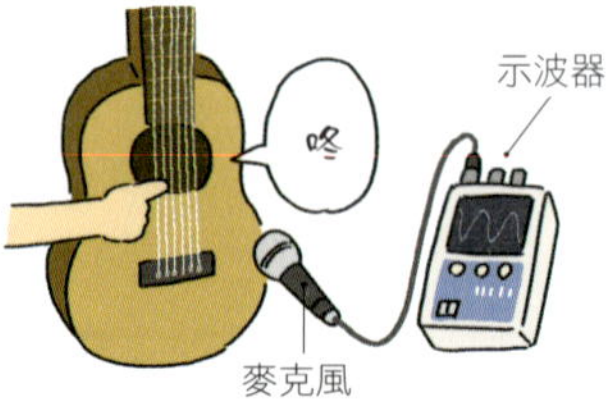
示波器
咚
麥克風

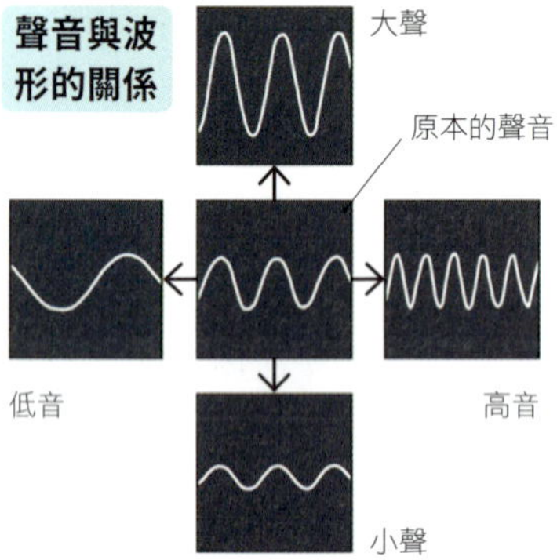
聲音與波形的關係
大聲
原本的聲音
低音
高音
小聲

聲音的性質

聲音是物體震動、而這樣的震動傳遞到其他物體所產生的現象。不只在空氣中，在水中與金屬中也會傳遞。不過，如果沒有能夠震動的東西，聲音就無法傳遞出去，因此在真空中是聽不見聲音的。

→真空

真空
鈴鐺君
?

重量

作用在物體上的重力大小。測量重量使用的是彈簧秤或傳統磅秤。重量容易與「質量」產生混淆，但兩者並不相同。重量追根究柢只是重力大小，因此即使是相同的物品，在不同的場所（例如地球與月球）也有不同的重量。

掛勾砝碼

需要改變彈簧、槓桿或鐘擺等物品重量以進行實驗時所使用的工具。如果沒有多想就把一次能掛好幾個圓筒形的掛勾砝碼放在桌上，很容易就會滾下去。

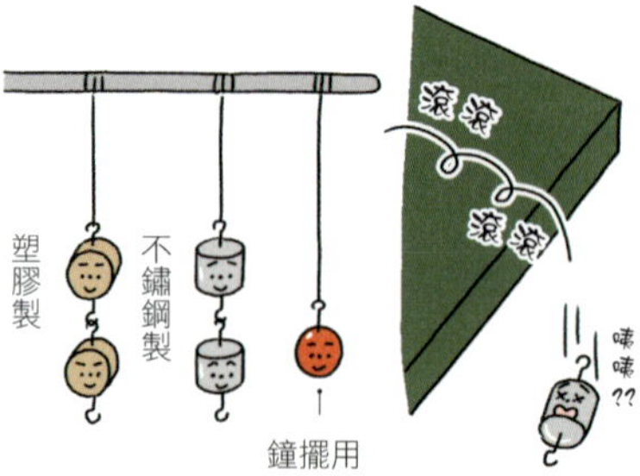
滾滾
滾滾
塑膠製
不鏽鋼製
鐘擺用

音叉

U字型金屬，敲擊時會發出一定音高的聲音。使用於聲音的實驗。音叉下方的箱子稱為「共鳴箱」，具有放大聲音的效果。此外，音叉也被使用於樂器的調音（調整音高的工作）。

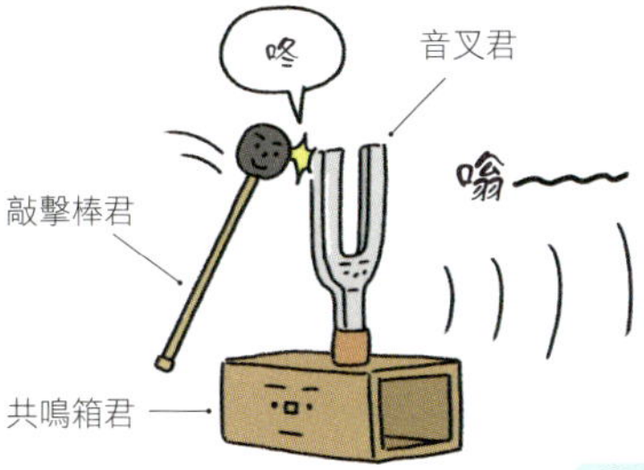

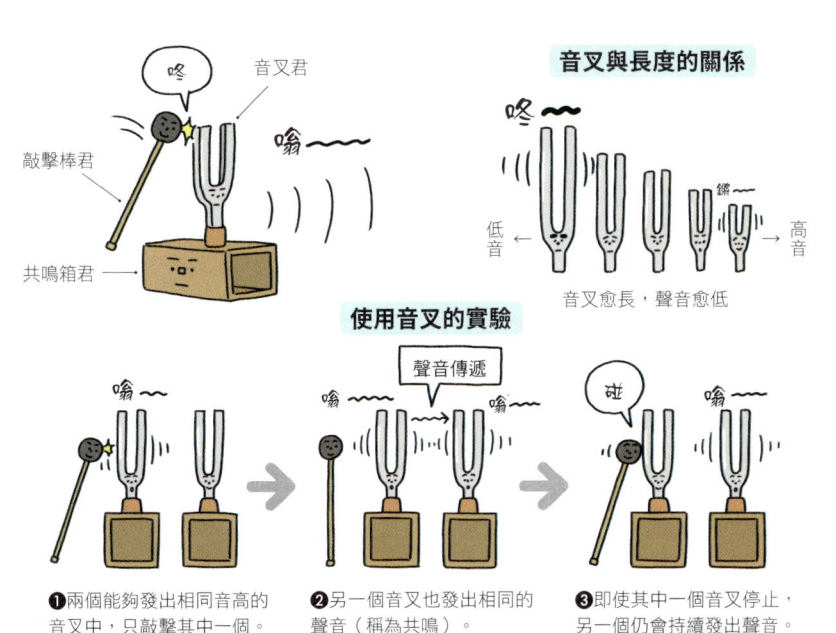

音叉與長度的關係

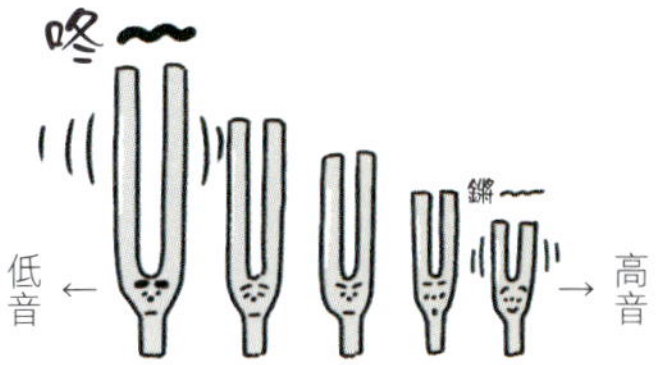

音叉愈長，聲音愈低

使用音叉的實驗

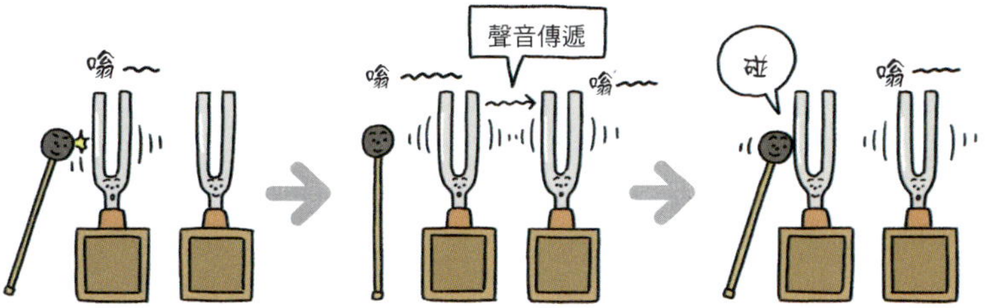

❶兩個能夠發出相同音高的音叉中，只敲擊其中一個。

❷另一個音叉也發出相同的聲音（稱為共鳴）。

❸即使其中一個音叉停止，另一個仍會持續發出聲音。

音速

聲音傳遞的速度，在空氣中大約每秒340公尺（m/s）*。氣體中的音速比液體快，固體又比液體更快。例如水中的音速約1500m/s，玻璃窗則是5440m/s。

溫度計

測量溫度的儀器。使用於蒸餾實驗，以及研究溫度與溶解率關係的實驗等。雖然也有數位溫度計，不過中小學比較常使用棒狀溫度計。棒狀溫度計中的液體是染成紅色的燈油。

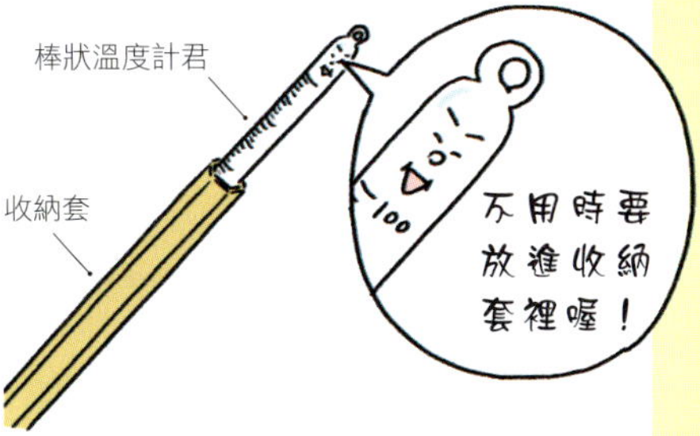

*氣溫15℃時。

棒狀溫度計君之謎

棒狀溫度計君，那個紅色液體是什麼呀？
你很好奇嗎～？
發光二極體君
這其實是……
魔法液體喔！
開玩笑啦
100
喔喔，竟然是魔法液體！
不是啦，這時候你應該吐槽啊～
哈哈哈
100
顏色確實很神祕呢！
等等……
0
……抱歉，我騙你的。這不是什麼魔法液體啦！這其實只是染色的燈油。
體積會因為溫度而改變。
燈油!!
喔～原來如此～

學到一課了～！

COLUMN

01

酒精燈的兒・時・回・憶……

酒精燈→P.21・酒精燈蓋子→P.22

提到自然科學實驗室，首先想到的果然還是酒精燈。我第一次看到真正的酒精燈，是小學老師進行示範實驗（展示實驗）的時候。我對實驗內容完全沒記憶，我想我只是一直盯著酒精燈看。

酒精燈到底是哪裡酷呢（我以「酷」為前提來寫）……就是整體圓胖的設計（這是為了增加穩定性的巧思）、支撐燈芯的白色絕緣礙子（使用耐熱不易變質的材料）、宛如生物般彎曲的燈芯（能夠自由彎曲的毛細管材質）……這些大家或許能夠想到的許多特徵，但我最推薦的還是蓋子（笑）。厚實的玻璃打造成圓潤可愛的形狀，頂部微微凹陷，與酒精燈本體完美契合的接合處……精緻的造型甚至讓人想帶回家（事實上，我也曾請求老師讓我把酒精燈本體已經損壞的蓋子帶回家）。

而且這樣的蓋子，擁有了遠遠超越酷炫造型、壓倒性就強大的功能……。

那是我剛迷上酒精燈後不久的事情，父親看不下去我日日夜夜都叨念著「酒精燈」，於是乾脆做一個給我（不是用買的……笑）。他用迷你調味料瓶當成本體，使用打火機油當成燃料（因此火焰是橙色的），把紗布搓成燈芯（提醒一下，好孩子不要模仿）。父親的雙手非常靈巧，與我完全相反，他輕輕鬆鬆就完成，並在我眼前展開點火儀式。

雖然火焰成功點燃，但接下來的兩個小時，這個男孩（也就是我）只能一直盯著火焰看，因為沒有做蓋子，所以無法熄滅火焰。而且父親嚴格告誡我，「用火時絕對不能離開」（我至今仍然覺得這是正確的），所以我只能守在旁邊直到燃料用盡。哎呀，這就是讓我親身體驗、並臣服於酒精燈蓋子有多偉大的童年回憶。

後來（長大後）終於買了心心念念的正規酒精燈，不過蓋子已經變成樹脂製的，這讓我很震驚。不用說，我當然四處尋找，終於買到了玻璃製的酒精燈蓋子，可是我打死都不會說這個酒精燈從來就沒用過就被收藏起來（畢竟是用學校經費買的……啊，寫出來就會被發現了吧）。

文：山村紳一郎

電路

電流通過的路徑，也稱為「電氣迴路」。電流從正極沿著單一路徑流向負極，中間連接小燈泡與電池的電路稱為「串聯電路」，至於形成分支的電路則稱為「並聯電路」。然而，在沒有小燈泡或馬達等電阻的狀態下，不能將正負極連接在一起。這樣的狀態稱為「短路」，電池可能會發熱或破裂，非常危險。

→導線

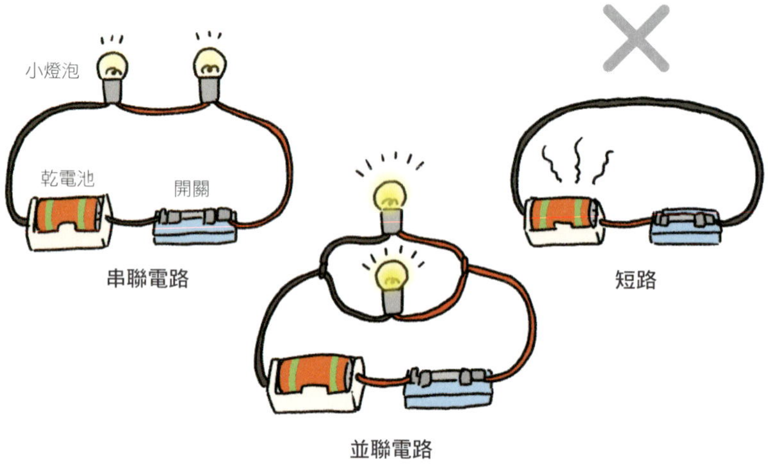
小燈泡
乾電池
開關
串聯電路
並聯電路
短路

高斯加速器

使用釹磁鐵與鐵球製作的鐵球加速裝置。滾動的鐵球僅僅只是碰到強力磁鐵，另一側的鐵球就會以猛烈的速度飛出，既神奇又有趣。這是因為鐵球在撞到強力磁鐵的瞬間加速，於是它的能量傳遞到另一側的鐵球。

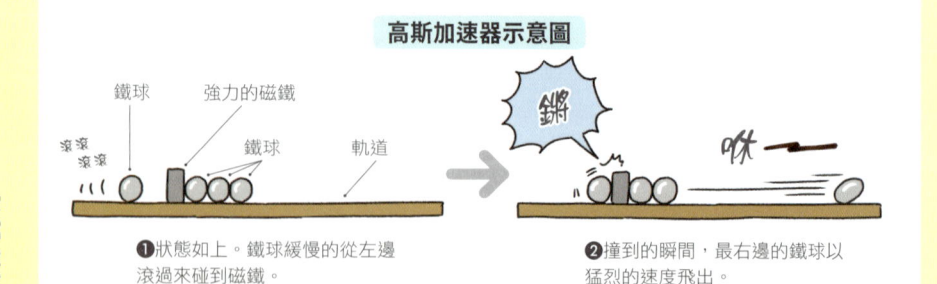

高斯加速器示意圖

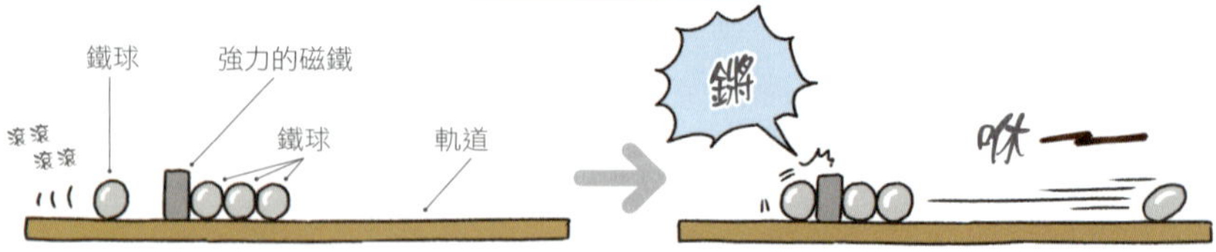
鐵球
強力的磁鐵
滾滾
滾滾
鐵球
軌道
鏘
咻

❶狀態如上。鐵球緩慢的從左邊滾過來碰到磁鐵。

❷撞到的瞬間，最右邊的鐵球以猛烈的速度飛出。

科學（自然科學）

透過實驗與觀察，解開自然界現象與法則的學問。自然科學這門科目，是以至今透過科學所揭示的內容為基礎。

化學

科學領域之一，也是構成自然科學的其中一個科目。學習的對象是物質的性質、結構、物質之間的反應等。由於日文的科學與化學讀音相同而容易混淆，因此也有人把化學稱為「變化學」。

→容易混淆的詞彙

科學玩具

讓人愉快學習科學（自然科學）的玩具。雖然寫著「學習」，但只是為了有趣而玩也沒關係。如果玩的時候覺得好奇，產生了「為什麼會這樣？」的疑問，那就去研究它的原理吧！

各式各樣的科學玩具

永久陀螺

陀螺中的磁鐵與底座中的線圈產生作用而持續旋轉。

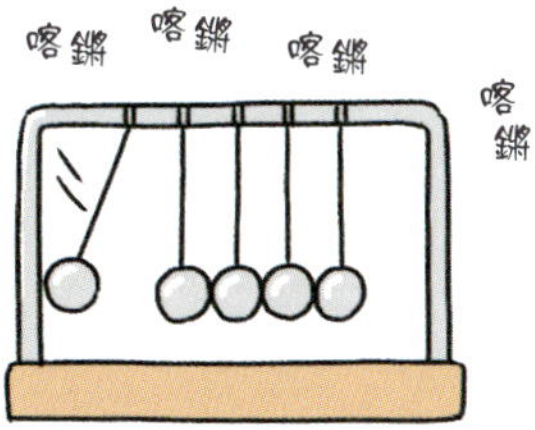

牛頓擺

金屬球像鐘擺一樣不斷的碰撞。

喝水鳥

利用內部液體的狀態變化與壓力變化持續運作。

蒸汽船

管內的水被加熱，變成水蒸氣噴出，這股能量就是船的動力。

科學圖書

科學與自然科學的相關書籍、圖鑑。有時會擺在實驗室後方。說不定也有《燒杯君》的其他書籍？不妨去自己學校的實驗室看看。

→兒童的科學、燒杯君

各式各樣的圖鑑與繪本

《兒童的科學》

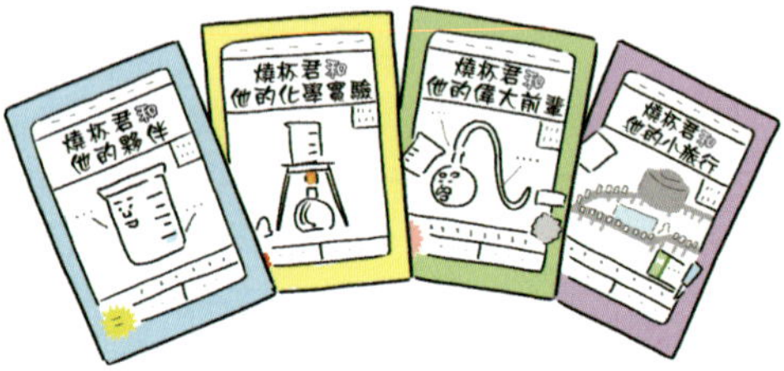

《燒杯君》系列書籍

化學反應（化學變化）

指的是物質分解或是與其他物質作用，最後轉變成其他物質的反應。這是由原子間的結合方式改變所引起的。

→狀態變化

方板凳

實驗室與美勞教室所使用的無椅背木製椅子。之所以沒有椅背，是為了做實驗時能收納到桌子底下。而側面有一塊板子，有一說是「為了讓後排學生在老師進行示範實驗時可以站上去」。不過現在也有很多實驗室使用普通的圓板凳。

→示範實驗

實驗室的椅子君

實驗室椅子君的日常

大家好，我是
實驗室的椅子，
也叫做方板凳。
我喜歡的地方是
實驗室的桌子底下。
因為只要一離開
桌子，就會被人們
的腿撞到。
痛
啊
我是默默付出的
角色。不希望變得
太顯眼。
我希望成為支持大家
實驗的物品。
不過偶爾……
碰
啊
砰　咚
不要看～
哇
也會變成目光
焦點。

畢竟實驗室椅子君倒下時，
會發出很大的聲響。

01
02
03
04
05
06
07
08
09
10

隱藏式水龍頭

特殊類型的實驗桌所配備的水龍頭。這種水龍頭與一般的水龍頭不同，採用可動式設計，必要時可以拉出來使用。不用時則可以收到下方，蓋上蓋板後就能使用寬敞的桌面空間，非常方便。

→實驗桌

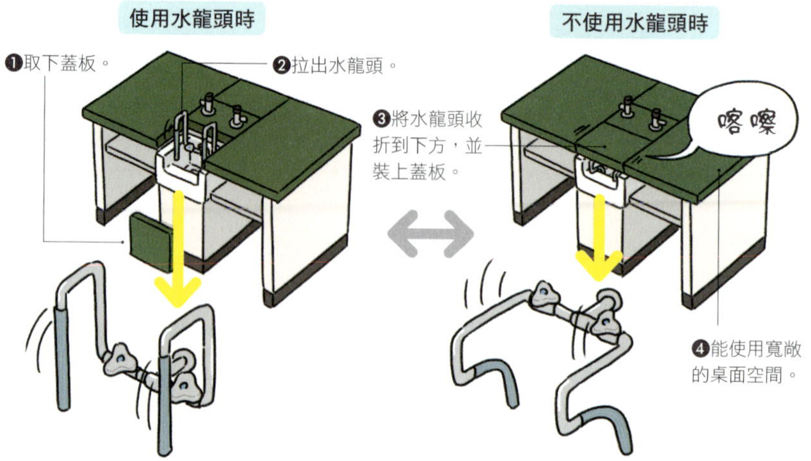
使用水龍頭時
❶取下蓋板。
❷拉出水龍頭。
不使用水龍頭時
❸將水龍頭收折到下方，並裝上蓋板。
喀嚓
❹能使用寬敞的桌面空間。

籃子

整理教材、實驗器材、藥品等物品的收納工具。實驗室與實驗準備室使用了各種類型的籃子。

→晾乾架

化合物

兩種以上的原子結合而成的物質。例如水（H_2O）、氯化鈉（NaCl）等。

→原子、單體

我們只是幾個例子！
附提把
淺型
深型

過氧化氫溶液

過氧化氫這種物質溶於水後所形成的無色透明液體，用於產生氧氣的實驗等。由於接觸到眼睛或皮膚會有危險，因此處理時要戴上護目鏡與橡膠手套。學校準備的過氧化氫溶液幾乎都是30%濃度，使用時通常會稀釋10倍。稀釋的時候，應將過氧化氫溶液慢慢倒入水中，如果反過來做就會發熱，非常危險。

→稀釋、氧氣、護目鏡

「低濃度雙氧水」是指濃度為3%。

瓦斯栓

使用瓦斯噴槍時的瓦斯總開關。雖然現在的小學幾乎不再使用瓦斯噴槍，不過實驗桌上多半還是保留著瓦斯栓。

瓦斯噴槍

加熱器材之一。連接實驗桌上的瓦斯栓使用，能夠調節空氣與瓦斯的量，方便控制加熱狀況。但使用時需要練習，一開始很容易把空氣調節螺絲和瓦斯調節螺絲搞混。因為瓦斯噴槍可以分解，事先了解結構就能防止這樣的錯誤。

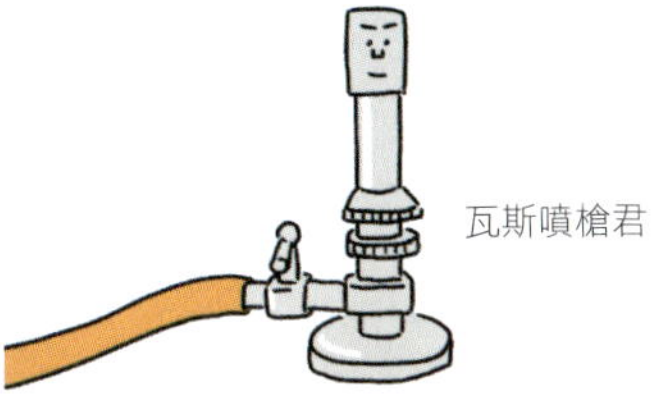

瓦斯噴槍的使用方式

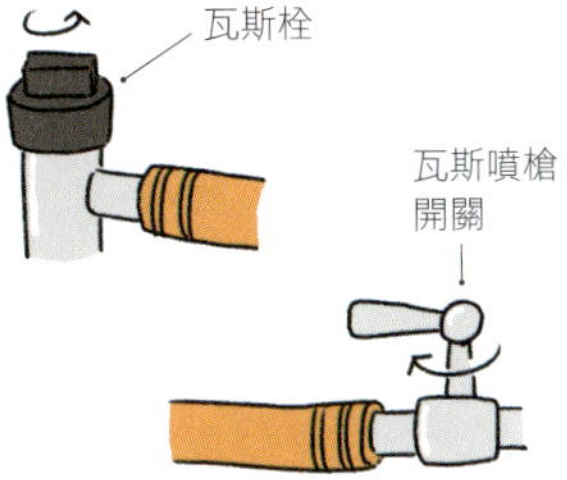

❶轉開瓦斯栓與瓦斯噴槍開關。

❷火從側面靠近，轉動瓦斯調節螺絲將火點燃。

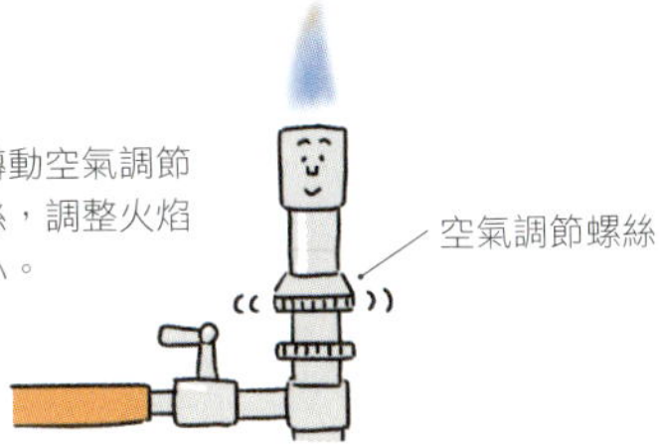

❸轉動空氣調節螺絲，調整火焰大小。

化石

留存在地層中的過去生物遺骸（簡單來說就是屍體）與痕跡。有動物的骨骼和糞便、植物的樹葉和枝幹、花粉等。把化石拿在手上，彷彿就像穿梭到該生物生存的時代。

→地層

各式各樣的化石

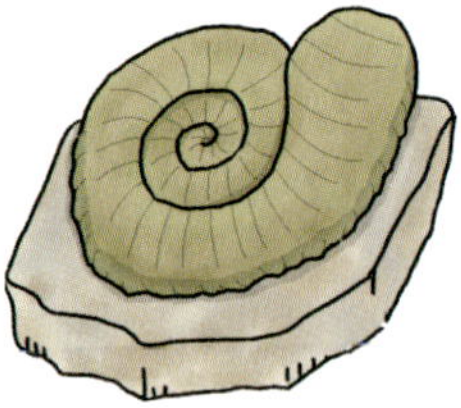

菊石

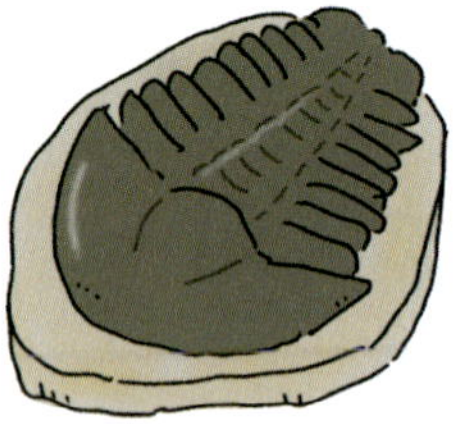

三葉蟲

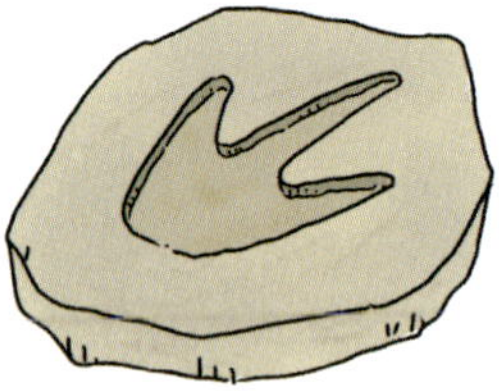

恐龍腳印

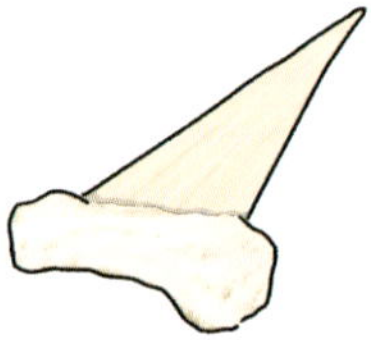

鯊魚牙齒

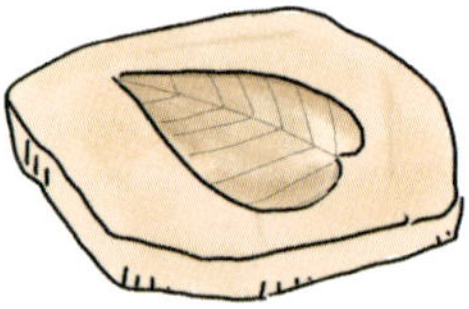

山毛櫸葉片

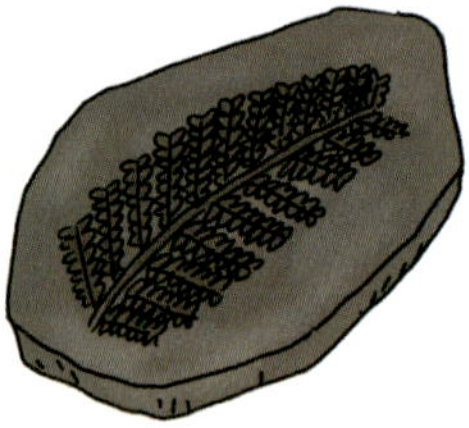

蕨類植物

假說

不知道是否正確，但有著一定合理性的推測性說法。舉例來說，看到水沸騰的樣子，就產生「為什麼會冒出泡泡？」的疑問。而「水蒸發後會變成水蒸氣，這些泡泡或許就是水蒸氣」就是假說。建立的假說是否正確，必須透過實驗與觀察才能確定。

收拾

這是安全使用實驗室所不可缺少的一項工作。為了讓學生也能自己收拾，很多實驗室在器材的收納空間和抽屜上都會貼上標籤。只不過，如果匆匆忙忙的收拾會很容易撞到，非常危險，因此最好能保留充分的時間進行。

→整理整頓、標籤

滑輪

周圍有軌道的圓板，可以用繩子或線讓它旋轉。大致分為定滑輪（使用時固定）和動滑輪（使用時不固定）。滑輪是用來學習「力」的器材，過去在小學也會使用，但現在幾乎已經消失無蹤⋯⋯。

→不再使用的器材

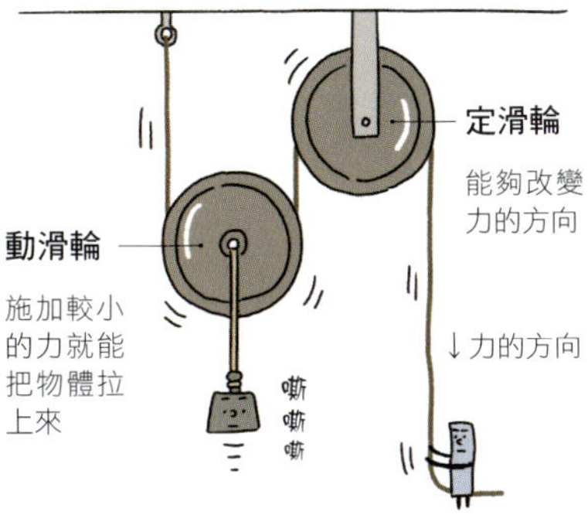

定滑輪
能夠改變力的方向
動滑輪
施加較小的力就能把物體拉上來
嘶嘶嘶
↓力的方向

陶瓷纖維網

實驗加熱時使用的器材。白色圓形部分能讓擺放在上方的物體有均勻加熱的效果。以前白色部分會用石綿製成，現在則改用陶瓷材料。有些為了強調這點，也會在上面寫上「陶」字。

→石綿

陶瓷纖維網大哥
我是陶瓷材料製成的
陶

過熱

指的是溫度過高，或是液體超過沸點（沸騰溫度）卻不沸騰的狀態。舉例來說，將水（沸點100℃）裝在內面光滑的容器裡緩慢加熱，很容易會變成過熱狀態，即使超過100℃也不會沸騰。而如果在過熱狀態下混入雜質或振動，就很容易引起「突沸」現象，非常危險。為了避免發生這種情形，加熱前務必放入沸石。

→突沸、沸石、容易混淆的詞彙

加熱

使用火或熱水將物體加溫的操作，例如加熱純水以觀察狀態變化的實驗，或是加熱金屬研究體積變化的實驗等。由於加熱很容易造成事故或導致受傷，操作時必須注意。

→隔水加熱

好溫暖♪
熄火時跟我說喔！

加熱與玻璃器材

有些玻璃器材適合加熱，有些則不適合。雖然使用的玻璃器材會根據實驗內容區分，但選擇時也必須把是否適合加熱考慮進去。

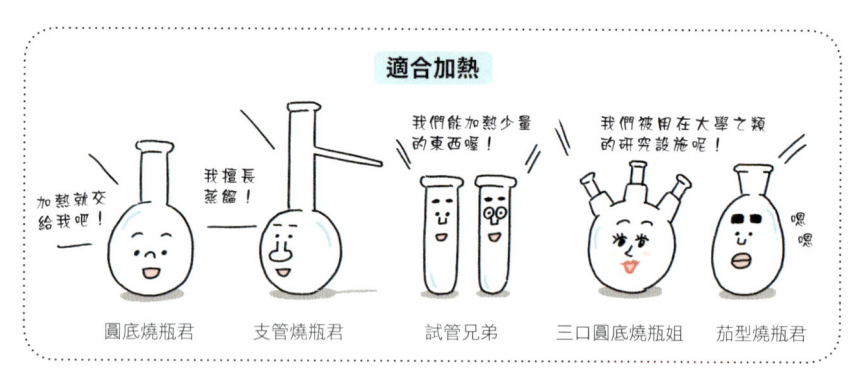

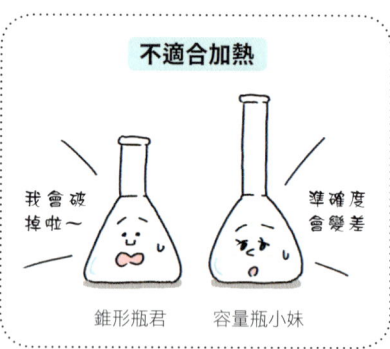

適合加熱

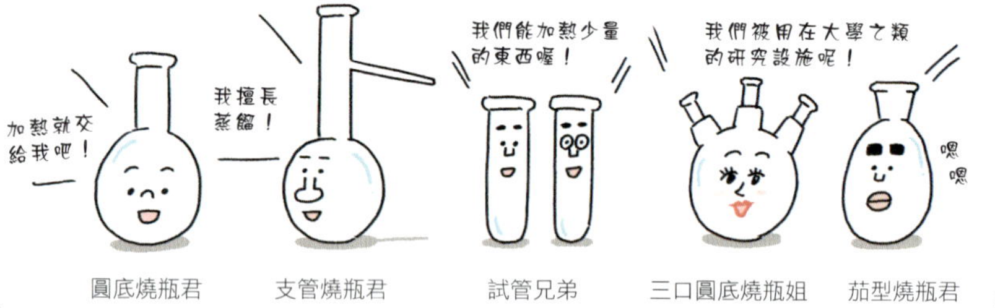

加熱就交給我吧！
我擅長蒸餾！
我們能加熱少量的東西喔！
我們被用在大學之類的研究設施呢！
嗯嗯
圓底燒瓶君
支管燒瓶君
試管兄弟
三口圓底燒瓶姐
茄型燒瓶君

緩慢加熱就OK

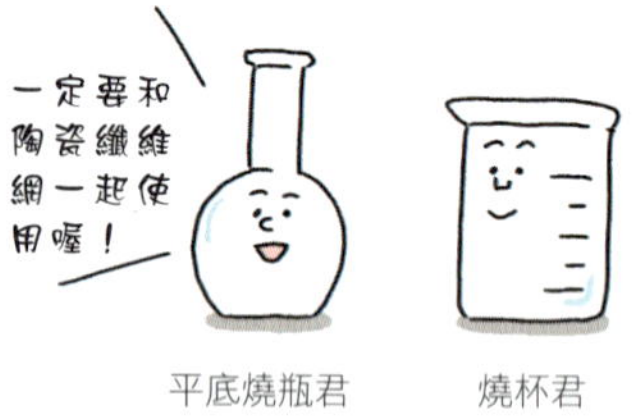

一定要和陶瓷纖維網一起使用喔！
平底燒瓶君
燒杯君

不適合加熱

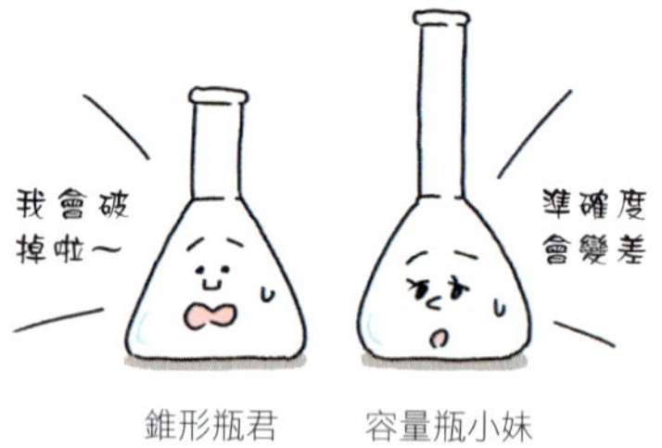

我會破掉啦～
準確度會變差
錐形瓶君
容量瓶小妹

蓋玻片

使用顯微鏡觀察時所不可或缺的極薄玻璃板，與載玻片一起使用。一般是正方形，不過也有長方形和圓形。因為又薄又容易破，使用時必須小心。一旦掉在桌上，就很難拿起來。

→載玻片、顯微鏡標本

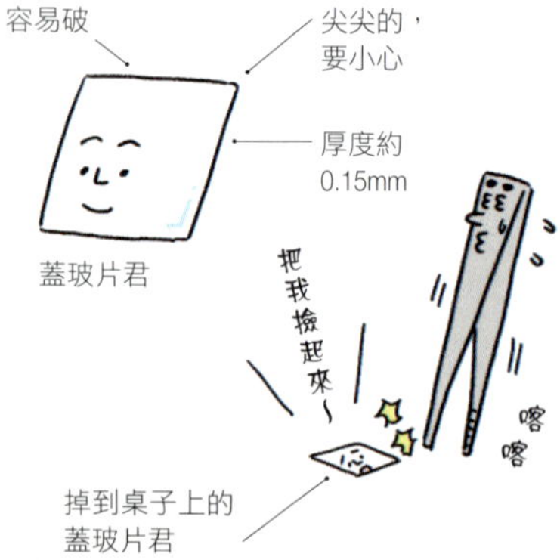

容易破
尖尖的，要小心
厚度約0.15mm
蓋玻片君
把我撿起來～
喀喀
掉到桌子上的蓋玻片君

玻璃器材座談會

那麼，玻璃器材座談會現在開始。
首先來聊聊玻璃器材常見問題的單元！
我、我，我要說！
錐形瓶君，請說。
如果不小心被加熱就會破掉～
有點懂～
咦～～會嗎？
我也不是那麼擅長加熱，但應該也不會害怕吧！
接下來還有誰要說？
我要！
圓底燒瓶君請說。
我想大家都會遇到這個問題。
……如果撞到東西就會非常緊張～
哇！
明白～！！
就連玻璃的聲音也會嚇一跳～
很擔心是不是有裂痕～
嗯嗯

大家都很怕破掉呢～

花粉

植物為了形成種子所必需含有遺傳資訊的小顆粒。花粉就裝在花的雄蕊頂端上稱為「花藥」的囊袋裡。花粉附著在雌蕊上的過程稱為「授粉」，授粉後就會形成種子。花粉的傳播方式依植物而有不同，有些會透過昆蟲傳播，有些則透過風力傳播，各自呈現適合的傳播方式形狀。

→種子、花

〈透過風力傳播的花粉〉

多半小而鬆散。

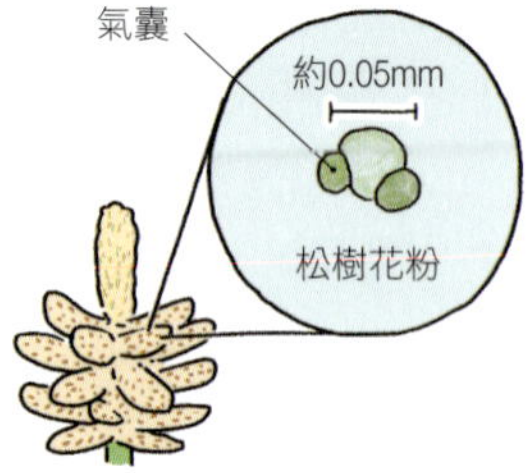
氣囊
約0.05mm
松樹花粉

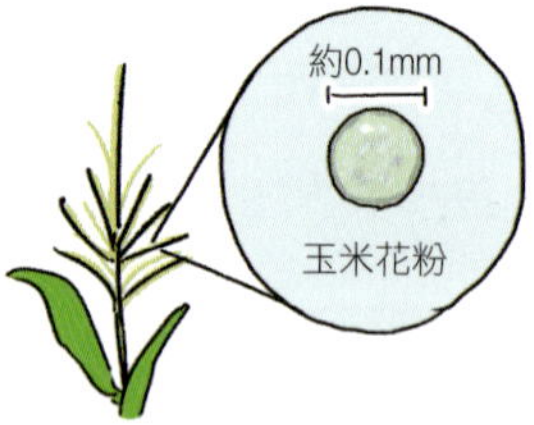
約0.1mm
玉米花粉

〈透過昆蟲傳播的花粉〉

具黏性，或是有棘刺。

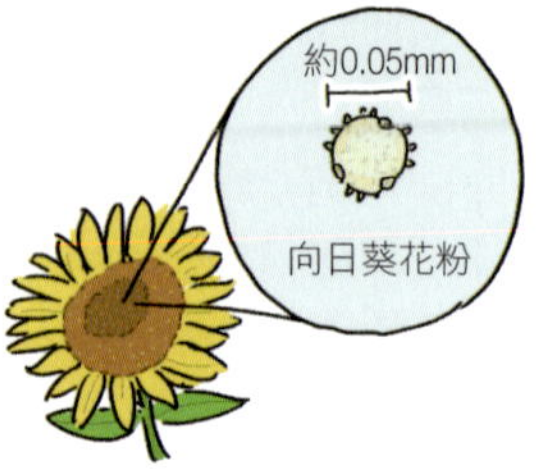
約0.05mm
向日葵花粉

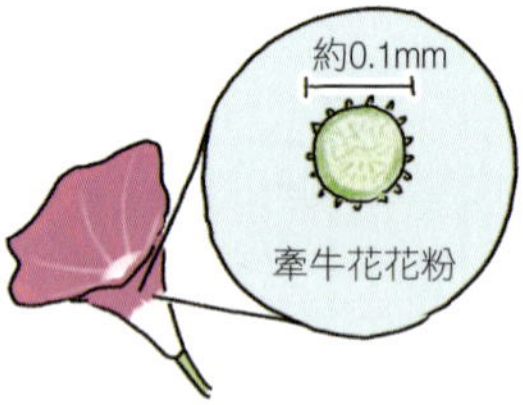
約0.1mm
牽牛花花粉

〈透過鳥類傳播的花粉〉

冬天沒有昆蟲時，會附著於來吸花蜜的鳥類臉上。

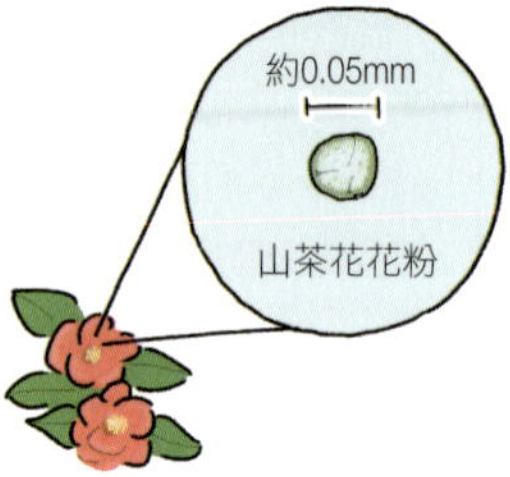
約0.05mm
山茶花花粉

有些植物也會透過水來傳播花粉喔！

玻璃

主要成分為二氧化矽的透明、堅硬材質。不易與藥品產生反應、不導電，而且具有遇熱會融化、容易加工的特點，因此作為實驗器材的材料廣泛使用。根據原料的配方與份量，而有各種不同種類的玻璃。

→燒杯、燒瓶

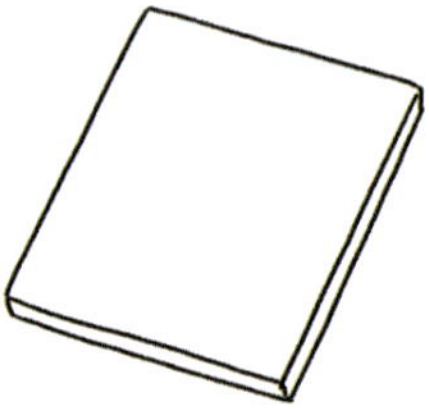

鈉鈣玻璃

最一般、最便宜的玻璃，使用於玻璃窗等製品。

硼矽酸鹽玻璃

能夠承受劇烈的溫度變化，使用於實驗器材等製品。

玻璃棒

攪拌燒杯中的液體時所使用的器材。除此之外，過濾時引導液體流動或在石蕊試紙上滴加少量液體時也會使用。如果隨意放在實驗桌上會很容易滾落，必須要小心。

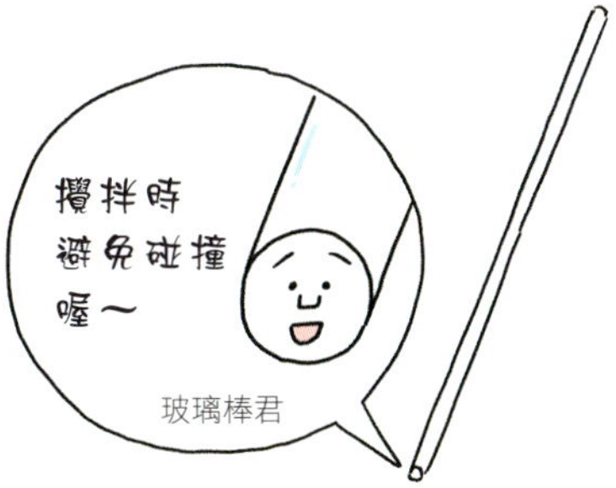
攪拌時
避免碰撞
喔～
玻璃棒君

玻璃棒的使用方式

轉動
轉動
轉動

攪拌液體

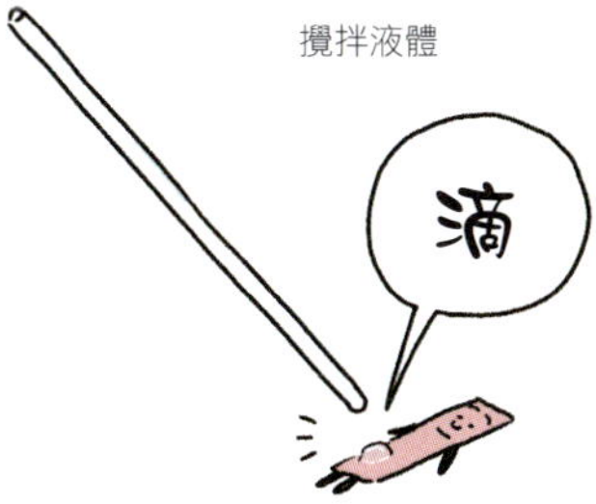
滴

將液體滴在石蕊試紙

浮石

由火山爆發噴出的岩漿在地表或空中冷卻凝固所形成。凝固時，內部的氣體會跑出來，形成許多孔洞，因此非常輕，甚至能浮在水面上。浮石愈大顆，拿起來時也愈讓人驚訝。

有許多孔洞
裡面也有很多空隙喔！
浮石君

椪糖

口感酥脆的蓬鬆砂糖點心。將小蘇打粉與蛋白混合，倒入加熱的砂糖中攪拌，就會起泡膨脹，變成白色並凝固。有時這種做法也會作為學習小蘇打粉（碳酸氫鈉）遇熱分解的實驗進行。

→碳酸氫鈉

膨脹～～～
喔喔
膨起來了！
深湯匙

通風

指讓外部的新鮮空氣流進室內。進行燃燒實驗、可能產生有毒氣體的實驗，以及使用液態氮或乾冰等時候都必須開窗，確保充分通風。

冷凍劑

混合兩種以上物質所製作而成的冷卻劑。有各式各樣的組合，例如冰與食鹽（-21℃）、冰與氯化鈣（-55℃）、乾冰與酒精（-72℃）等。

→氯化鈉、乾冰

乾冰與乾冰冷凍劑

如果只有我一個，冷卻力很微弱。
我覺得很冷呀。
乾冰君
空氣不容易導熱
冷死了～!!
如果和酒精在一起，冷卻力就能提升!!

雖然乾冰有-79℃，冷卻力卻是冷凍劑較高的。

觀察

仔細觀察物體、生物與現象，並記錄其存在狀態與變化。在記錄觀察的結果時，也要一併記下日期、時間與地點等相關資訊。

慣性定律

關於物體運動的定律之一。簡單來說，就是「如果不施力，物體就會永遠保持目前的運動狀態」。舉例來說，當巴士緊急煞車時，乘客會往前傾的現象就能以慣性定律來說明。

→敲不倒翁

巴士上看到的慣性定律

噗嗚嗚嗚嗚
想要維持靜止狀態

突然發動時

嘰嘰～～
想要維持移動狀態

緊急煞車時

岩石

一種或數種礦物集合形成的物體。日常生活中也會稱為「石頭」。聽到「岩石」，往往會讓人聯想到巨大石頭，但大小不重要，小石頭也是岩石。岩石標本陳列出各式各樣的岩石，光看就很有趣。

→礦物

主要的岩石種類

火成岩

岩漿冷卻凝固形成的岩石。
分成火山岩與深成岩。

〈火山岩〉在地表急速冷卻形成的岩石

流紋岩　安山岩　玄武岩

白 ← 顏色 → 黑

少 ← 有色礦物 → 多

〈深成岩〉在地底深處緩慢冷卻形成的岩石

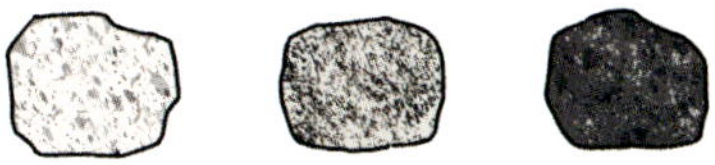

花崗岩　閃長岩　輝長岩

白 ← 顏色 → 黑

少 ← 有色礦物 → 多

沉積岩

由地層經過長時間壓實形成。
根據形成的顆粒大小與沉積成分來分類。

〈在河川的水流作用下形成〉

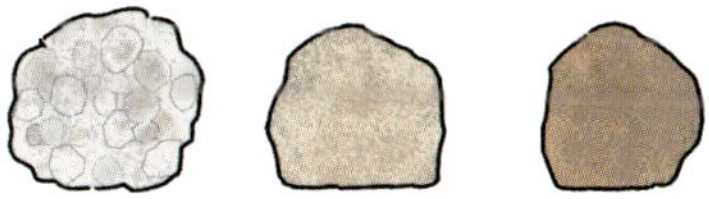

礫岩　砂岩　泥岩

大 ← 所含的顆粒大小 → 小

〈由火山噴出物與生物屍體等形成〉

凝灰岩：由火山噴出物（如火山灰、浮石）形成

石灰岩：含有大量碳酸鈣

燧石：含有大量二氧化矽

（石灰岩、燧石）由生物屍體形成

晾乾架

將洗淨的器材晾乾的架子。為了方便使用，通常會放在水龍頭所在的水槽附近。有些可以移動，方便把器材搬運到收納架旁邊。

→籃子

乾電池

經過設計、避免液體流出的攜帶式電池。可作為電路的電池使用，是學習電學時不可或缺的工具。乾電池的原理是，當內部的物質變成離子時，產生的電子移動就會帶來電流。

→離子、電路、電子

氣孔

主要存在於葉片背面的孔隙，被兩個保衛細胞所包圍。氣孔像嘴巴一樣開合，調節水分含量，進行氧氣與二氧化碳的交換。

→呼吸、蒸散

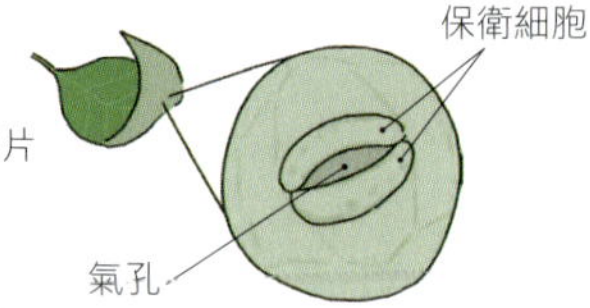

稀釋

指的是將濃度降低。稀釋鹽酸與氨水等危險液體藥品時，混合的順序很重要。千萬不能把水加入藥品，因為有可能導致發熱或使得藥品飛濺。必須先準備一定程度的水，再將藥品少量少量的加入。

→安全第一

惰性氣體

元素週期表第18族（最右列）的元素，包含氦、氖、氬等。這些元素都是氣體，具有難以與其他物質產生化學反應的性質。

→元素週期表

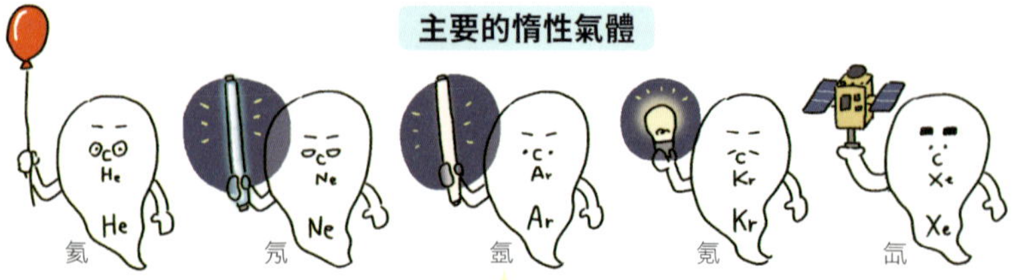

吉他

一種弦樂器。有時會放在實驗準備室，方便學習聲音的性質時使用。用於觀察弦的振動與聲音大小之間的關聯。

→聲音的性質

氣體檢知管

測量氣體（氧氣、二氧化碳等）濃度的器材。是一種在玻璃管內填充藥品的裝置，使用時需插入氣體採樣器。用於研究空氣中氧氣比例、呼吸會增加多少二氧化碳等實驗。

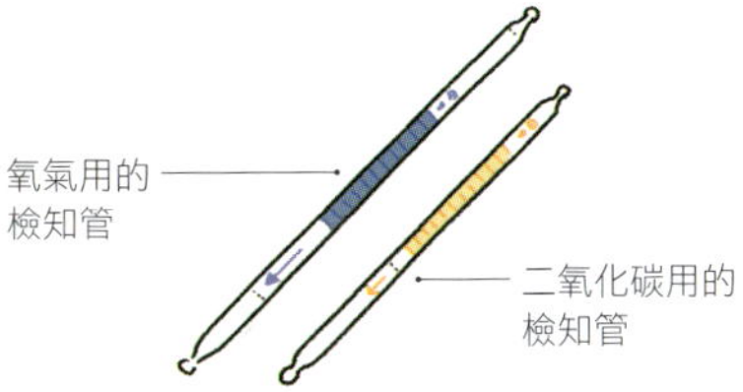
氧氣用的檢知管
二氧化碳用的檢知管

氣體採樣器

使用氣體檢知管時不可缺少的器材。將氣體檢知管安裝在口部，拉動手柄等待約1分鐘，氣體就會逐漸被吸入檢知管中。

測量空氣中氧氣濃度的步驟

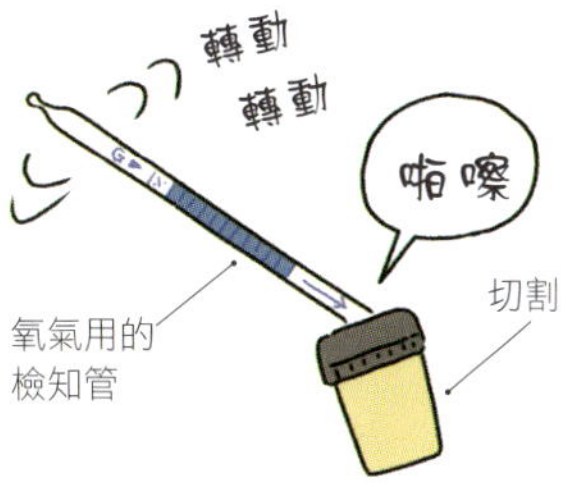
轉動
轉動
啪嚓
氧氣用的檢知管
切割器

❶將氧氣用的檢知管兩端折斷。

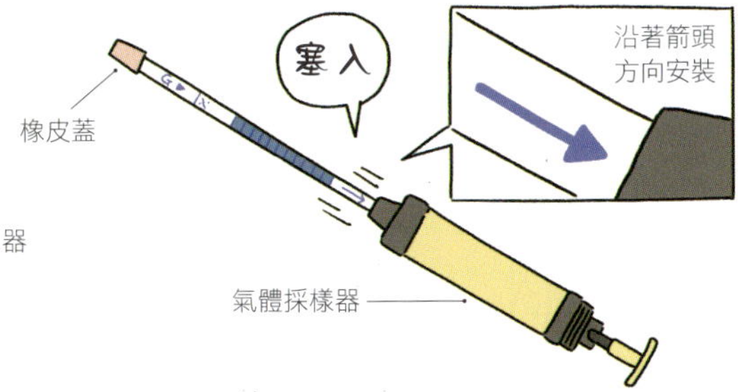
橡皮蓋
塞入
沿著箭頭方向安裝
氣體採樣器

❷將檢知管安裝在氣體採樣器上。

拉
喀嚓

❸拉動採樣器的手柄，等待1分鐘。

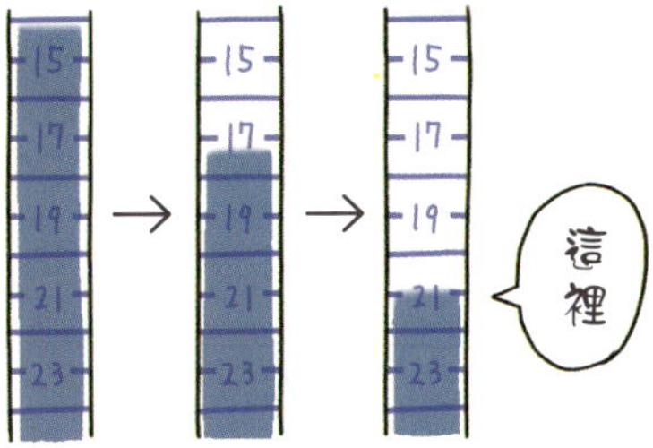
15
17
19
21
23
這裡

❹判斷檢知管的刻度，可以看出是21%！

收集氣體的方法

收集氣體時，根據性質分成三種方法。第一種是難溶於水的氣體採用的排水集氣法。至於易溶於水的氣體，則根據比空氣輕或重來區分。若比空氣輕，採用向下排氣法；若比空氣重，則採用向上排氣法。

氣體性質與收集方法的關係

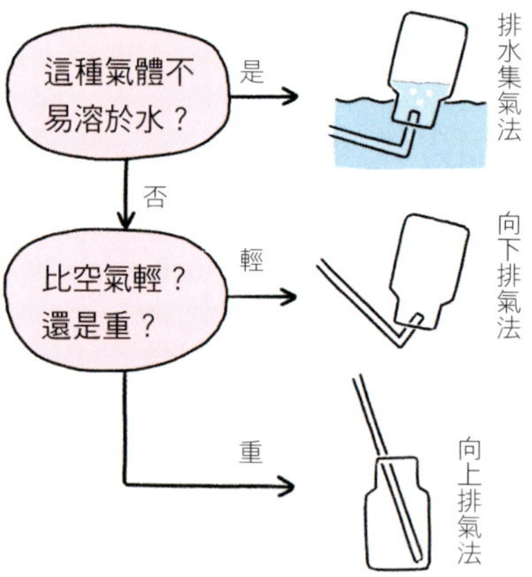
這種氣體不易溶於水？
是
排水集氣法
否
比空氣輕？還是重？
輕
向下排氣法
重
向上排氣法

製造氣體的實驗

使藥品反應產生氣體的實驗。整套實驗包含收集產生的氣體，並確認氣體的性質。

→收集氣體的方法

〈氧氣〉

排水集氣法
過氧化氫溶液
二氧化錳
線香
氧氣的性質
具有使物體燃燒的作用

〈二氧化碳〉

向上排氣法
稀鹽酸
石灰石
搖搖
搖搖
二氧化碳的性質
使石灰水變白濁
石灰水

製造氨氣的實驗

氯化銨與氫氧化鈣的混合物
開火囉～
轟轟轟
加油～
喔
睜眼
我誕生了！
我是實驗製造出來的嗎？
我比空氣輕耶～
嘶嚕嘶嚕嘶嚕
NH3
啊，逃到上面去了！
想去哪都可以♪
哎呀～
……搞錯了……
氨氣比空氣輕，而且易溶於水，必須使用向下排氣法。

第一格就發現得使用向下排氣法的人真厲害啊！

基普發生器

一種玻璃器材，透過藥品反應產生所需要量的氣體。它是三個球體垂直排列的結構，可透過閥門的開關來控制反應。最近很少見，但有時會保管在國中實驗準備室的深處。

裝入液體的位置
我只能用來產生氣體
閥門
固體藥品與液體藥品產生反應的位置
基普發生器君

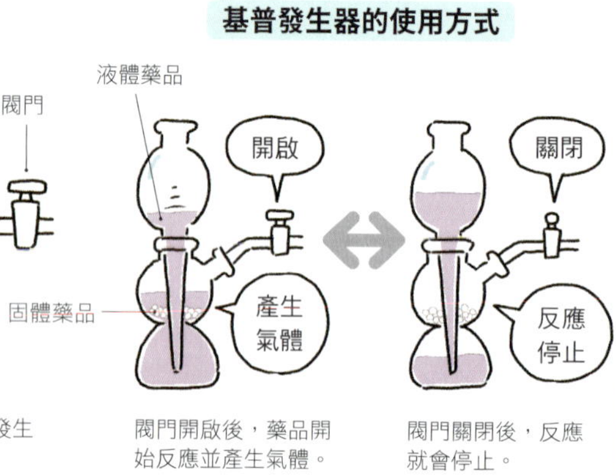
基普發生器的使用方式
液體藥品
開啟
固體藥品
產生氣體
關閉
反應停止
閥門開啟後，藥品開始反應並產生氣體。
閥門關閉後，反應就會停止。

強韌擦拭紙

日本製紙CRECIA股份有限公司所販賣的工業用擦拭紙*之一，由四張較薄紙張重疊而成，它的特徵是厚度就像毛巾一樣。在擦拭大量的水與油時相當方便。是精密科學擦拭紙的姊妹產品。雖然是大學與研究機構的常備品，在中小學實驗室卻很少見。

精密科學擦拭紙

日本製紙CRECIA股份有限公司所販賣的工業用擦拭紙之一。材質吸水性強，不易掉屑，最適合用來擦拭實驗器材。外觀類似面紙，但觸感完全不同，有種粗糙的感覺。在大學與研究機構是常備品，中小學的實驗室偶爾也會看到。若是後者的情況，老師很有可能是精密科學擦拭紙的愛好者。

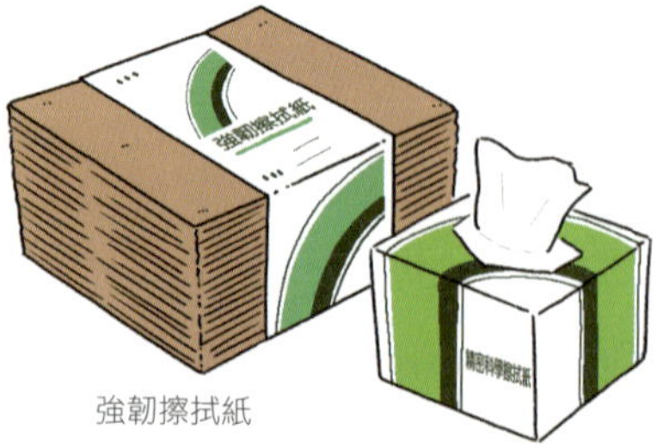
強韌擦拭紙
精密科學擦拭紙

強韌擦拭紙　精密科學擦拭紙

*工業用擦拭紙是一種紙品或不織布製品，用來擦拭工廠、研究機構及醫院等產生的油汙或髒汙。

逆流

實驗中不能發生的狀況之一，是產生氣體的實驗與蒸餾實驗必須注意的事項。如果因為「實驗很順利」而疏忽並停止加熱，就可能發生逆流現象。發生逆流也可能因玻璃器材破裂而導致受傷，因此在停止加熱之前，務必先抽出玻璃管。

啊，不、不行！
水會逆流!!
實驗結束，我先走囉～

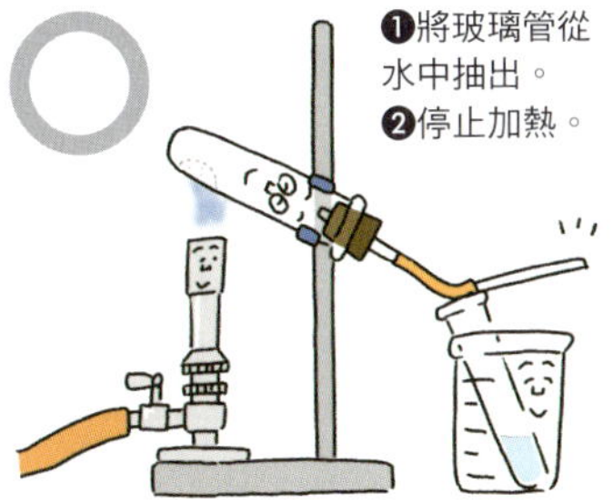
❶將玻璃管從水中抽出。
❷停止加熱。

急救箱

放有緊急處置所需物品的箱子，例如OK繃、消毒水、鑷子等。不過如果做實驗時發生受傷或燒燙傷等情況，基本上還是去保健室或醫院處理為優先。

牛奶

牛的乳汁（生乳）經過殺菌等程序製成的飲品。科學上是分散乳脂與蛋白質等物質的液體結構，也會被當成實驗材料使用。觀察加入醋後的變化，或是直接以顯微鏡觀察牛奶本身也很有趣。

→布朗運動

看看牛奶

教訓杯

這是沖繩縣石垣島自古以來所流傳的民藝品之一。杯裡有個風獅爺的小裝飾，如果將水倒至臉的高度，水就會從杯底的小洞流光，相當不可思議。這是因為風獅爺的那一部分能夠發揮虹吸作用。這個杯子隱含了「不能太貪心」的教訓。

→虹吸

教訓杯

教訓杯的原理

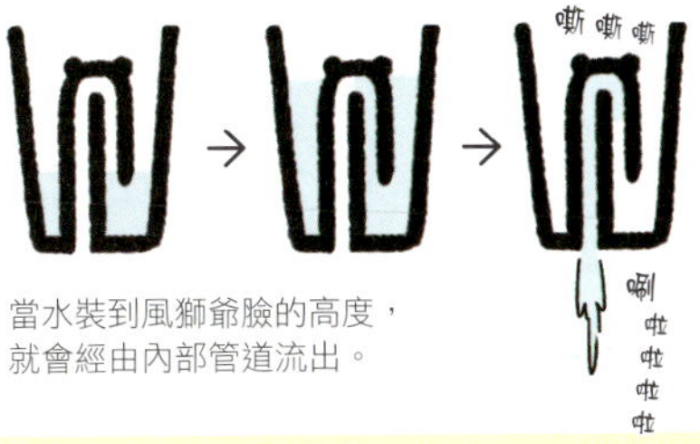
嘶嘶嘶
唰啦啦啦啦
當水裝到風獅爺臉的高度，
就會經由內部管道流出。

巨大的玻璃器材

老師調配液體藥品時所使用的大型燒杯或燒瓶。沒有明確的定義，但容量超過2公升就會讓人覺得「真巨大啊」。製造巨大玻璃器材很不容易，因此價格也很高（2公升的燒杯價格超過4000日圓）。

好大——！
哈哈哈哈
2公升燒杯先生

鮮花染劑

方便觀察植物莖結構的液體。將根部切掉的植物浸泡在這種液體裡，液體就會被吸收到整株植物，包括葉片。接著把莖切成薄片用顯微鏡觀察，就能清楚看到水通過的部分（導管）。以前會用紅色食用色素等來製作彩色水，但鮮花染劑吸收的時間較短，因此較常使用。
→維管束

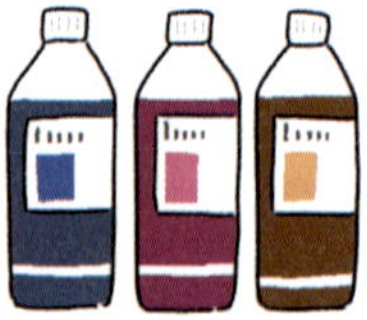
鮮花染劑

打點計時器

記錄物體速度與運動變化的儀器，能夠以固定的時間間隔在紙帶上打點。如果打在紙帶上的點與點之間的間隔愈大，代表速度愈快；間隔愈小，代表速度愈慢。順帶一提，東日本通常每秒打點50次，西日本則是每秒打點60次，這是因為東西日本電源不同的關係。
→交流電的頻率差異、力學臺車

使用打點計時器的實驗

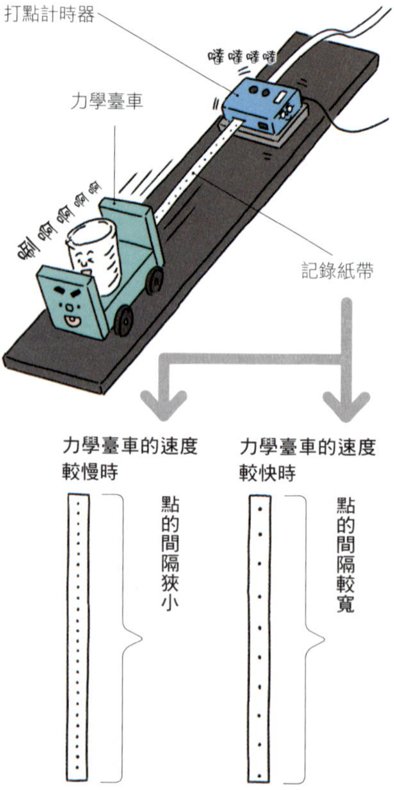
打點計時器
噠噠噠噠
力學臺車
唰啊啊啊啊
記錄紙帶
力學臺車的速度較慢時
點的間隔狹小
力學臺車的速度較快時
點的間隔較寬

公斤原器

一種金屬製圓柱，是全球通用作為質量1公斤的標準。在販售教材的公司可以買到1/2比例的複製品。

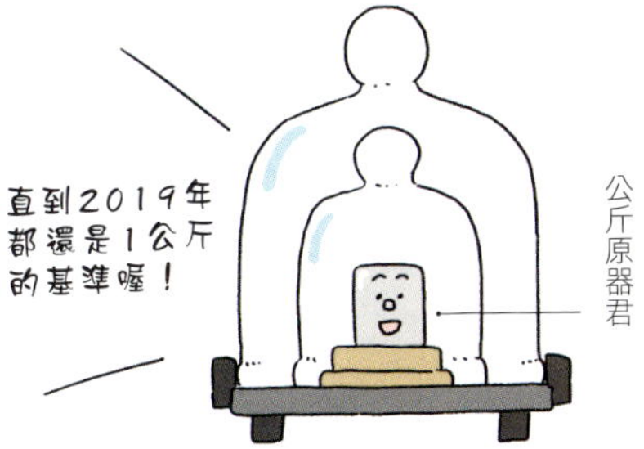
直到2019年
都還是1公斤
的基準喔！
公斤原器君

金屬

容易導電與導熱，研磨後會閃閃發亮，施力後則能延展成薄片物質，例如金、銀、銅、鐵、鋁等。

汽水

球環膨脹實驗器

用來學習金屬加熱後體積變化的器材。實驗前的金屬球可以通過金屬環，可是經過火焰加熱後就無法通過了。雖然結構很簡單，不過「金屬加熱後體積會變大」的性質一目了然。

→體積

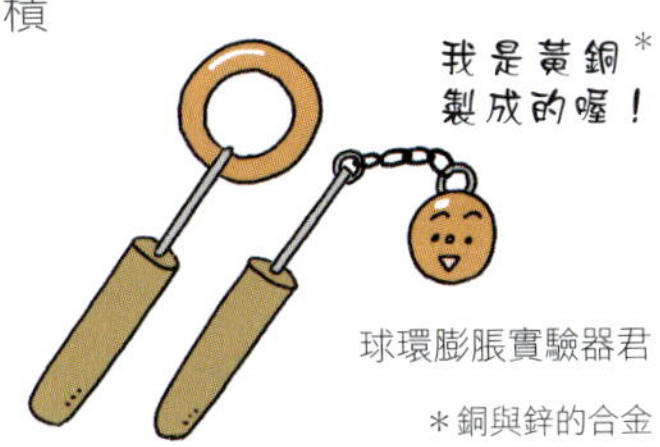
我是黃銅*
製成的喔！

球環膨脹實驗器君

＊銅與鋅的合金

使用球環膨脹實驗器的實驗

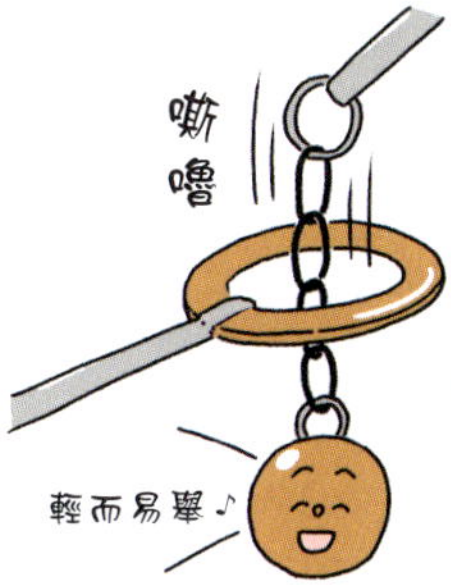
嘶嚕
輕而易舉♪

❶室溫下的金屬球能夠通過金屬環。

好熱好熱
轟轟轟

❷加熱金屬球。

鏘
唔……

❸金屬球無法通過金屬環。

空氣

覆蓋於地球表面、透明無味無臭的氣體。空氣是由氮、氧、氬（一種惰性氣體）、二氧化碳等組成。

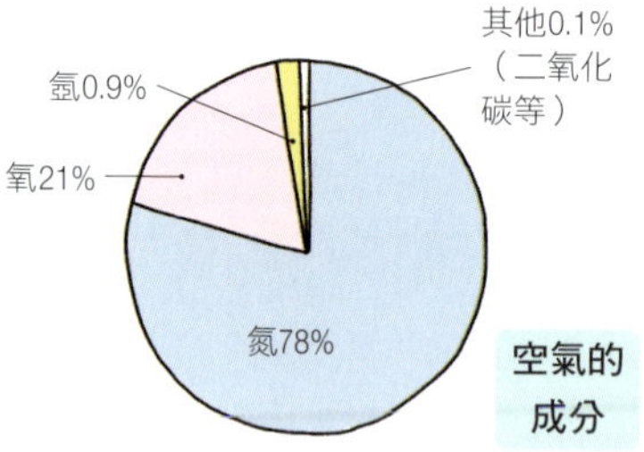
其他0.1%（二氧化碳等）
氬0.9%
氧21%
氮78%
空氣的成分

空氣砲

一種科學玩具。一般是在紙箱側面挖洞製成，讓紙箱裡充滿煙霧，然後「砰」的敲擊紙箱側面，就會飛出甜甜圈形狀的煙霧，非常有趣。以前多半使用線香或乾冰來製造煙霧，最近也有愈來愈多學校使用造霧機。

→造霧機

砰
吐出

莖

植物身體的一部分，指的是從根部上方到連接花朵或葉子的部分，支撐著植物的身體。從莖部會長出葉子、花朵與果實，同時也是從根部吸收水分與葉子製造養分通過的路徑。在土壤中發育的莖稱為「地下莖」。

→維管束、鮮花染劑

水果電池

使用水果與兩種金屬製成的電池。例如將檸檬對半切開，再把銅板與鋅板插在檸檬的截面上，然後連接蜂鳴器，就會發出聲音。增加檸檬數量或換成別種水果來試也很有趣。附帶一提，實驗使用的水果會把金屬溶出來，不可以食用。

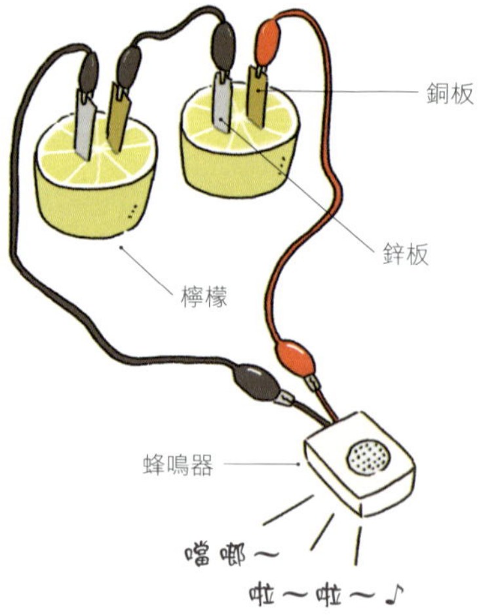
銅板
鋅板
檸檬
蜂鳴器
噹啷～
啦～啦～♪

造雲實驗

示範雲霧形成原理的實驗。在圓底燒瓶中裝入線香的煙霧，接著拉動連接的注射器，就會因為溫度下降而使得內部產生白色霧氣（形成雲霧）。雲霧形成需要灰塵之類的細小顆粒，線香的煙霧在實驗中就扮演了這樣的角色。

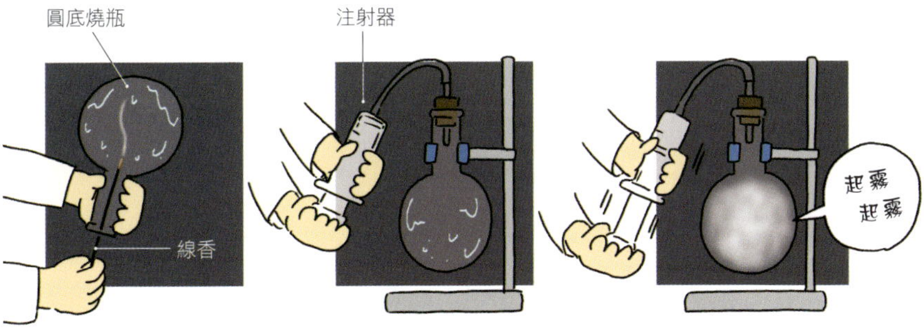

❶讓圓底燒瓶內部溼潤，裝入線香的煙霧。

❷將圓底燒瓶連接注射器。

❸拉動注射器，燒瓶內形成雲霧。

〈使用汽水瓶蓋的簡易版本〉

❶在寶特瓶中噴入酒精。

❷裝上汽水瓶蓋，擠壓約20次。

❸打開汽水瓶蓋，雲霧形成了。

社團活動用具

以實驗室為據點的社團活動用具及常備品。基本上多半是自然科學類社團，但有些學校的桌遊社或將棋社也會將實驗室作為活動場所，因此與自然科學無關的將棋棋盤或黑白棋等，就會悄悄的收納在實驗室的架子上。

黑白棋君　將棋的棋子君

克魯克斯管

安裝電極的玻璃製裝置，內部為真空狀態。有些內部裝著十字板，有些裝著螢光板，有些則裝著葉輪，有著各種不同類型。使用裝著螢光板的克魯克斯管可以觀察到陰極射線，還能藉由將磁鐵靠近來觀察陰極射線如何受磁力影響。

→陰極射線

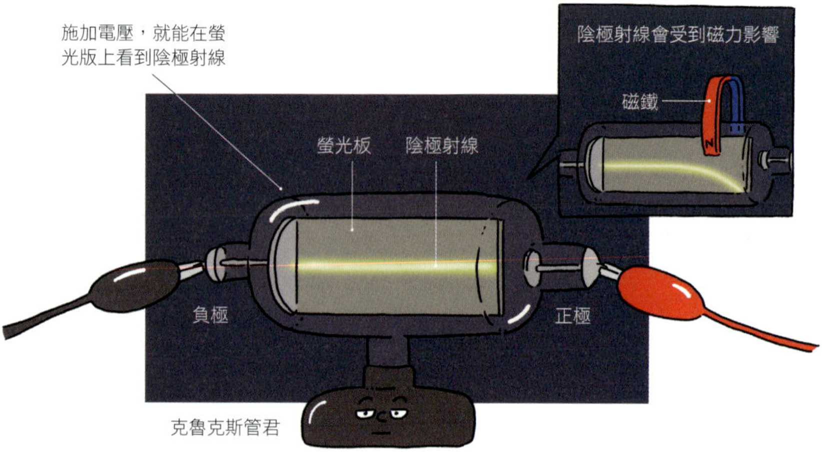
施加電壓，就能在螢光版上看到陰極射線
陰極射線會受到磁力影響
磁鐵
螢光板
陰極射線
負極
正極
克魯克斯管君

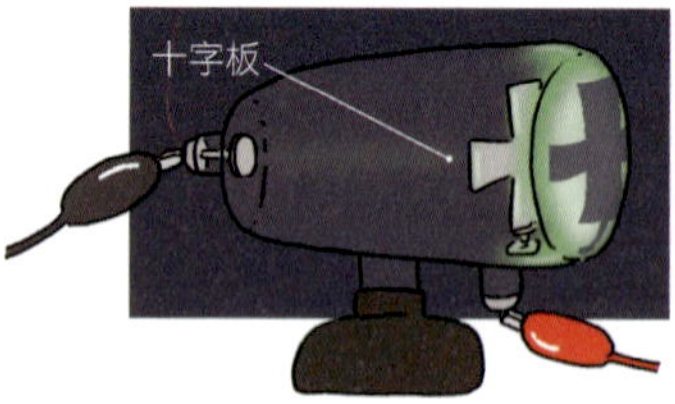
十字板

裝著十字板的克魯克斯管

施加電壓，就會在正極側的牆壁上投影出影子。

轉動
轉動
葉輪

裝著葉輪的克魯克斯管

施加電壓，葉輪就會朝正極方向轉動。

工作手套

一種手套，耐用又便宜。進行加熱或使用乾冰實驗等時候會戴上，但使用液態氮實驗就必須戴上專用手套，而非工作手套。

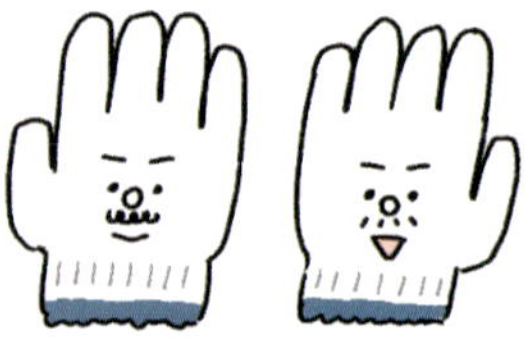

工作手套拍檔

工作手套拍檔害怕的事物

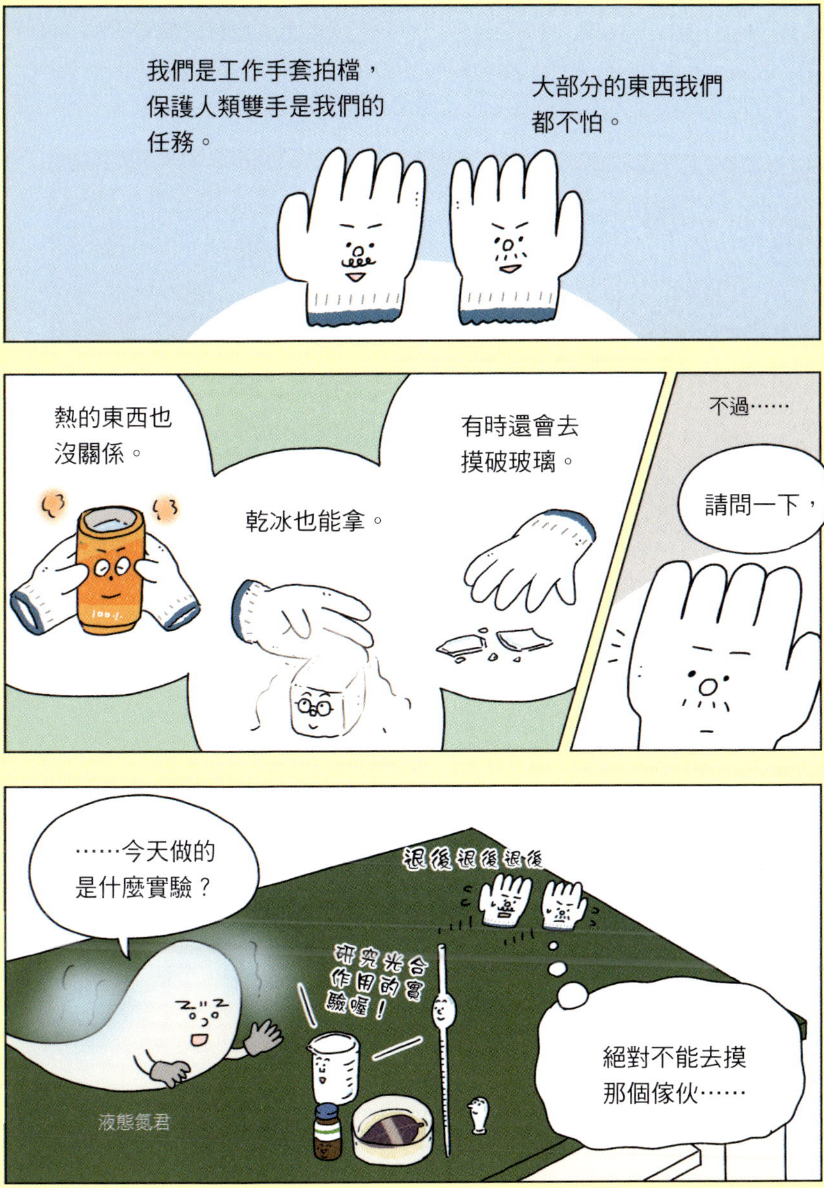
我們是工作手套拍檔，保護人類雙手是我們的任務。
大部分的東西我們都不怕。
熱的東西也沒關係。
乾冰也能拿。
有時還會去摸破玻璃。
不過……
請問一下，
……今天做的是什麼實驗？
研究光合作用的實驗喔！
退後退後退後
絕對不能去摸那個傢伙……
液態氮君

如果在做液態氮實驗使用工作手套，
手會凍傷喔，千萬不能用。

血液

從遍布全身的血管通過、將氧氣及養分等運送到細胞的液體。血液的組成包括稱為血漿的液體成分，以及紅血球、白血球、血小板等固體成分。透過顯微鏡觀察青鱂魚的尾鰭，可以看到血液流過的狀態。

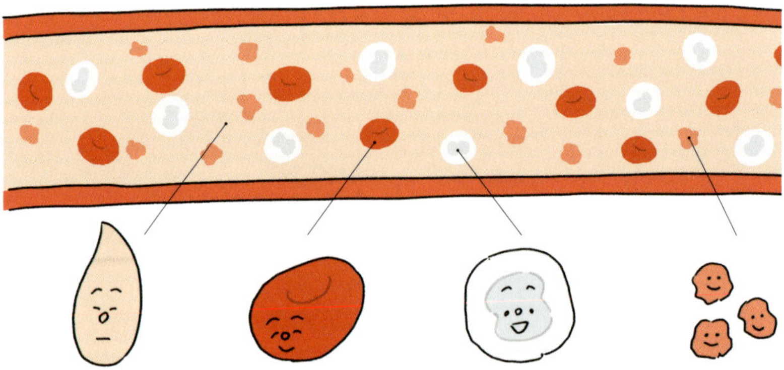

血漿

淡黃色液體。蛋白質與養分等溶解在裡面。

紅血球

負責運送氧氣。含有稱為血紅素的紅色成分。

白血球

負責保護身體免受病原體等異物攻擊。

血小板

一察覺到出血就會聚集到傷口處，負責把傷口堵起來。

結晶

原子與分子等粒子整齊排列的固體物質。有各種形狀，例如氯化鈉（食鹽）是立方體，明礬是八面體。附帶一提，玻璃往往被認為是結晶，但所構成的原子排列並不整齊，稱不上是結晶。

→原子、再結晶

各種物質的結晶

結露

空氣中所含的水分（水蒸氣）冷卻後形成水滴附著的狀態，例如將冰水倒入玻璃杯，或天冷時廁所窗戶所形成的水珠，就是結露。

→狀態變化

原子

構成物質、肉眼無法看見的微小粒子，有各種不同的種類，例如氫原子、氧原子等。若將原子分割得更小，還可再分成質子、中子、電子這三種粒子，其中質子的數量與原子的性質密切相關。

→分子

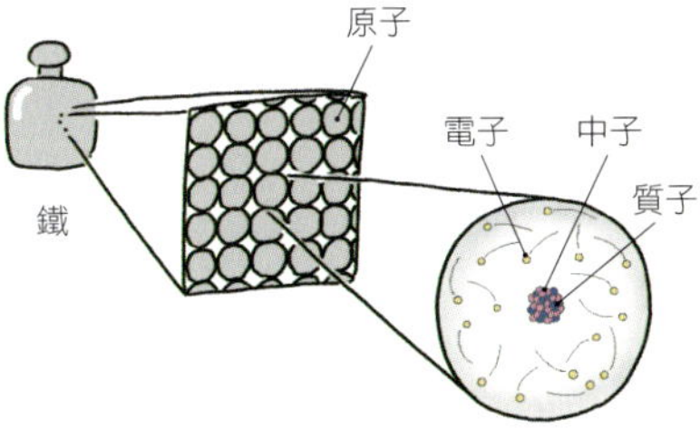

原子的結構

原子序

代表原子所含的質子數量。例如氫的質子數量是1個，原子序就是1。此外，由於氧含有8個質子，原子序就是8。

元素

指的是原子的種類，約有120種。元素的性質各不相同，非常有趣。附帶一提，原子序93以後的元素，並不是從地球的物質中發現，而是由原子爐與粒子加速器等特殊實驗裝置製造出來。目前全世界的科學家仍持續進行研究，試圖製造出新的元素。

元素週期表

將元素依照原子序的順序排列製成的表。橫列稱為「週期」，直行稱為「族」。在這張表中，性質相似的元素排成直排，例如氯（原子序17）的上方是氟，下方是溴，由此可知，氯與氟、溴擁有相似的性質。

→海報

元素週期表

	1	2	3	4	5	6	7	8	9	10	11	12	13	14	15	16	17	18
1	1 H																	2 He
2	3 Li	4 Be											5 B	6 C	7 N	8 O	9 F	10 Ne
3	11 Na	12 Mg											13 Al	14 Si	15 P	16 S	17 Cl	18 Ar
4	19 K	20 Ca	21 Sc	22 Ti	23 V	24 Cr	25 Mn	26 Fe	27 Co	28 Ni	29 Cu	30 Zn	31 Ga	32 Ge	33 As	34 Se	35 Br	36 Kr
5	37 Rb	38 Sr	39 Y	40 Zr	41 Nb	42 Mo	43 Tc	44 Ru	45 Rh	46 Pd	47 Ag	48 Cd	49 In	50 Sn	51 Sb	52 Te	53 I	54 Xe
6	55 Cs	56 Ba	57~71 鑭系元素	72 Hf	73 Ta	74 W	75 Re	76 Os	77 Ir	78 Pt	79 Au	80 Hg	81 Tl	82 Pb	83 Bi	84 Po	85 At	86 Rn
7	87 Fr	88 Ra	89~103 錒系元素	104 Rf	105 Db	106 Sg	107 Bh	108 Hs	109 Mt	110 Ds	111 Rg	112 Cn	113 Nh	114 Fl	115 Mc	116 Lv	117 Ts	118 Og

鑭系元素	57 La	58 Ce	59 Pr	60 Nd	61 Pm	62 Sm	63 Eu	64 Gd	65 Tb	66 Dy	67 Ho	68 Er	69 Tm	70 Yb	71 Lu
錒系元素	89 Ac	90 Th	91 Pa	92 U	93 Np	94 Pu	95 Am	96 Cm	97 Bk	98 Cf	99 Es	100 Fm	101 Md	102 No	103 Lr

顯微鏡（光學顯微鏡）

將微小物體放大觀察的器材。附有兩種透鏡，更換透鏡就能改變放大倍率，用來觀察細胞、花粉與水中微生物等。

→雙眼實體顯微鏡、顯微鏡標本

線圈

將導線朝著相同方向纏繞多圈後製成。只有在電流通過導線時會變成磁鐵（電磁鐵）。鐵棒插入線圈後再通電，磁力會變得更強。

→電磁鐵

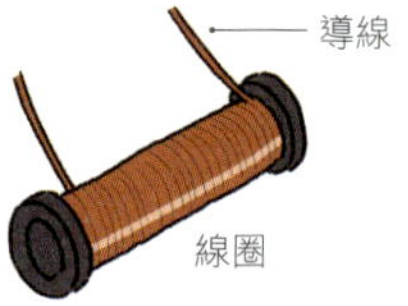
導線
線圈

顯微鏡各部位名稱

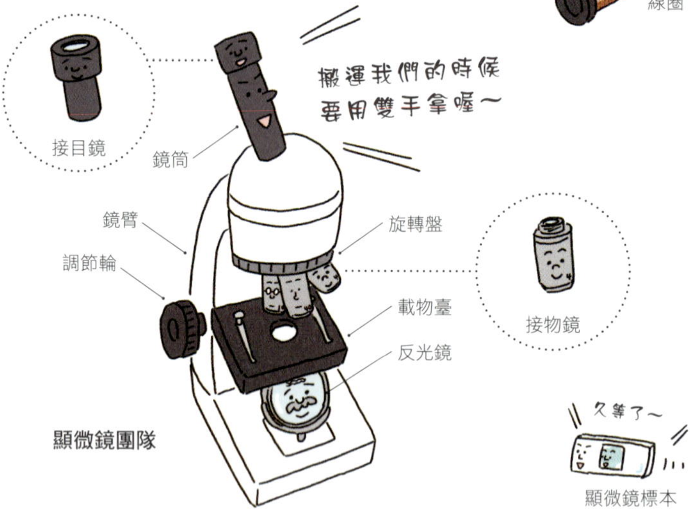
接目鏡
鏡筒
搬運我們的時候
要用雙手拿喔～
鏡臂
調節輪
旋轉盤
載物臺
反光鏡
接物鏡
顯微鏡團隊
久等了～
顯微鏡標本

顯微鏡使用方法

裝上
轉動，
就定位

❶將顯微鏡標本安裝在載物臺上。

❷接物鏡盡量接近顯微鏡標本。

❸慢慢遠離顯微鏡標本，直到看清楚為止。

光合作用

植物使用光的能量來製造養分的作用，主要是靠著葉片上的葉綠體，利用水與二氧化碳來製造澱粉等養分。實際上是否真的製造出澱粉，可以利用碘澱粉反應來檢測。光合作用看起來似乎很簡單，但其實是由多項非常複雜的化學反應交織而成，因此尚未完全弄清楚它的整個機制。

→碘澱粉反應、葉綠體

結果分析

從實驗或觀察的結果中，有系統的思考出結論。舉例來說，當實驗得到的結果是「收集沸騰時的氣泡，結果形成了水」，那麼「沸騰的氣泡實質上就是水加熱後形成的氣體（水蒸氣）」就是結果分析。進行結果分析時，寫出與實驗前提出的預測或想法（假說）的比較也是很重要。

→假說、實驗

光合作用示意圖

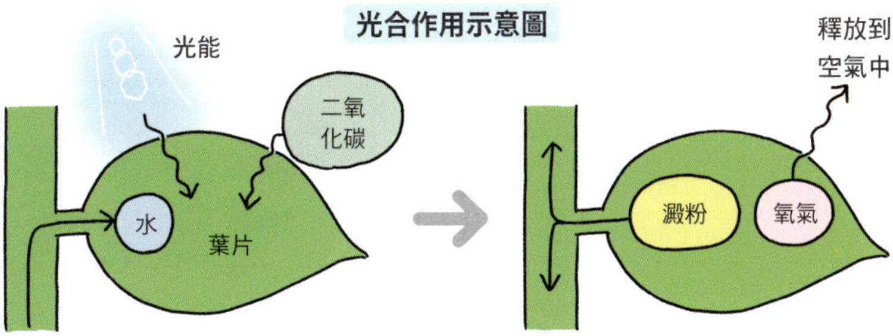

檢驗光合作用製造的澱粉

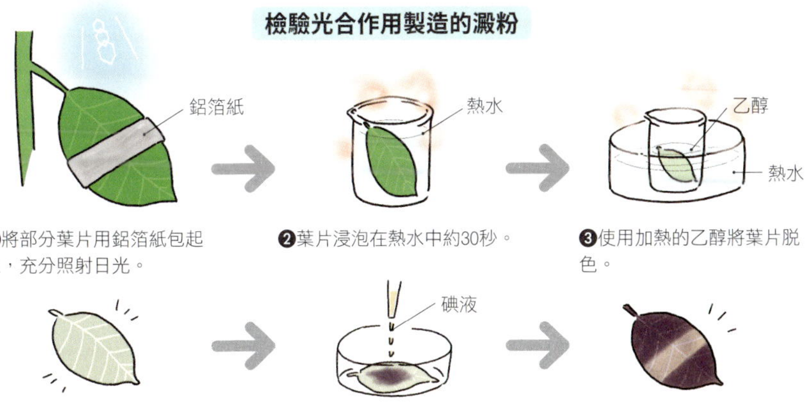

❶將部分葉片用鋁箔紙包起來，充分照射日光。

❷葉片浸泡在熱水中約30秒。

❸使用加熱的乙醇將葉片脫色。

❹葉片的葉綠體消失，變成白色！

❺滴上碘液後用水清洗。

❻進行光合作用的部分形成澱粉，變成紫色。

礦物

靠著自然力量經年累月形成的固體物質，也是構成岩石的重要元素。

礦物的種類包括鑽石、岩鹽、石英、螢石等，現在已知的礦物多達5900種以上。

→岩石

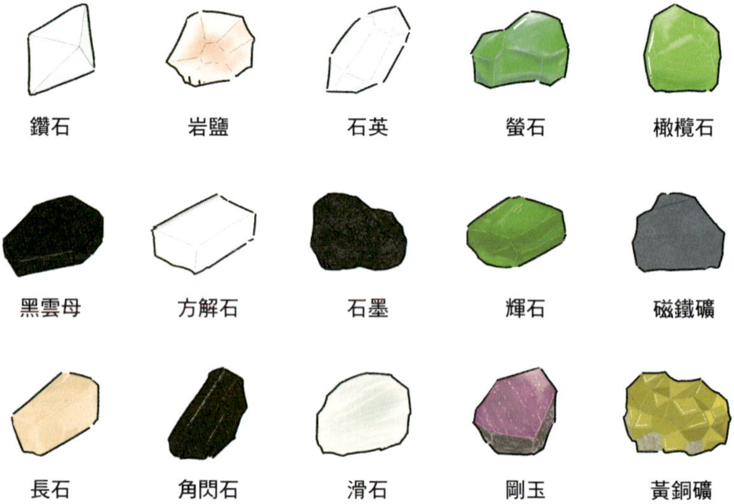
鑽石
岩鹽
石英
螢石
橄欖石
黑雲母
方解石
石墨
輝石
磁鐵礦
長石
角閃石
滑石
剛玉
黃銅礦

交流電的頻率差異

交流電指的是大小與方向每隔一段時間就會改變的電流，學校和家庭的插座所提供的電就屬於這種類型。交流電的電流方向每秒鐘變化的次數稱為「頻率」（單位為赫茲〔Hz〕）。由於西日本與東日本的發電廠使用的發電機不同，因此頻率也不一樣，這就是打點計時器打點次數不同的原因。

→打點計時器

冰

水所形成的固體，在實驗中用來降低溫度的冷卻劑。此外，在檢查結冰溫度與體積變化時，冰本身也是觀察對象。

電源頻率
西日本
60Hz
東日本
50Hz

呼吸

指的是從體外吸收氧氣，並將二氧化碳排出體外的作用。不只動物，植物也會呼吸。而利用石灰水進行研究可以發現，呼吸後的氣體含有大量的二氧化碳。

→氣孔、石灰水

兒童的科學

日本誠文堂新光社所出版的科學雜誌。1924年創刊。內容豐富，包含最新的科學資訊、日常生活的科學、實驗、勞作，甚至還有程式設計與太空開發等。而燒杯君拜訪科學相關場所的《燒杯君和他的小旅行》一書，也在這本雜誌連載。有些學校也將這本雜誌當成科學圖書陳列。

→科學圖書

骨骼標本

骨骼（支撐身體或保護內臟的骨頭集合）的標本。有些實驗室會擺放動物的骨骼標本，例如魚、青蛙、蛇等，此外也會展示捐贈的稀有動物骨骼標本。附帶一提，人體骨骼模型並非實物，所以不會稱為骨骼標本。

→標本

老鼠的骨骼

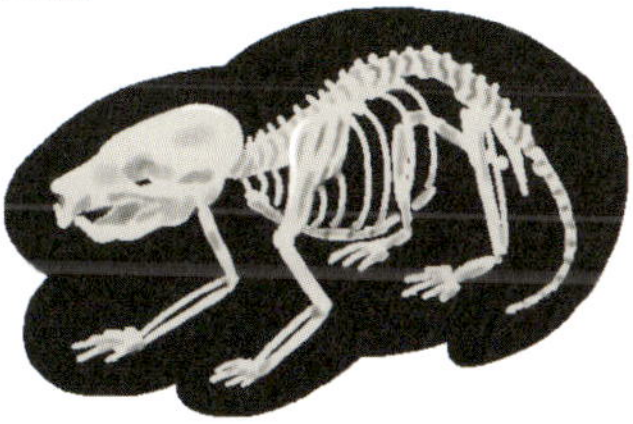

蛇的骨骼

青蛙的骨骼

鯽魚的骨骼

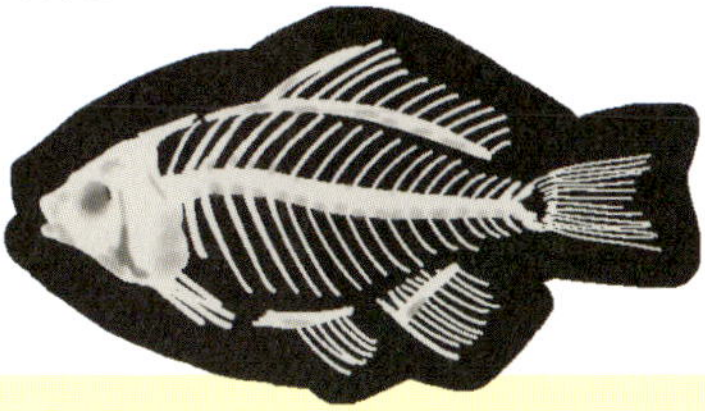

錐形燒杯

杯口略窄的燒杯。「錐形」就是圓錐形的意思。由於杯口較小，具有即使搖晃、混合杯中液體也不容易潑灑出來的優點。

→燒杯

錐形燒杯君

球型刻度滴管

這是吸取少量液體以移動到其他地方的器材。擠壓安裝在上方的橡膠帽，就能調整吸取的液體量。在裝有金屬的試管中加入鹽酸的實驗，或是製作顯微鏡標本時都可以派上用場。附帶一提，球型刻度滴管的發明者是東京駒込醫院的院長，所以日本稱為「駒込滴管」。

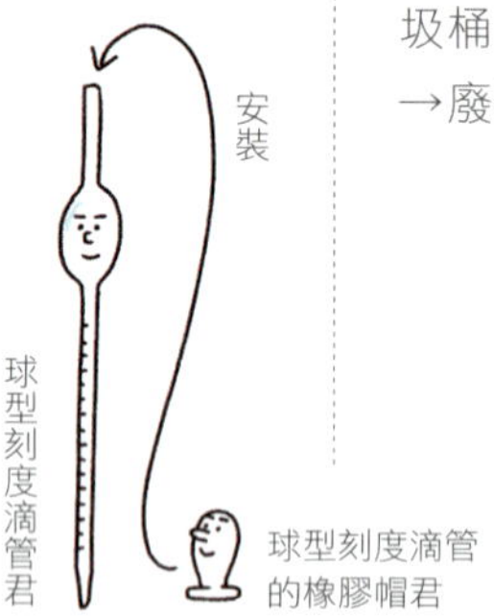

垃圾桶

維持實驗室整潔不可或缺的物品。垃圾必須事先分類，像是可燃垃圾、塑膠垃圾、玻璃、金屬等。至於使用完畢的液體藥品不能丟進垃圾桶，必須倒入廢液桶回收。

→廢液桶

球型刻度滴管使用方法

❶慢慢放開壓扁的橡膠帽，將液體吸上來。

❷吸取需要的份量後，移到其他容器。

❸慢慢按壓橡膠帽，讓液體流出。

千鈞一髮!!

我做完實驗囉！
嘿咻
倒入
實驗後的藥品
可燃
塑膠
——幾分鐘後
可燃
怎麼覺得好熱。
快來人啊！
裡面好像發生某種反應！
什麼事
什麼事
靠近
靠近
啊，冒出一點煙了！溼抹布君，麻煩你了！
熄滅吧——嘿呀。
難道是我剛剛丟進去的藥品……
熄滅滅滅滅
好不容易防止了火災發生。

丟棄藥品時要妥善處理喔！

01
02
03
04
05
06
07
08
09
10

橡膠管

具有柔軟性的橡膠製中空管。在製造氣體的實驗中用來連接玻璃管，或在減壓過濾時連接抽氣機與緩衝瓶。橡膠管長期使用後會劣化並出現裂痕，必須定期更換。

→保養

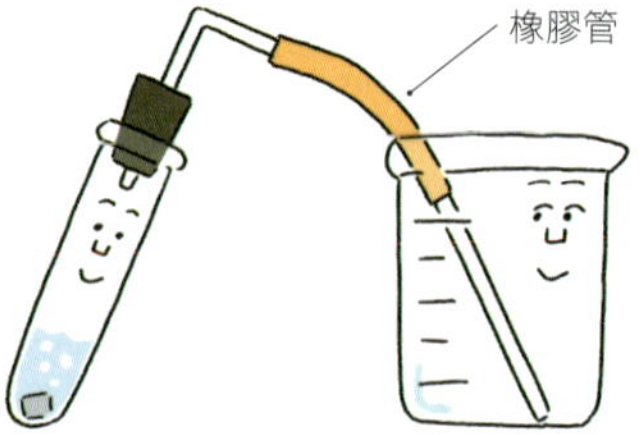

橡皮塞

用來將試管或燒瓶密閉起來的器材。中小學常用的材質為天然橡膠與矽膠（也稱為矽膠塞），矽膠製的比較耐用。附帶一提，市面上也有販售有洞的打孔橡皮塞，可以穿過玻璃管。

→拔不起來……

軟木塞

用來將試管或燒瓶密閉起來的用具。密閉性比橡皮塞低，但如果要保存會溶解橡膠的液體，就會使用軟木塞。

壞掉的器材

沒有丟掉而被悄悄保存在實驗室或實驗準備室的缺損器材。造成這種情況的主要原因，或許是因為小學自然科老師人力不足，以及處理器材報廢作業需要耗費時間和勞力。這些器材可能存放在實驗室從未被打開的抽屜裡。

→神祕抽屜

各式各樣的塞子

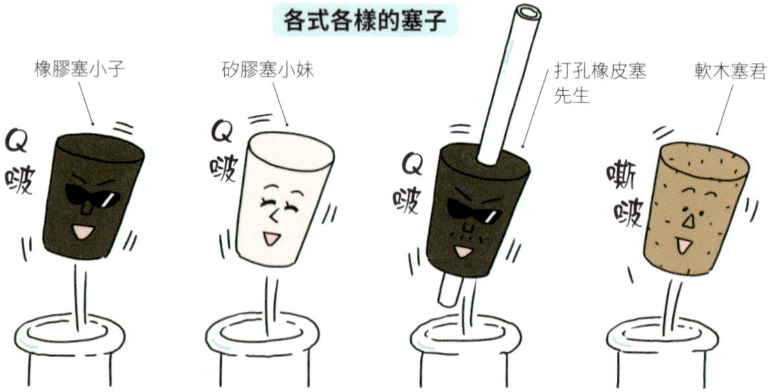

混合物

由兩種以上的物質混合而成，並且能夠藉由過濾、蒸餾、再結晶等方法分離成分的物質。日常生活中存在各式各樣的混合物，例如食鹽水（水與食鹽）、牛奶（水、乳脂、蛋白質等）、空氣（氮氣、氧氣等）等。

→純物質

海水
OIL
油
石油
哞哞哞
牛乳
牛奶

昆蟲

節肢動物（身體與腳覆蓋硬殼，並且有關節的動物）的一種。昆蟲的身體分為頭、胸、腹三部分，胸部有6隻腳與4片翅膀。昆蟲是種類最多的生物，光是已確認的就有大約100萬種。許多學校也會在實驗室飼養獨角仙、蝗蟲、螳螂等昆蟲。

不是昆蟲

感覺像昆蟲、卻不是昆蟲的生物，例如蜘蛛、蟎、球鼠婦與蜈蚣等。

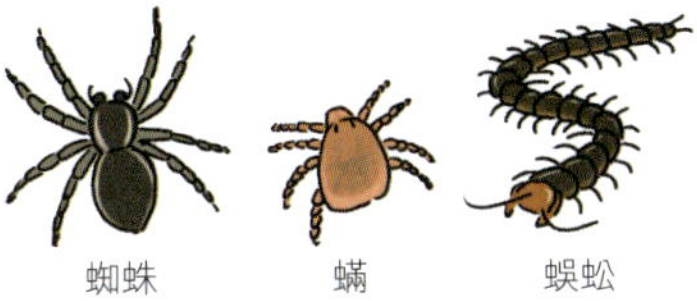
蜘蛛
蟎
蜈蚣

昆蟲的身體

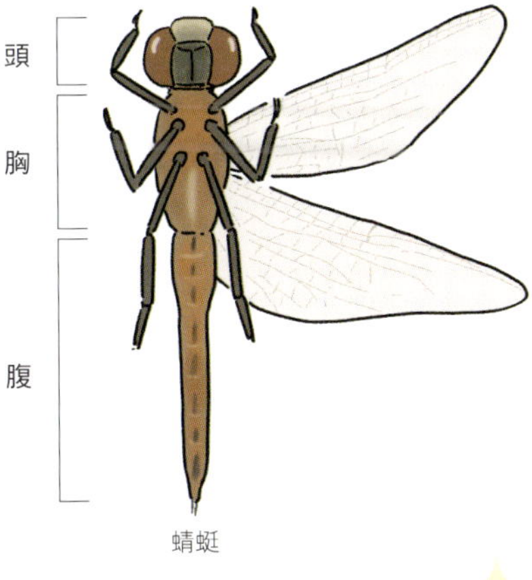
頭
胸
腹
蜻蜓

昆蟲的例子

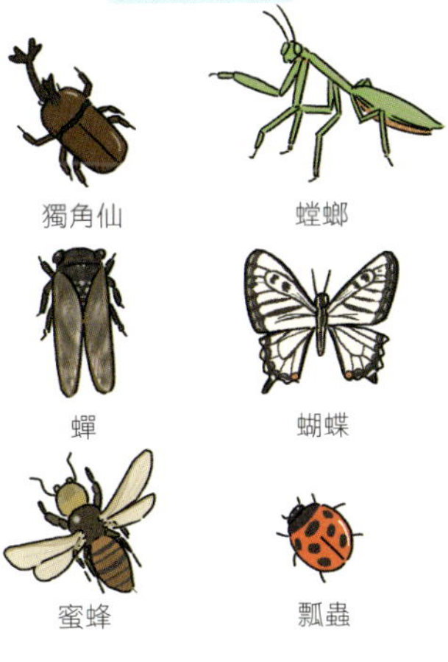
獨角仙
螳螂
蟬
蝴蝶
蜜蜂
瓢蟲

COLUMN

02

原器的任務結束是什麼意思？

· 公斤原器→P.59

「原器」指的是決定某個單位時的最高層級基準。正如第59頁也提過，1公斤的基準直到2019年都曾是公斤原器。但這句話的重點在於「曾是」……換句話說，那已經是過去的事了。那麼現在1公斤的基準到底是什麼呢？

事實上，就在前一年的2018年，決定全世界各種單位的第26屆國際度量衡總會決定重新定義單位（國際單位制基本單位），而根據這項決定，自2019年5月20日起就開始使用新的「公斤定義」。這個新定義並未使用公斤原器，代表這不再是嚴格定義1公斤的工具。

現在的各種單位原本都是以自然物體或自然現象為基準來決定，例如長度的基準是地球一周的長度，溫度的基準是水結冰或沸騰的溫度等。但由於數值會隨著條件而改變，難以精密測量，因此隨著科學技術進步，開始製造作為基準的人造物，這些人造物就是原器。除了公斤原器，公尺原器也很有名。

當技術更進步，基準也必須更精密。在電腦領域，數千萬分之一秒的時間單位變得非常重要，而在技術領域中，也開始追求精密度，例如某個物體在超短時間內移動的距離是多長？極微小的重量變化是多少？諸如此類。這麼一來，像原器這種存在實體的基準，就無法忽視細微溫度變化與物質變化（例如附著氧氣等）所帶來的偏差。而這時使用的方法，就是將物理常數當成標準（人類定義的數值）。

到目前為止，幾乎所有單位的基準都是根據物理常數改寫，「公斤」的定義也已經改變，最後剩下的只有「秒」的標準。在人類史上，單位基準的改寫都因重大發現而推動，當所有單位的基準都改變時，也可說是科學看待事物的方式發生了重大變化。公斤原器的任務結束，就與這樣的重大變化有關，是令人心跳加速的重大事件吧！

而現在1公斤的基準是用普朗克常數來表示，它顯示了光的振動次數（頻率）與能量的比例關係。這個常數在量子論中極為重要，在日常生活中卻不太熟悉。

文：山村紳一郎

熱變色墨水

也稱為感溫墨水。這種墨水的特性是，溫度升高時會從藍色變成粉紅色，使用於觀察液體加熱狀況的實驗。首先將熱變色墨水混入水中，使其呈現藍色，接著加熱並觀察顏色變化。於是可以知道受熱的水會上升，熱量由上而下依序傳導。

→對流

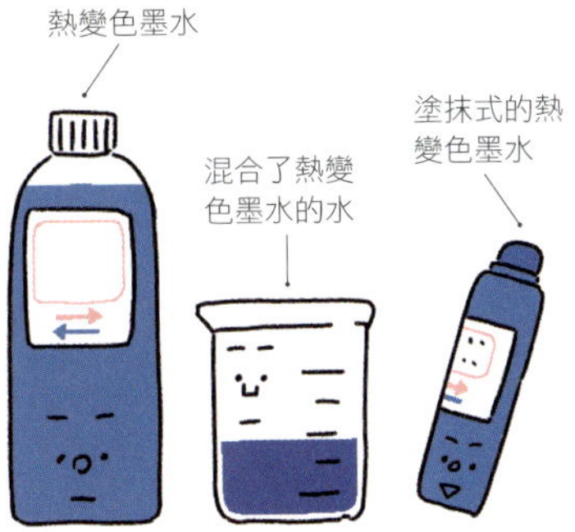

觀察水加熱狀況的實驗

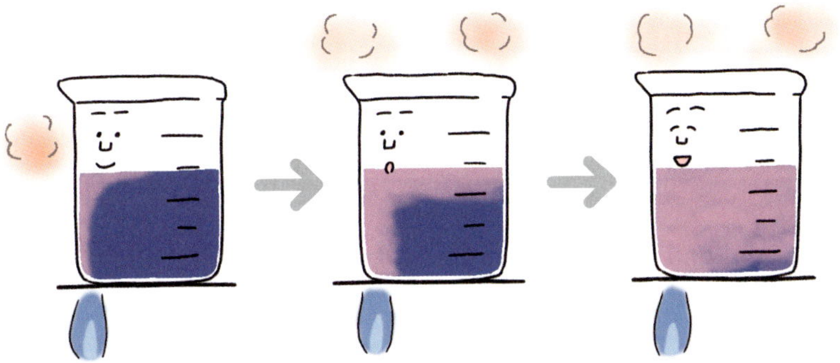

❶粉紅色部分向上升起。 ❷由上而下逐漸擴散。 ❸整體變成粉紅色。

再結晶

指的是原本已溶解的物質無法繼續維持溶解狀態而析出。具體做法是將某種固體物質溶解在高溫水中，接著慢慢冷卻。這麼一來，無法繼續維持溶解狀態的物質，就會析出成為純化結晶。除了降低溫度，還可以透過讓液體蒸發的方法進行再結晶。

→蒸發皿、飽和水溶液、明礬

虹吸

先讓液體上升到高處，再使它流向低處的管子或裝置。由於不需要額外動力就能讓水移動，因此非常方便。燈油幫浦之類的裝置就是運用這種原理。

→教訓杯

利用虹吸作用讓水移動的方法

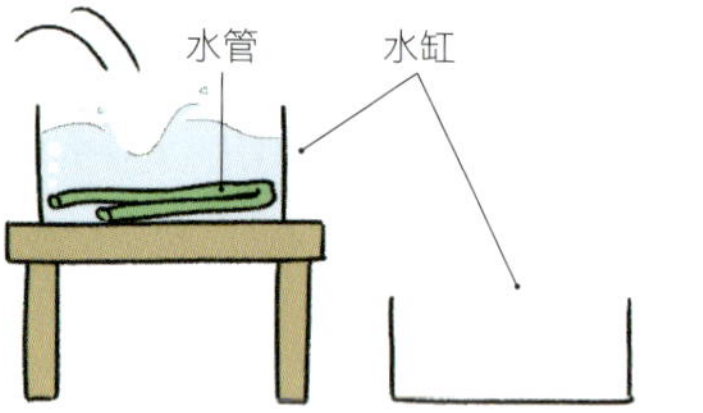

❶將水管放進位置較高的水缸，並抽出裡面的空氣。

❷用手指壓住水管的一端並拿出來。

❸拿到另一個水缸，放開手指。

❹水自動移動。

細胞

構成生物身體的基本單位。每個細胞都像一個小房間，裡面有細胞核、粒線體等各種結構。細胞會因為所屬的生物種類、所在的身體位置不同，而有不同的大小與形狀。此外，植物細胞也有許多與動物細胞相異的部分，例如葉綠體和細胞壁等。

→染色液

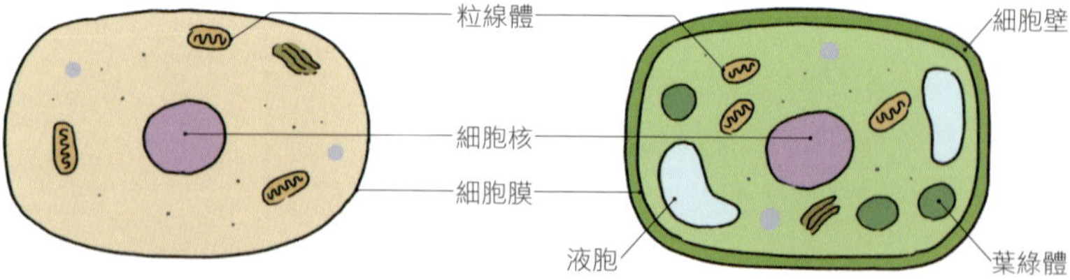

動物細胞　　植物細胞

再利用

原則上，實驗用過之後的藥品應該回收廢棄，但也有一些藥品可以重複利用。

混合了熱變色墨水的水
↓
再度使用於相同的實驗

食鹽與明礬的飽和水溶液
↓
使用於再結晶實驗

作為催化劑使用的二氧化錳
↓
清洗乾燥再利用

生鏽

金屬慢慢氧化的過程。氧化指的是與氧結合所產生的化學反應。金屬接觸到氧氣就會生鏽，一碰到水，生鏽的速度會更快。在實驗室，有時候舊的藥匙和鑷子也會因為氧化而生鏽。

→氧氣

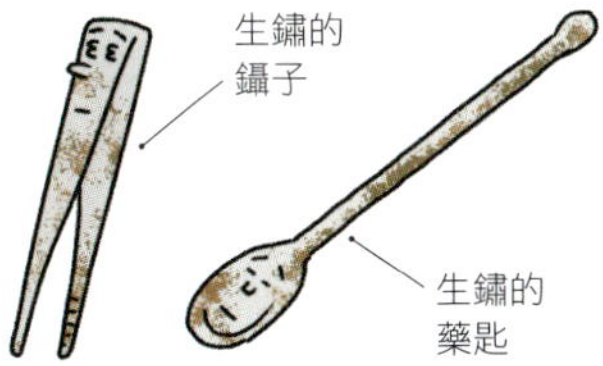
生鏽的鑷子
生鏽的藥匙

鐵砂

岩石中所含的磁鐵礦經過風化與流水侵蝕，所形成的細小顆粒。鐵砂具有被磁鐵吸引的性質，因此常被使用於顯示磁場圖樣的實驗中。此外，還可以將鐵砂混合史萊姆，進行製作磁性史萊姆（對磁鐵反應的史萊姆）的實驗。

→磁場

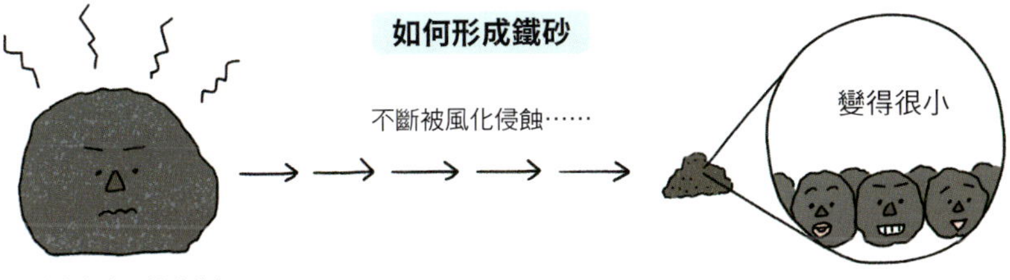
如何形成鐵砂
不斷被風化侵蝕……
變得很小
磁鐵礦（一種礦物）
鐵砂們

使用鐵砂的實驗

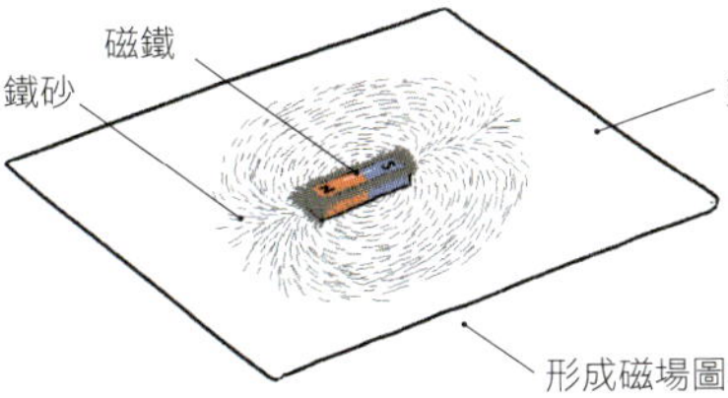
磁鐵
鐵砂
塑膠板
形成磁場圖樣的實驗

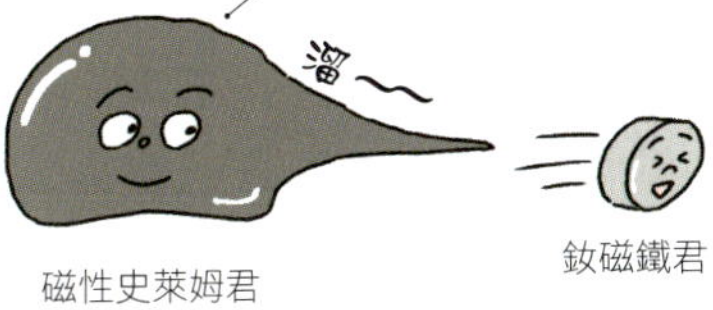
加入鐵砂
溜～
磁性史萊姆君
釹磁鐵君

作用力與反作用力定律

當一股力作用於物體時，會產生另一股大小相等、作用方向相反的力（反作用力）的定律。例如人推牆壁時，也會有另一股與推力相同的力作用於手上。作用力與反作用力「分別作用在不同物體上」、「在同一直線上」，且「大小相等」。

→寶特瓶火箭

人推牆壁

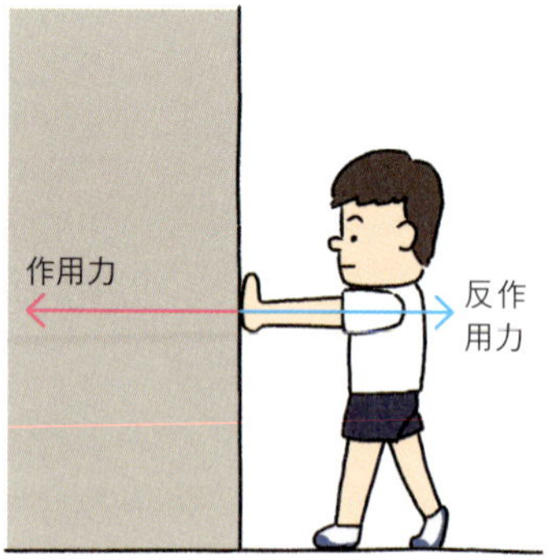
作用力
反作用力

向牆壁施力時，也會有同一直線上的力作用在自己身上。

石蕊試紙君體驗作用力與反作用力定律

我要推囉
好
碰

酸

水溶液中呈現酸性的物質。酸性水溶液會將藍色石蕊試紙變紅色，讓溴瑞香草藍（BTB）指示劑從綠色變黃色。酸的例子有鹽酸、硫酸、醋酸等。

→鹼、pH指示劑、石蕊試紙

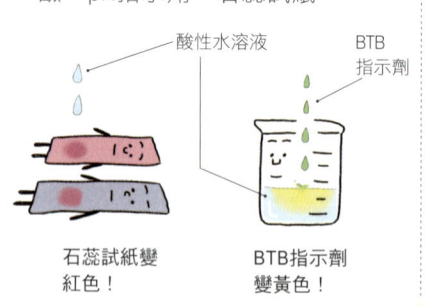

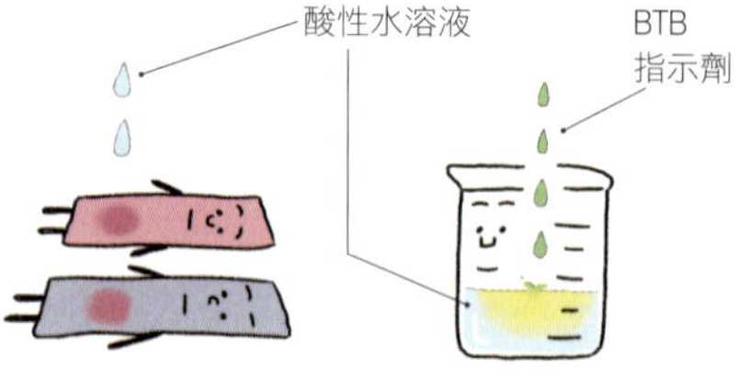
酸性水溶液
BTB
指示劑

石蕊試紙變紅色！

BTB指示劑變黃色！

錐形瓶

從側面看，呈三角形、底部平坦的燒瓶。有時也會根據發明者的名字稱為「埃倫邁爾燒瓶」。主要用來在裡面混合液體或儲存液體。由於底部脆弱，容易破裂，所以不能用來加熱。

→加熱與玻璃器材、燒瓶

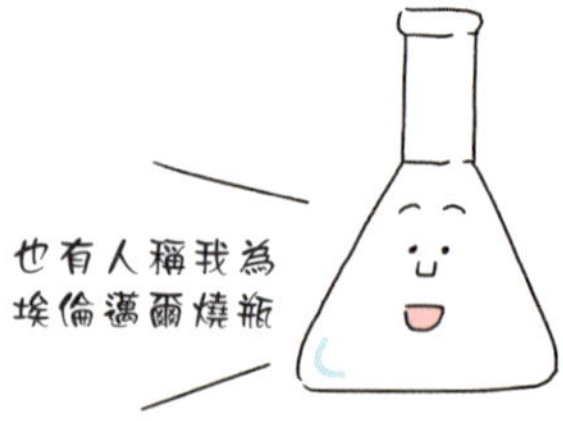
也有人稱我為
埃倫邁爾燒瓶

錐形瓶君

和想的不一樣……

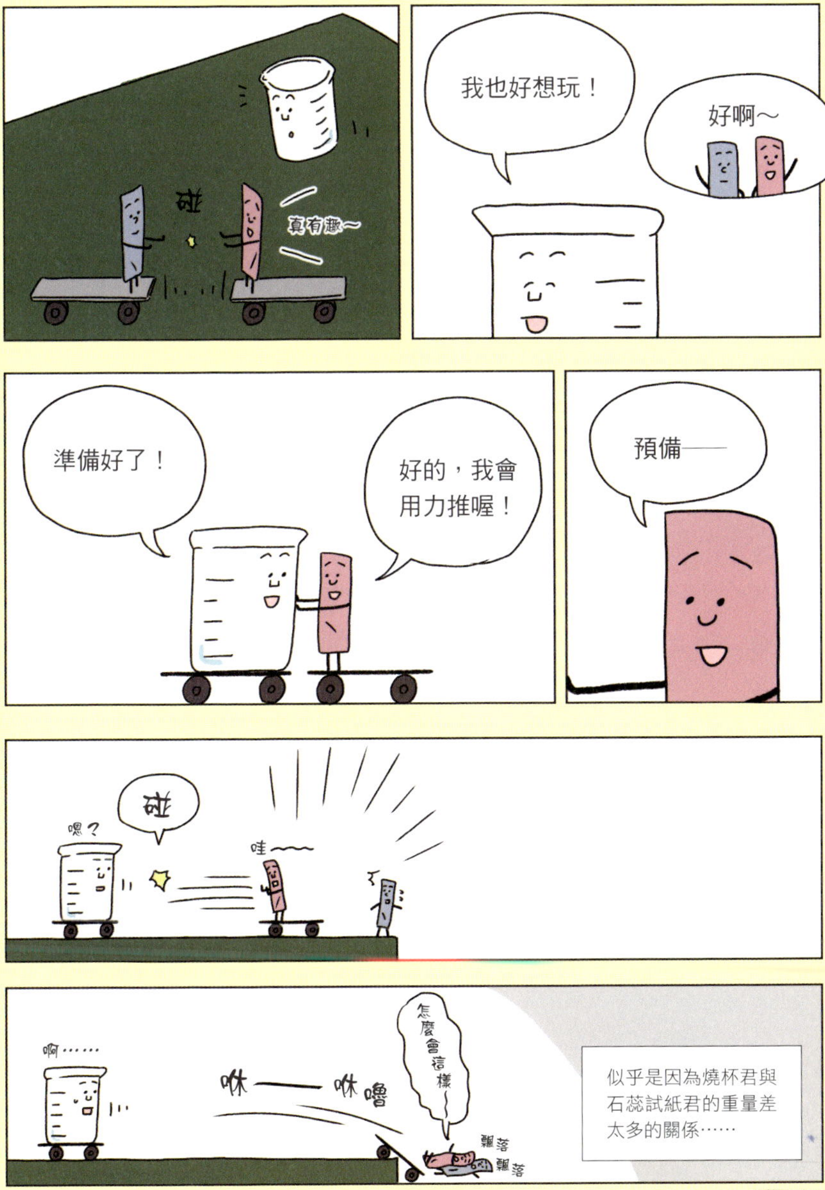

碰
真有趣～
我也好想玩！
好啊～
準備好了！
好的，我會用力推喔！
預備——
嗯？
碰
哇～～～
啊……
咻——咻嚕
怎麼會這樣～
飄落
飄落
似乎是因為燒杯君與石蕊試紙君的重量差太多的關係……

好像對石蕊試紙君
不太好意思……

氧氣

無色無味的氣體，在空氣中大約占21%，也是動物生存所不可或缺的氣體。雖然氧氣本身不會燃燒，但是具備幫助物質燃燒的性質（助燃性）。物質與氧氣結合所產生的化學反應稱為「氧化」，而燃燒也是一種氧化反應。

→呼吸、生鏽、燃燒

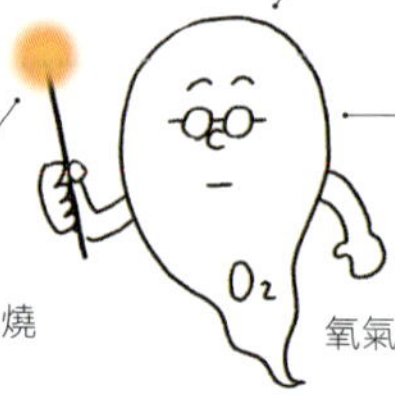
比空氣
稍重
不易溶
於水
O_2
幫助物質燃燒
氧氣君

磁場

磁鐵力量作用的空間，也稱為磁界。在磁場中，力的作用方向是從磁鐵的N極流向S極，磁場中放置羅盤即可觀察到這點。此外，利用鐵砂來呈現磁場圖樣也是經常進行的實驗。

→鐵砂、羅盤

磁場示意圖

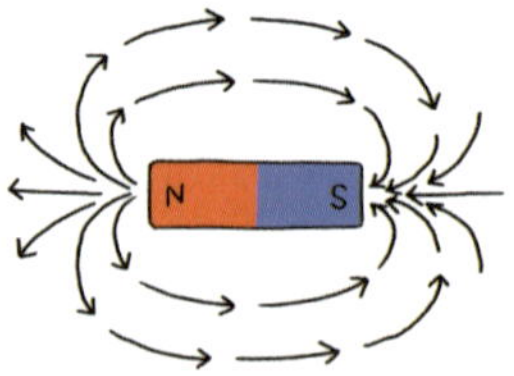
N
S

試管

以少量液體進行實驗的細長玻璃器材。管口的環狀加厚部分稱為「唇緣」，具有提高試管耐用性的效果。試管廣泛應用於各式各樣的實驗場合，例如收集實驗產生的氣體，或是觀察小金屬片與鹽酸的反應等。

→洗瓶刷（小）

試管兄弟

試管架

用來將試管直立放置的器材。有各種不同的類型，例如木製、金屬製、塑膠製，能夠放置的試管數量也有多有少。成排的細長棒狀物，則是用來讓洗淨的試管倒插晾乾的工具。

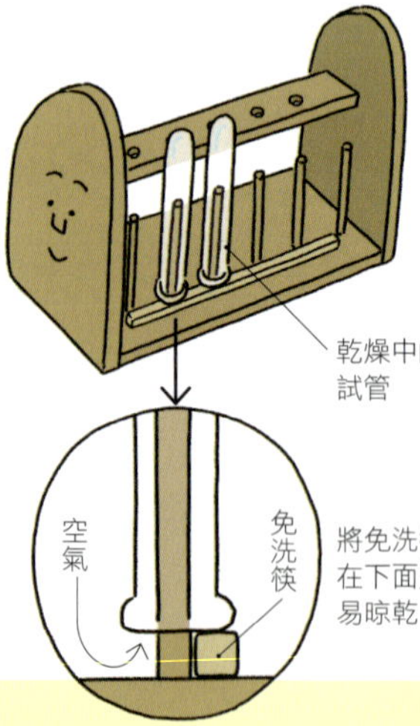
試管架君
乾燥中的
試管
空氣
免洗筷
將免洗筷墊
在下面更容
易晾乾

試管夾

在加熱試管時，用來固定試管的器材。使用前應該先確認夾具部分的彈簧沒有鬆弛，並要夾在靠近試管口的位置。

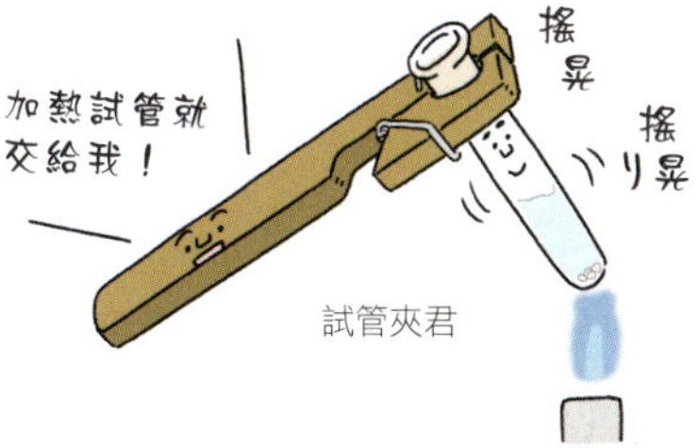

試紙

用來檢測水溶液性質或者是否存在特定物質的紙張。除了pH廣用試紙與石蕊試紙之外，還有許多不同種類的試紙。

→pH廣用試紙、石蕊試紙

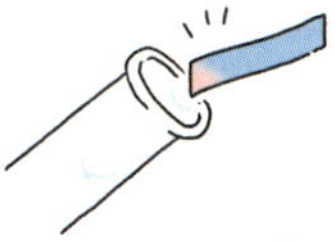

氯化亞鈷試紙

沾到水會從藍色變成紅色。

餘氯試紙

沾取水溶液後，可透過顏色變化得知氯的濃度。

磁鐵

能吸引鐵、鈷、鎳等金屬的物體，根據使用材料的不同而有不同的種類。具有N極與S極，不同極之間會互相吸引，同極之間則會互相排斥。

→鐵砂、磁場、羅盤

磁鐵的性質

能夠吸引鐵

異極相吸，同極相斥

磁鐵的種類

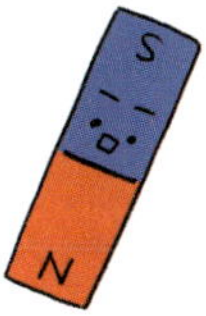

鐵磁體磁鐵君

最一般也最便宜的磁鐵。主要原料是氧化鐵。

鋁鎳鈷磁鐵君

主要原料是鋁、鎳、鈷。磁力介於鐵磁體磁鐵與釹磁鐵之間。

釹磁鐵君

磁力非常強的磁鐵。廣泛應用於全世界，例如汽車與電腦等。

實驗

為了解答疑問或驗證假說而進行的活動。進行實驗時，會在經過控制的條件下，記錄作為實驗對象的物體所發生的現象，或是測量相關數值。提出假說、進行實驗、分析結果這一連串的過程，在「學習自然科學」中具有重要意義。不過，若從「享受自然科學」的角度來看，把假說擺在一邊，見證眼前不可思議的現象，也是實驗的重要任務。

→假說、結果分析、趣味實驗

實驗時要站著

實驗時的規則之一。為了能在發生意外狀況時立即動作，實驗時必須將椅子收進實驗桌底下。不過，在使用顯微鏡觀察或長時間進行精細操作時，坐著還是比較理想。

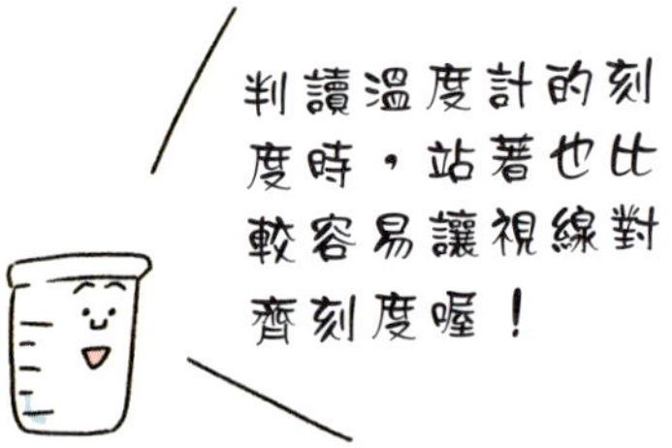
判讀溫度計的刻度時，站著也比較容易讓視線對齊刻度喔！

實驗桌

又稱為實驗臺，是學生實驗時使用的桌子，多數設有水槽，桌子下方也有可以放置課本或筆記本的空間。

→隱藏式水龍頭、被遺忘的課本與筆記本

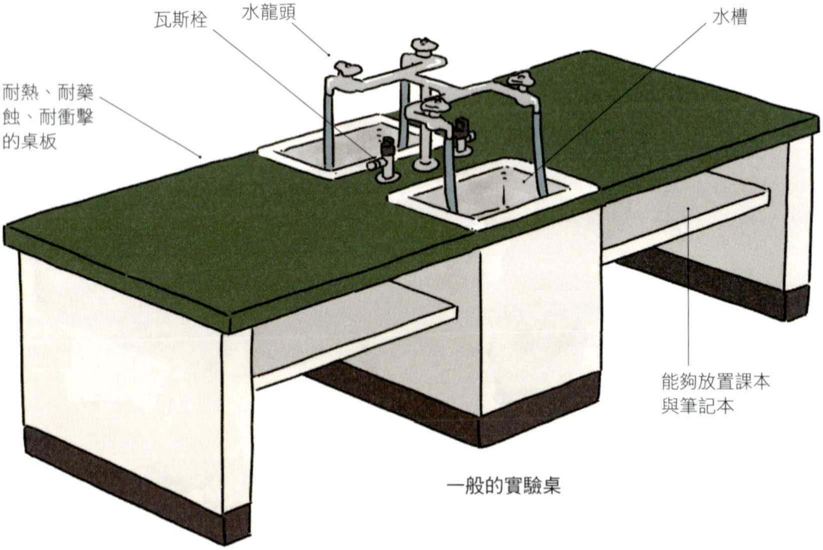
瓦斯栓
水龍頭
水槽
耐熱、耐藥蝕、耐衝擊的桌板
能夠放置課本與筆記本

一般的實驗桌

實驗用瓦斯爐

一種加熱器材。點火與調節火力都很簡單，而且不容易傾倒，安全性很高。此外，移開上方的瓦斯爐架後，也能加熱試管。由於具備這些特點，實驗用瓦斯爐已經成為現在主流的加熱器材。

→酒精燈

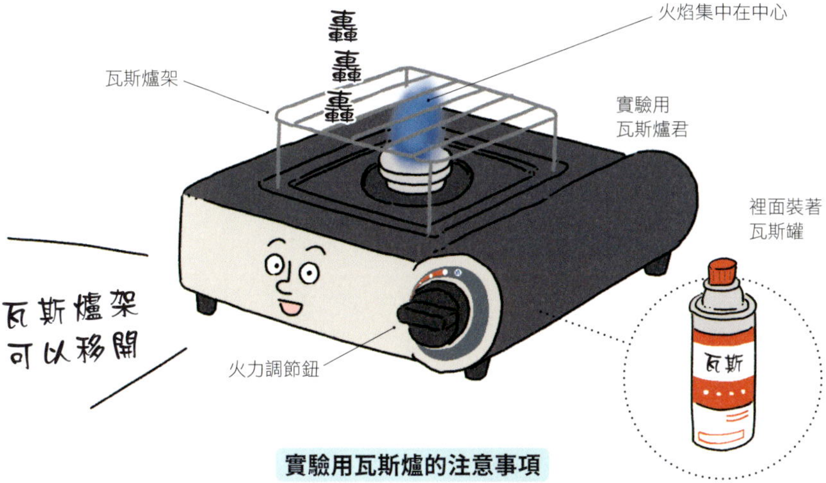

轟轟轟
火焰集中在中心
瓦斯爐架
實驗用
瓦斯爐君
裡面裝著
瓦斯罐
瓦斯爐架
可以移開
火力調節鈕
瓦斯

實驗用瓦斯爐的注意事項

收起來吧！
還很熱
喔！

關火後不能馬上碰觸。

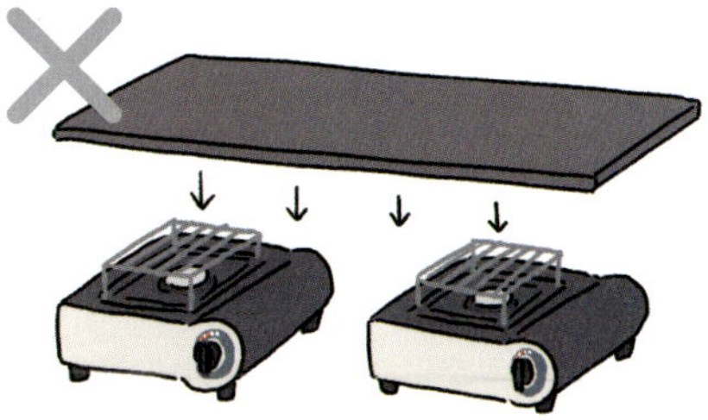

比瓦斯爐大的鐵板不能放在上面加熱。鐵板的熱可能會導致瓦斯罐爆炸！

失敗

實驗室中常見的悲劇之一。例如藥品灑出來、製作顯微鏡標本時蓋玻璃破裂，或是洗瓶刷不小心刺破試管等。

哎呦
喂呀
啊——
又沒蓋蓋子
藥品
唰啦啦啦啦

質量

物體本身的物理量，也可解釋為難以移動的程度。雖然與「重量」相似，但兩者並不相同。「重量」是施加於物體的重力大小，如果前往重力不同的地方（例如月球）就會產生變化，但「質量」不管去到哪裡都不會改變。舉例來說，當乒乓球與大鐵球飄浮在太空船上時，兩者放在手上都感受不到重量，但如果要移動，就會發現鐵球需要比較大的力。

→重量

乒乓球與鐵球在無重力狀態(重量爲0)下的移動

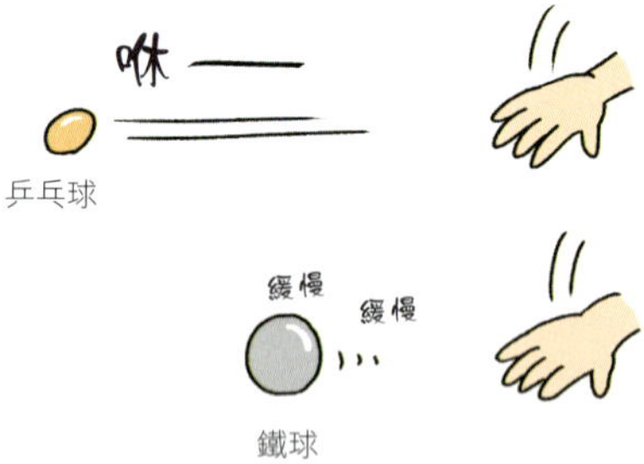
咻
乒乓球
緩慢
緩慢
鐵球

即使重量為0，質量大的物體依然較難移動!!

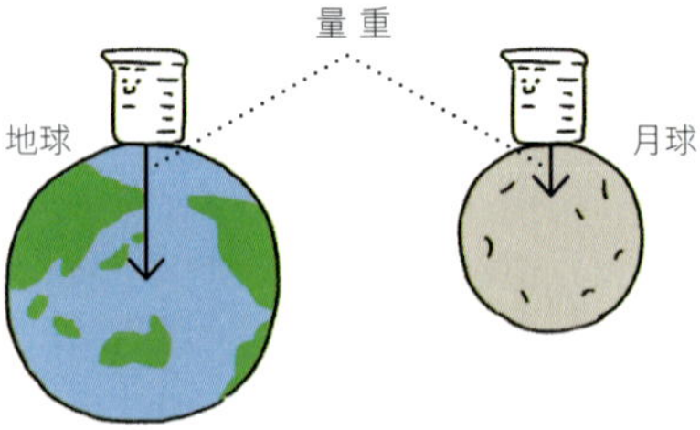
量 重
地球
月球

重量會隨場所而改變，但質量不管到哪裡都不會變。

質量守恆定律

指化學反應前後，參與反應的物質總質量不會改變的定律。然而若是發生類似核融合或核分裂等質量轉換為能量的情況，這個定律就不適用了。

感受質量守恆定律實驗（示意圖）

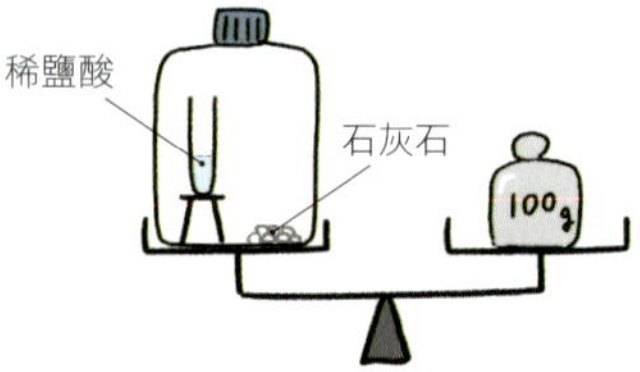
稀鹽酸
石灰石
100g

❶反應前
（反應裝置全體的質量為100g）

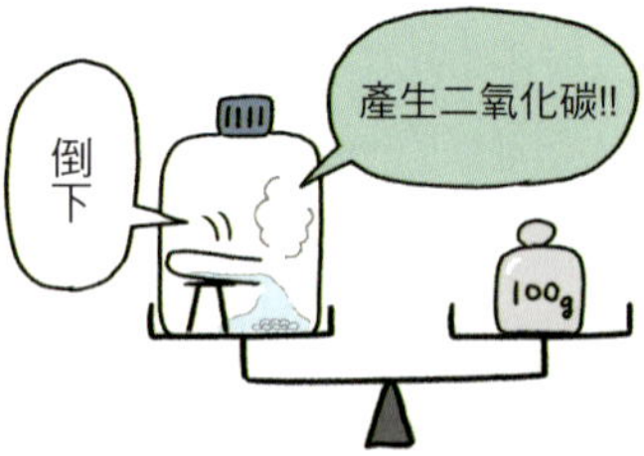
倒下
產生二氧化碳!!
100g

❷反應後
（即使發生反應，質量也不會改變）

噗咻
100g

❸打開蓋子，二氧化碳飄出就變輕了

質量守恆定律

蓋上蓋子後，
質量就一樣了。

不可以做

可能導致意外或受傷的危險行為。例如實驗器材與儀器的使用方法、藥品處理方法等，都有各種「不可以做」的行為。過去也曾發生過因為沒有確實遵守，而導致器材破裂、爆炸、火災、觸電等意外發生。實驗與觀察時，務必確實遵從老師的指示，在了解原理與機制的基礎上進行。

→安全第一、實驗室的規則

不能徒手觸摸藥品或舔食藥品
（可能導致皮膚或舌頭受傷）

不能用放大鏡看太陽
（可能導致失明）

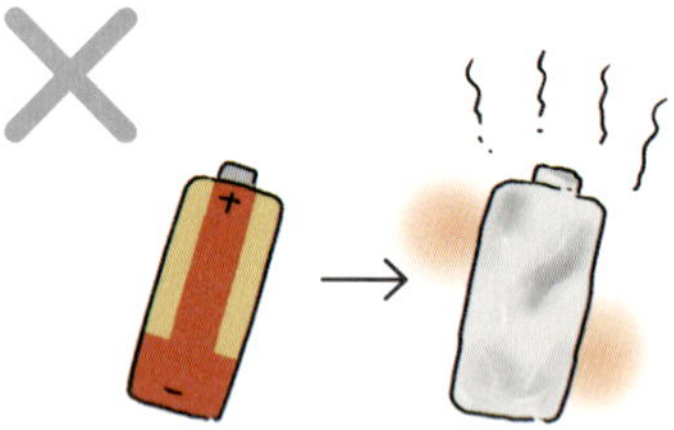

不能用鋁箔紙包住乾電池
（可能導致爆炸或發熱）

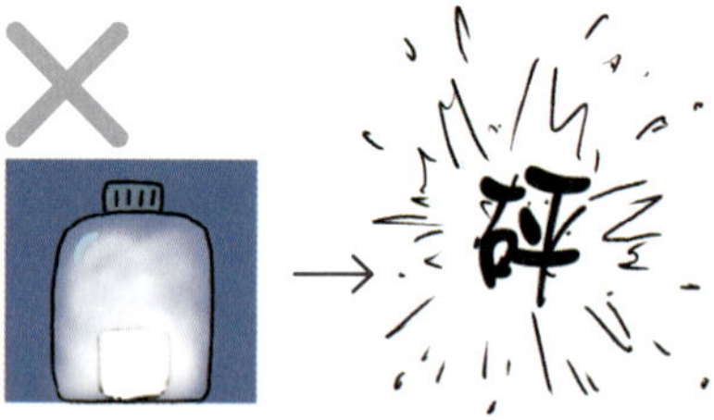

不能將乾冰或液態氮密閉住
（可能導致破裂）

不能將易燃物品放在加熱器材附近
（可能導致火災）

不能靠近去看加熱的試管
（可能因為突沸而導致燙傷）

培養皿

主要使用於生物實驗或化學實驗的器材，以發明者培特里（Julius Richard Petri）的名字命名。使用於種子的發芽實驗、利用生物分離漏斗回收生物、讓食鹽水蒸發乾燥等。在大學與研究機構中，則主要用於培養微生物。

→發芽、生物分離漏斗

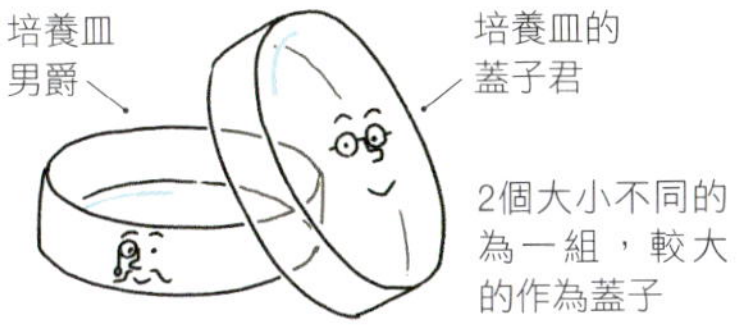
培養皿
男爵
培養皿的
蓋子君
2個大小不同的
為一組，較大
的作為蓋子

裝在水龍頭的細橡膠管

裝在實驗桌水槽水龍頭上的水管。裝水管的理由之一是為了避免水流四濺，至於另一個理由則是，若藥品於實驗中不慎飛濺到臉上或進入眼睛，可將水管彎曲，直接沖洗臉部或眼睛。

→緊急應變措施

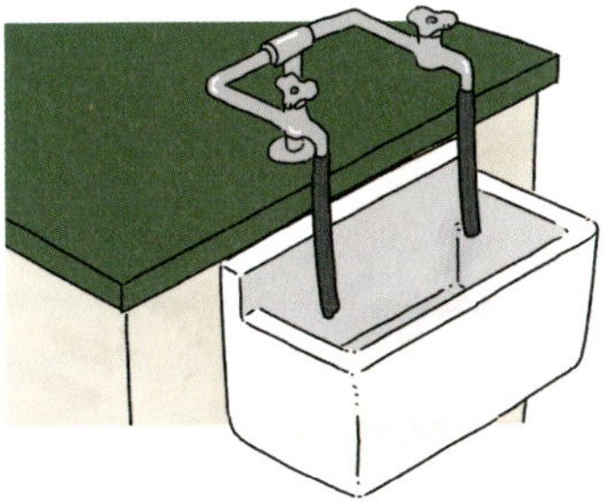

試劑瓶

用來儲存藥品的器材。液體藥品用的是細口瓶，固體藥品用的是廣口瓶。兩種瓶子都有搭配瓶蓋，但若蓋子壓得太緊，有時會拔不起來。這時可加熱瓶口，或用木槌輕敲來鬆動瓶蓋。

→拔不起來……

容易拿
取固體
藥品喔
液體藥品
不容易蒸
發喔
廣口
試劑瓶君
細口
試劑瓶君

遮光窗簾

實驗室安裝的窗簾，外面的光幾乎進不來，也稱為黑窗簾。能夠遮擋多餘的光線，讓使用稜鏡的實驗或模擬月相變化的實驗更容易進行。

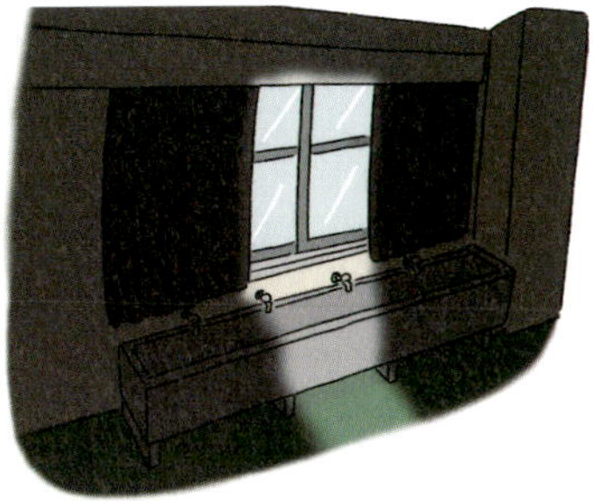

遮光片

觀察日食或太陽時所使用的器材，也稱為遮光板。日光中對眼睛有害的光線（紫外線與紅外線等）幾乎無法通過。

→日光、日食

哪一個是觀察太陽的正確方法？

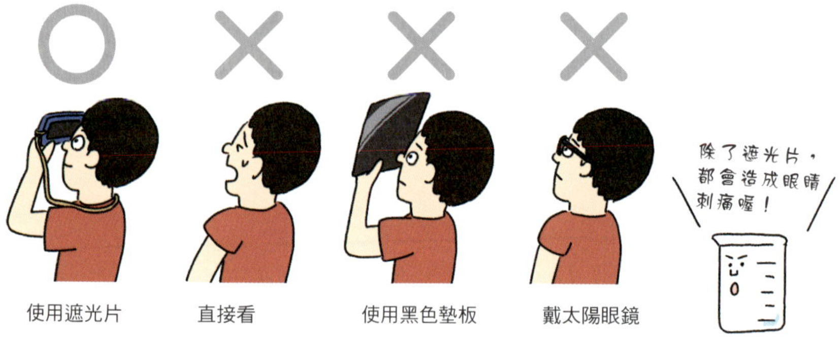
除了遮光片，
都會造成眼睛
刺痛喔！
使用遮光片
直接看
使用黑色墊板
戴太陽眼鏡

泡泡水

用來製造泡泡的液體，可以用洗碗精加水稀釋製作。常用於讓泡泡飄在放有乾冰的水槽的實驗，或是握著管口塗上泡泡水的試管，以觀察溫度與體積變化的實驗等。

→乾冰

使用泡泡水實驗範例

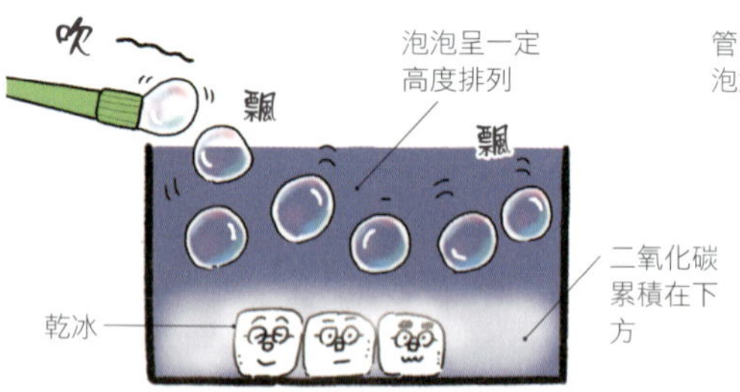
吹
飄
飄
泡泡呈一定
高度排列
乾冰
二氧化碳
累積在下
方

將泡泡吹向充滿二氧化碳水槽的實驗。

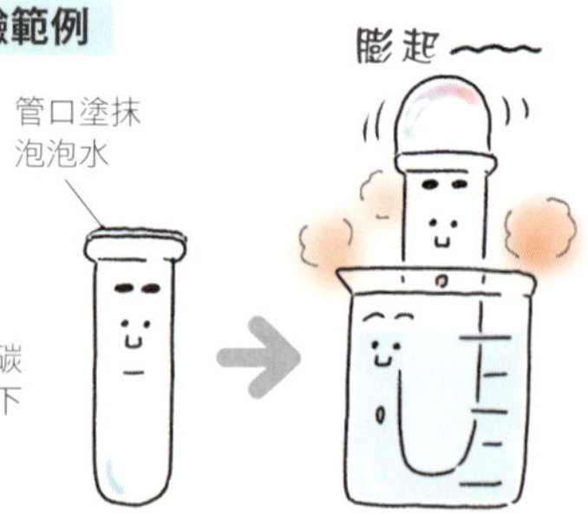
管口塗抹
泡泡水
膨起

觀察空氣體積與溫度關係的實驗。

已經晚上了？

睜開
嗯？
好黑喔……已經晚上了？
嗯……不過也太黑了。咦？聽得見聲音……
吵吵
鬧鬧
窸窸
窣窣
怎麼回事？
來人啊？！
滾來
滾去
吵吵
鬧鬧
燒杯君，你戴遮光片在幹嘛？
啊，原來如此。
我剛剛戴著遮光片睡午覺。

戴著遮光片，
眼前會一片黑喔！

集氣瓶

用來收集氣體的器材。瓶蓋有兩種形式：玻璃製的圓盤狀瓶蓋，以及附把手的金屬製瓶蓋。集氣瓶不只可用來收集產生的氣體，也能應用在使用燃燒匙或蠟燭等工具的實驗。

→製造氣體的實驗、無底集氣瓶

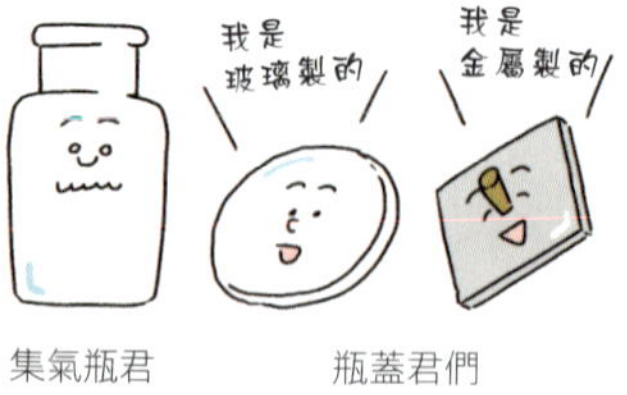

我是玻璃製的
我是金屬製的
集氣瓶君
瓶蓋君們

使用集氣瓶的場合範例

咕嚕
咕嚕
收集產生的氣體

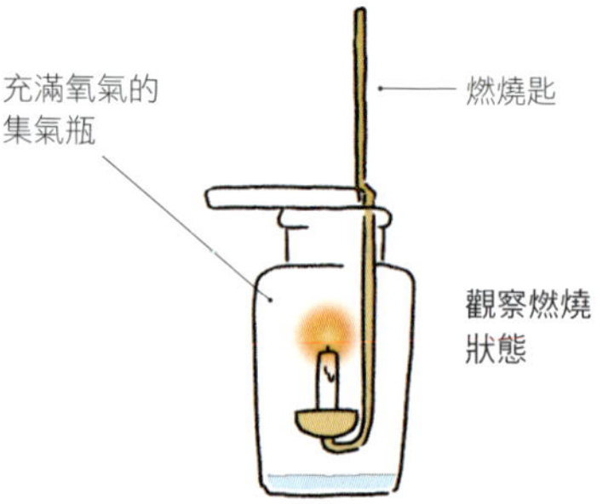

充滿氧氣的集氣瓶
燃燒匙
觀察燃燒狀態

重心

物體重量的中心點。只要支撐住重心，就可以支撐住整個物體而不會傾倒。

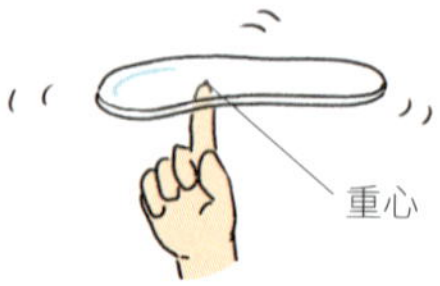

重心

能修的東西就修理後再用

這個想法是為了延長實驗器材與設備的使用壽命。像是為無法上下移動的漏斗架夾上夾子，或是使用瓦斯噴槍加熱稍有缺損的球型刻度滴管前端，使其變得平滑。各校老師都有自己的巧思。

→保養・檢查

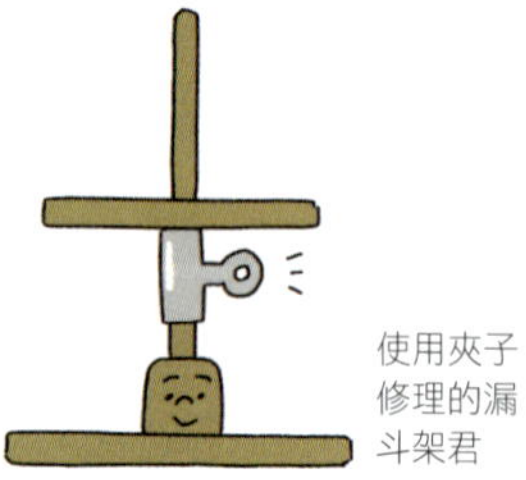

使用夾子修理的漏斗架君

重力

地球將地表上所有物體往中心吸引的力。東西會往下掉，就是因為重力的作用。附帶一提，在月球上作用的重力是地球的1/6，在太陽作用的重力則是地球的28倍。

→重量

種子

植物繁衍後代的結構，也可簡稱為「籽」。多數植物都會長出種子，但也有靠孢子繁殖的植物。種子有一些不同的種類，例如隨風飄散的種子、附著在動物身上跟著移動的種子等，這些種子會各自發展出適合的形狀。

→發芽、花、松果

種子的剖面

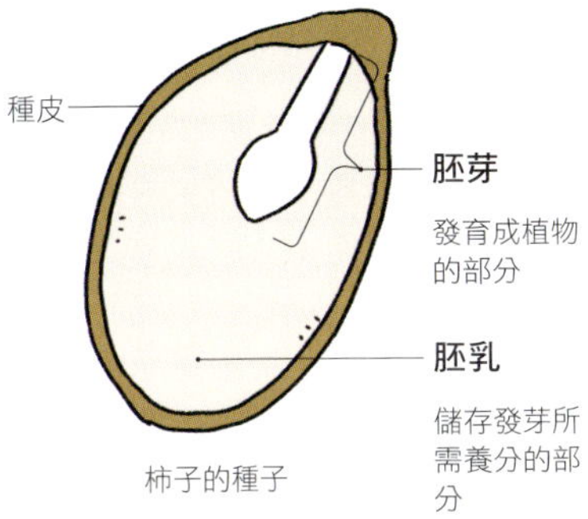
種皮
胚芽
發育成植物的部分
胚乳
儲存發芽所需養分的部分

柿子的種子

各種不同的種子與傳播方式

隨風飄散的類型

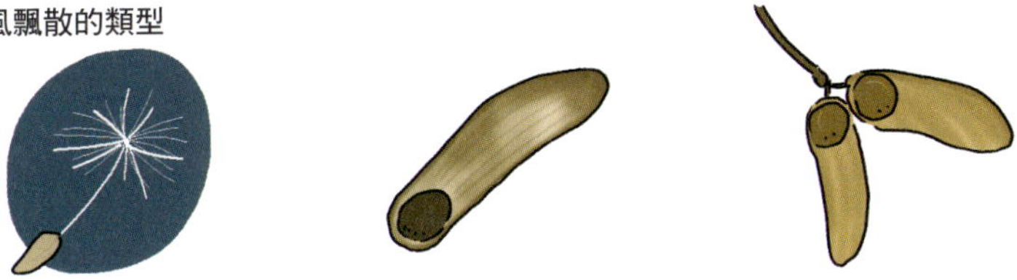

蒲公英　松樹　掌葉槭

裂開飛出的類型

鳳仙花　紫羅蘭　酢漿草

附著動物身上跟著移動的類型

鬼針草　蒼耳

被動物吃掉，隨糞便傳播的類型

西瓜

純物質

只由單一種類物質構成的物體。與混合物不同，無法藉由過濾、蒸餾、再結晶等方法分離出兩種以上物質。氧氣、鐵、水、酒精等都屬於純物質。

→混合物

滅火器

發生火災時使用的設備，通常設置在實驗室角落或走廊。常見類型是ABC乾粉滅火器，可以處理普通火災、油料火災與電器火災。為了以防萬一，事先確認滅火器設置的場所吧！

→抹布

滅火用的沙

裝在標示「滅火用」字樣的紅色水桶中的沙子。當發生由鋁或鎂引起的金屬火災時，就會使用這些沙子來阻絕氧氣。

如果把我用於金屬火災，火勢有可能擴大……
滅火用的沙
滅火
滅火用

滅火器君

蒸散

水蒸氣透過植物氣孔釋放出來，具有幫助根部更容易吸收水分與養分，以及使植物內的水分量幾乎維持一定的效果。當氣溫高或陽光強烈時，蒸散作用會變得更旺盛。

→氣孔、凡士林

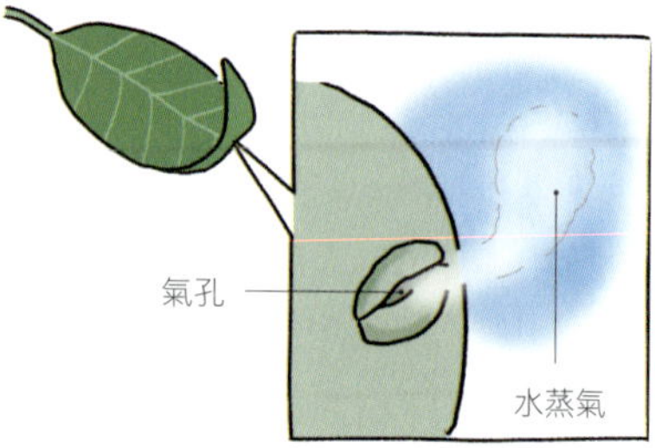
氣孔
水蒸氣

觀察蒸散的實驗

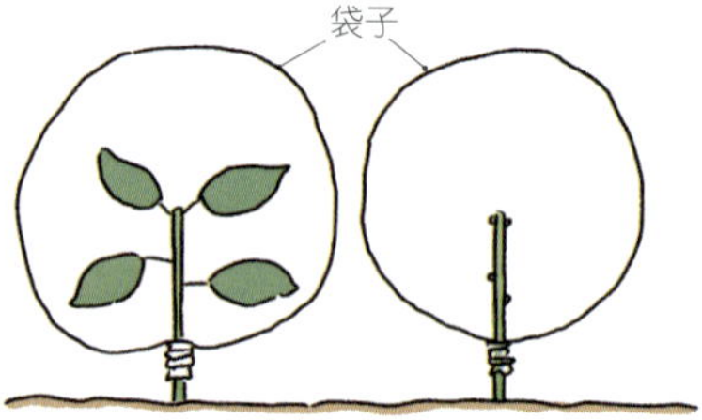
袋子

❶用袋子將有葉子的植物與拔掉葉子的植物罩起來。

❷經過幾個小時，罩住有葉子植物的袋子上附著水滴（水蒸氣因蒸散而從葉片釋放出來）。

狀態變化

當溫度或壓力改變時，物質的狀態（固態、液態、氣態）所產生的變化。這與化學變化不同，物質本身並沒有發生改變，變化的始終只有狀態。舉例來說，水加熱變成水蒸氣就屬於一種狀態變化，而水這個物質本身並未改變。

→化學反應（化學變化）

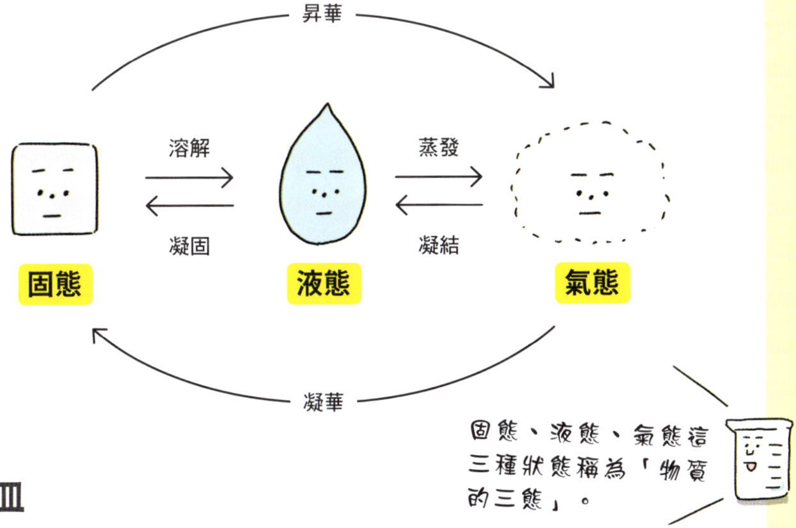

昇華
溶解
凝固
蒸發
凝結
固態
液態
氣態
凝華
固態、液態、氣態這三種狀態稱為「物質的三態」。

蒸發皿

用來使液體蒸發，以取出溶解其中固態物質的器材。可以加熱。例如將食鹽水倒入蒸發皿並加熱，就能蒸發水分，取出溶解其中的食鹽。這個步驟又稱為「蒸發乾固」，也是一種再結晶的方法。

→再結晶

加熱實驗就交給我吧！
蒸發皿老爹

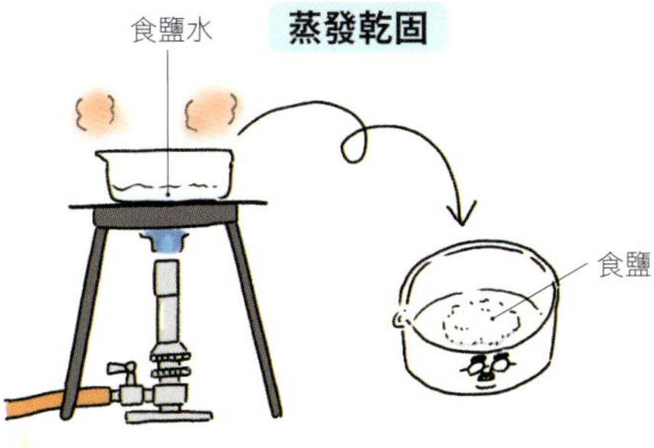

食鹽水
蒸發乾固
食鹽

蒸發與沸騰的差別

兩者乍看之下或許覺得相似，其實並不相同。蒸發是從「液體表面」轉變為氣體，沸騰則是「從液體內部也」發生變成氣體的變化。至於液體沸騰的溫度稱為「沸點」。

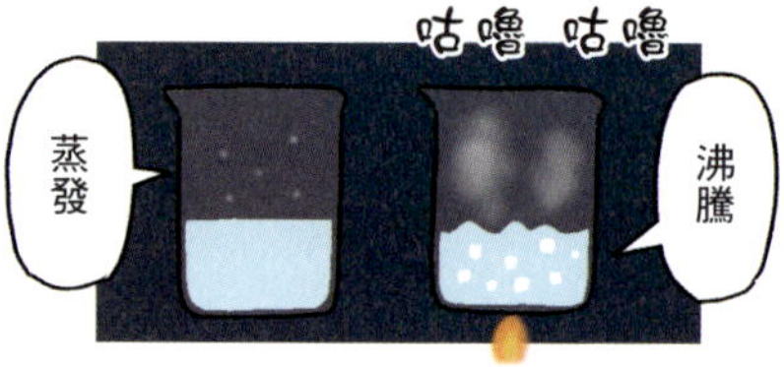
咕嚕 咕嚕
蒸發
沸騰

蒸餾

一種分離混合物的方法，利用的是不同物質的沸點（沸騰溫度）差異。舉例來說，將水與酒精的混合液加熱，沸點較低的酒精就會先變成蒸氣。而將這些蒸氣收集起來冷卻，就能獲得不含水的液態酒精。

→混合物、葡萄酒蒸餾

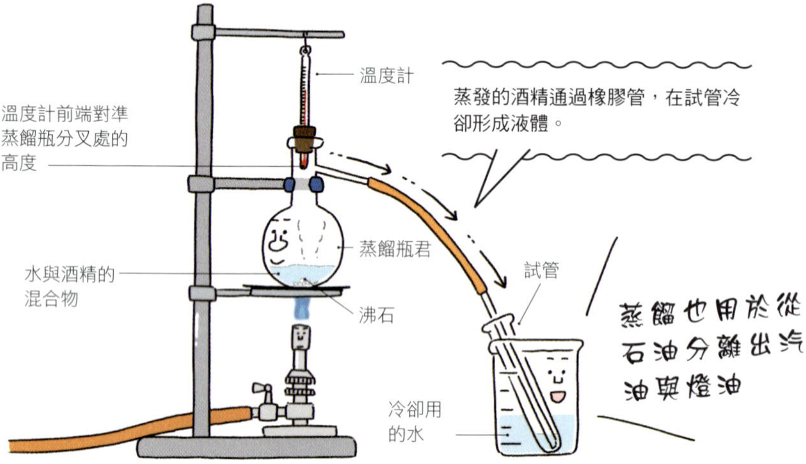
溫度計
溫度計前端對準蒸餾瓶分叉處的高度
蒸餾瓶君
水與酒精的混合物
沸石
蒸發的酒精通過橡膠管，在試管冷卻形成液體。
試管
冷卻用的水
蒸餾也用於從石油分離出汽油與燈油

催化劑

能夠加速化學反應進行、但本身不會產生變化的物質。例如在雙氧水分解出氧氣的實驗中，二氧化錳就屬於催化劑。

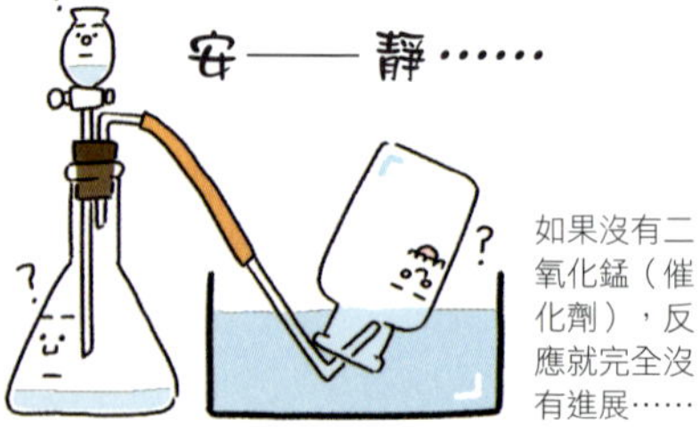
安——靜……
如果沒有二氧化錳（催化劑），反應就完全沒有進展……

矽膠乾燥劑

以二氧化矽這種物質為主成分的半透明顆粒，主要作為乾燥劑使用。之所以呈現藍色，是因為含有氯化亞鈷，吸收水分後就會從藍色變成粉紅色。

→乾燥器

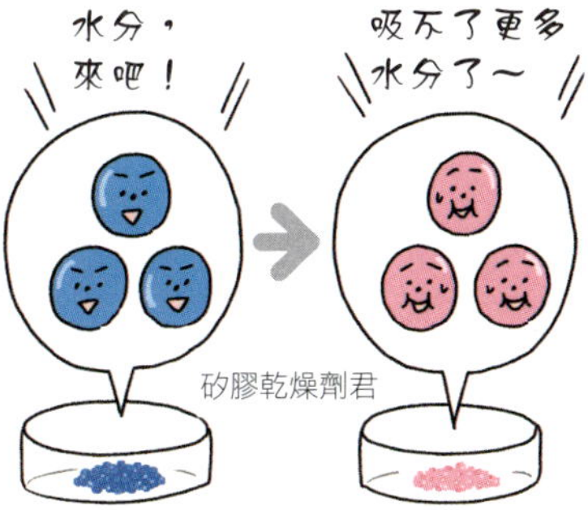
水分，
來吧！
吸不了更多
水分了～
矽膠乾燥劑君

進化的器材

指功能比以前更加提升的器材，或是新開發的實驗器材，能夠更安全、更輕鬆的進行實驗，或進行以前做不到的實驗。但另一方面，傳統的實驗器材逐漸消失，也讓人感到有點寂寞……。

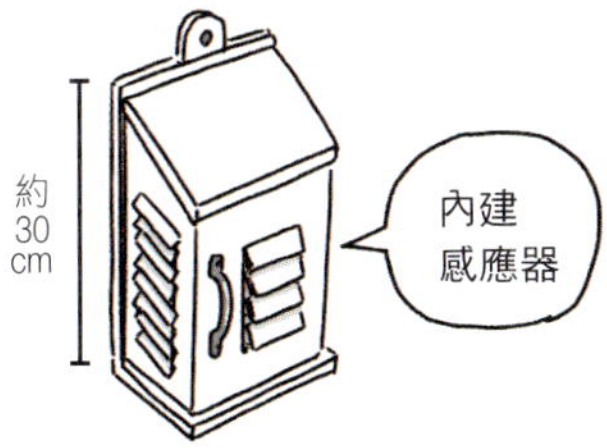
約
30
cm
內建
感應器

電子百葉箱

氣象感應器能夠自動測量，並將數據保存在伺服器。

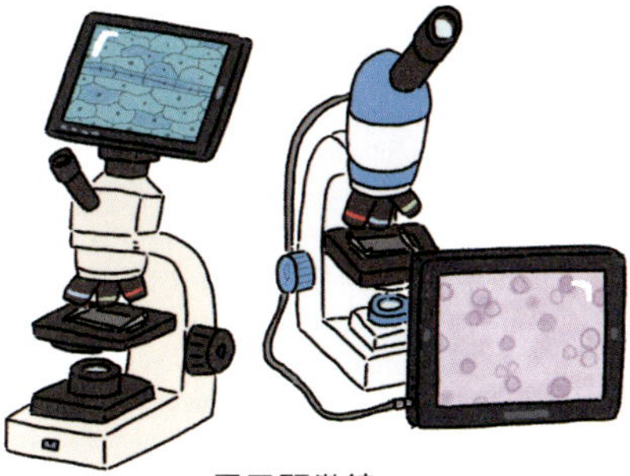

電子顯微鏡

只要連上平板，就能多人同時觀察，非常方便。

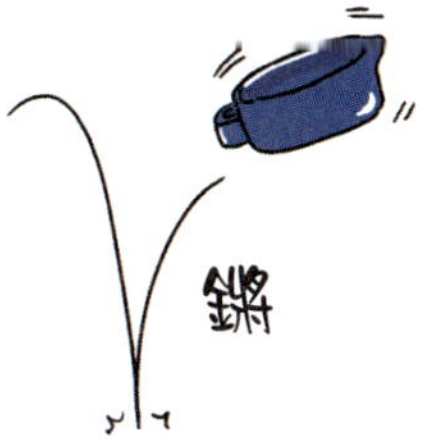
鏘

不會破的蒸發皿

能夠承受劇烈溫度變化與撞擊！

電子氣體偵測器

能夠使用感測器測量並判斷氧氣與二氧化碳的濃度。

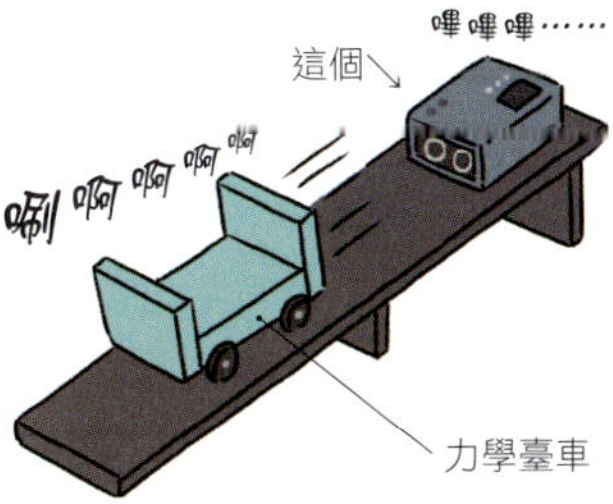
嗶嗶嗶……
這個
唰啊啊啊啊
力學臺車

電子打點計時器

使用感測器判斷速度，不需要記錄紙帶。

真空

沒有任何物質的空間。現實世界中不可能製造出完美的真空，因此大多把空氣抽出，讓壓力低於大氣壓的狀態，也就是空氣稀薄的狀態，稱為真空。以前會使用真空幫浦或排氣盤這類稍大的裝置來製造真空狀態，最近則多半使用容器搭配幫浦的簡易真空製造容器。

→大氣壓、馬德堡半球

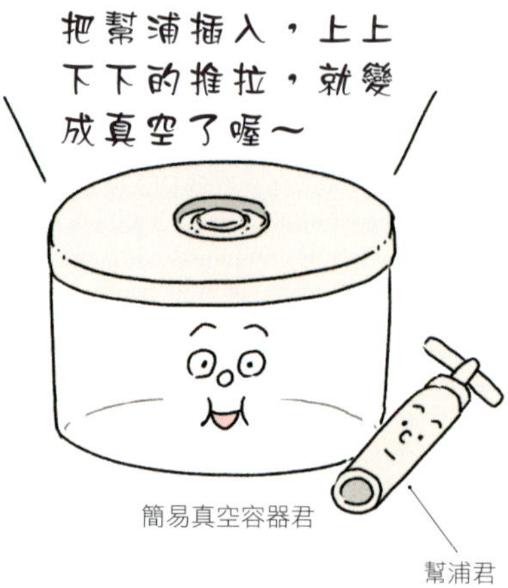
把幫浦插入，上上下下的推拉，就變成真空了喔～
簡易真空容器君
幫浦君

使用簡易真空容器的實驗

推拉
推拉
推拉
膨脹
我壓
咻咻咻咻咻

❶將棉花糖放進去，上下推拉幫浦。

❷裡面空氣減少，棉花糖膨脹!!

❸按壓上面的按鈕就恢復原狀！

人造鮭魚卵

利用化學反應製作的假鮭魚卵。使用染色的海藻酸鈉與氯化鈣水溶液即可製作。透過這個方法製造並改良調味與口感的人造鮭魚卵，已經實際在市面上販售，據說一般人食用時甚至分不出真假。

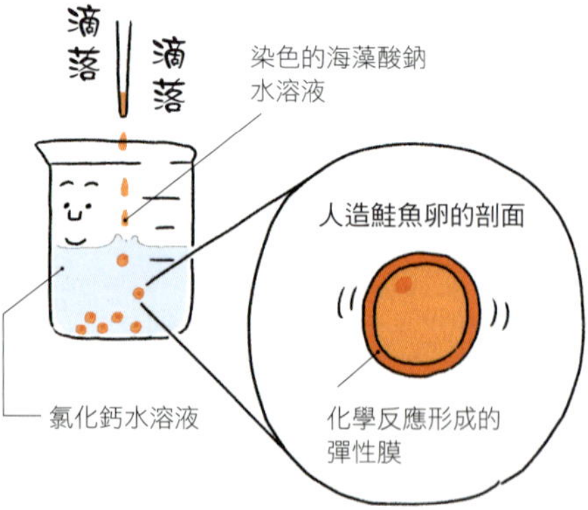
滴落
滴落
染色的海藻酸鈉水溶液
人造鮭魚卵的剖面
氯化鈣水溶液
化學反應形成的彈性膜

看不見了～①

＊當壓力降低時，100℃以下也會沸騰。

人體模型

大致可分為「人體解剖模型」與「人體骨骼模型」兩種。解剖模型用來學習內臟的形狀與位置關係，骨骼模型則用來學習骨頭的結構、形狀與長度等。也有許多人認為「實驗室就是擺放這類模型的教室」，因為會感到害怕，所以有些學校平常會把模型面對牆壁擺放。

→高價器材

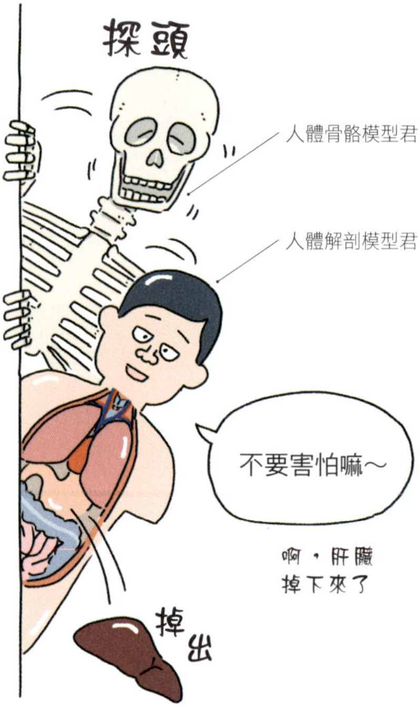
探頭
人體骨骼模型君
人體解剖模型君
不要害怕嘛～
啊，肝臟掉下來了
掉出

振盪反應

水溶液出現顏色又消失，或者顏色呈週期性變化的反應。其原理是最初產生的物質會引發下一個反應，接著再引發下一個反應，在一連串的反應之下，再度形成最初反應所需的物質，於是又開始了最初的反應。顏色瞬間改變的現象非常不可思議，讓人著迷。

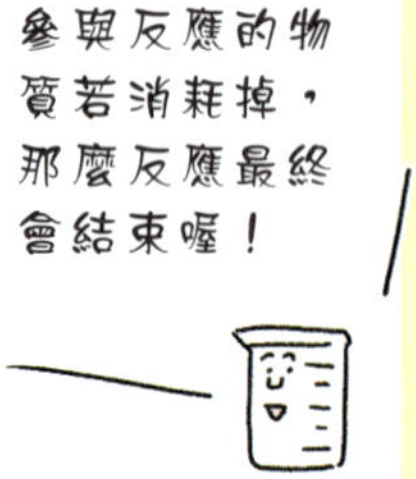
參與反應的物質若消耗掉，那麼反應最終會結束喔！

振盪反應示意圖

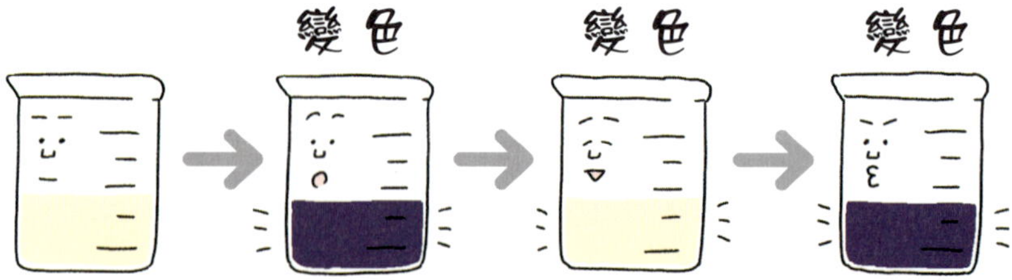
變色
變色
變色

水壓

水對水中物體施加的壓力。水壓垂直作用於物體的所有表面，愈深的地方水壓就愈高。這點只要將水裝入寶特瓶，並在高度不同的三個位置鑽洞就能看出。

→壓力、浮力

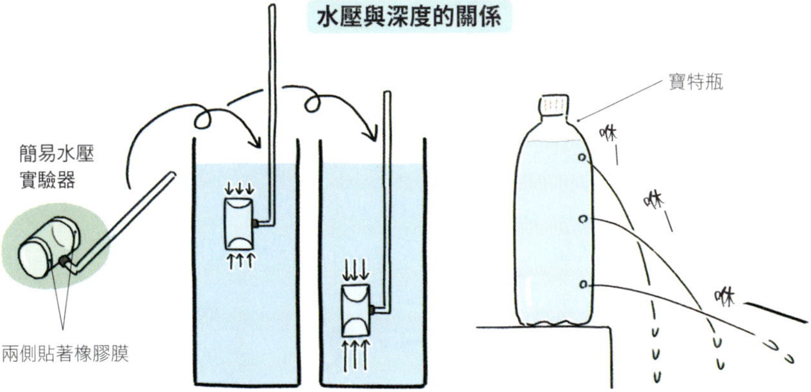

水壓與深度的關係
簡易水壓實驗器
兩側貼著橡膠膜
寶特瓶
咻
咻
咻

愈深的地方，膜愈凹陷（水壓愈大）

愈下方的洞噴出的水愈強勁（水壓愈大）

氫氧化鈉

白色的顆粒狀藥品，又稱為「苛性鈉」。非常容易溶於水，而且溶解時會劇烈放熱。此外，由於氫氧化鈉的水溶液呈現強鹼性，使用時必須小心。

→鹼性、護目鏡

水蒸氣

蒸發後變成氣體的水。因為是氣體，所以透明看不見。容易與「水氣」混淆，但兩者並不相同。以裝著沸騰熱水的熱水壺為例，壺口附近的透明部分是水蒸氣（氣體），水蒸氣前方白色部分才是水氣（液體）。此外，水沸騰時冒出的大氣泡其實就是水蒸氣。

→水氣

水氣
水蒸氣
轟
轟
轟
轟

01
02
03
04
05
06
07
08
09
10

氫氣

無色無味的氣體，是所有氣體中最輕的，而且具有可燃性。在進行製造氫氣的實驗後，若要確認是否製造出氫氣，務必以試管採集後再將火焰靠近管口觀察。因為多次發生沒有遵守這項規定的案例，直接就將火靠近實驗裝置的玻璃管，結果引發爆炸。

→爆鳴氣

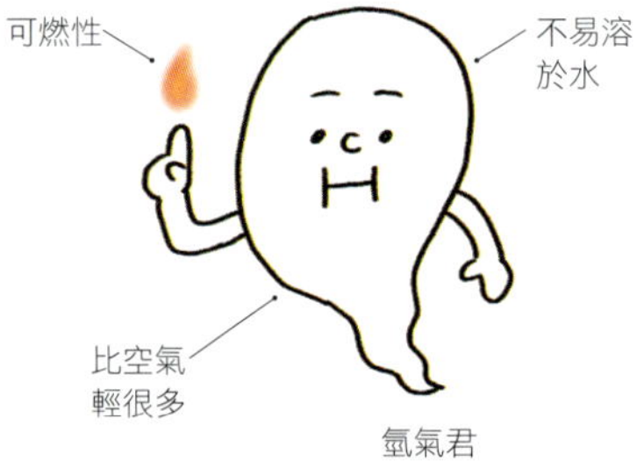
可燃性
不易溶於水
比空氣輕很多
氫氣君

製造氫氣的實驗

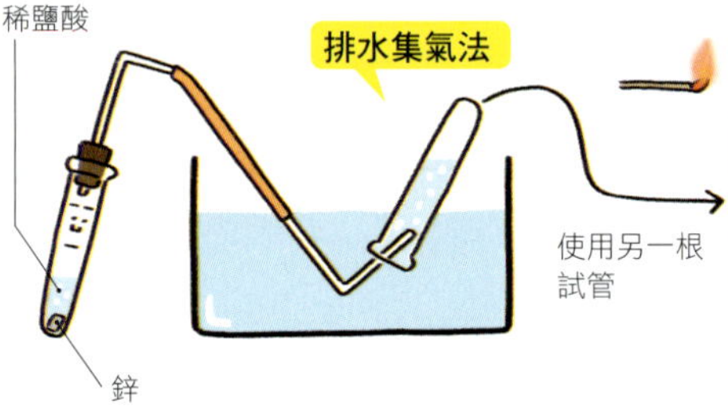
稀鹽酸
排水集氣法
鋅
使用另一根試管

確認方法

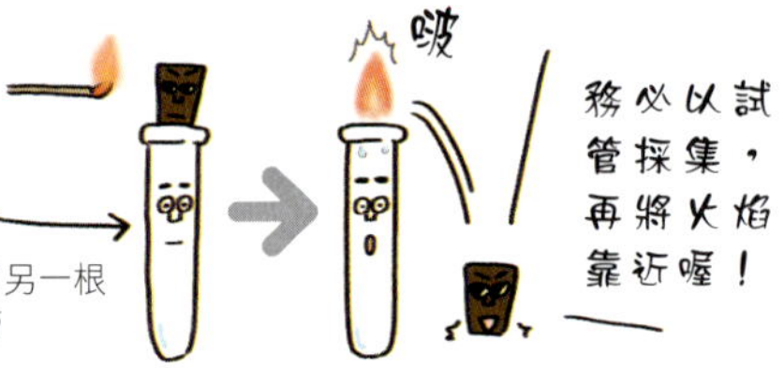
啵
務必以試管採集，再將火焰靠近喔！

氫氣只要點火，就會發出聲音燃燒並形成水。

水缸

用來儲水進行實驗或飼養生物的容器。經常放在實驗室的窗邊，用於飼養青鱂魚、金魚等魚類，或是培育水蘊草等水生植物。

→青鱂魚

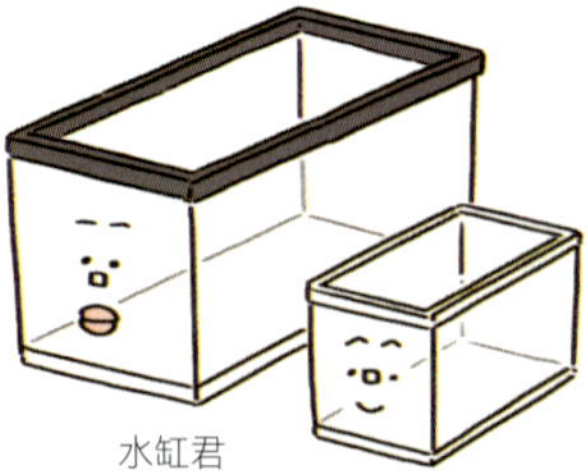
水缸君

開關

又稱為控制器，用來接通、切斷或切換電路的電器裝置。組裝電路後，應先確認接線是否正確、是否形成短路等，然後再打開開關。

→電路

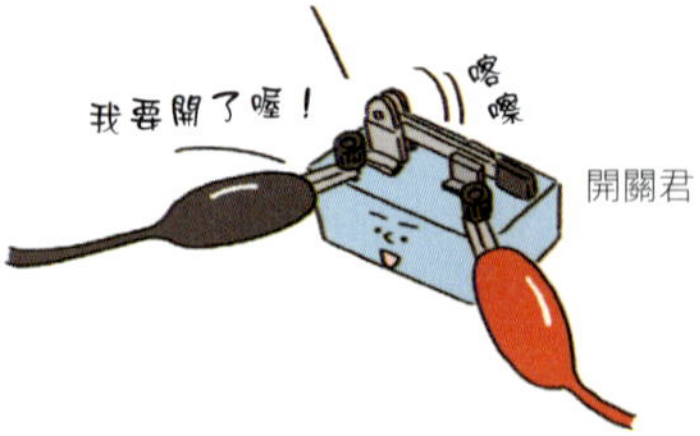
我要開了喔！
喀嚓
開關君

水溶液

物質（固體、液體、氣體）溶解在水中形成透明且均勻的混合物。例如食鹽水是食鹽（固體）水溶液，氣泡水是二氧化碳（氣體）水溶液。至於被溶解的物質稱為溶質（以食鹽水為例就是食鹽），溶解用的液體稱為「溶劑」。

→溶解

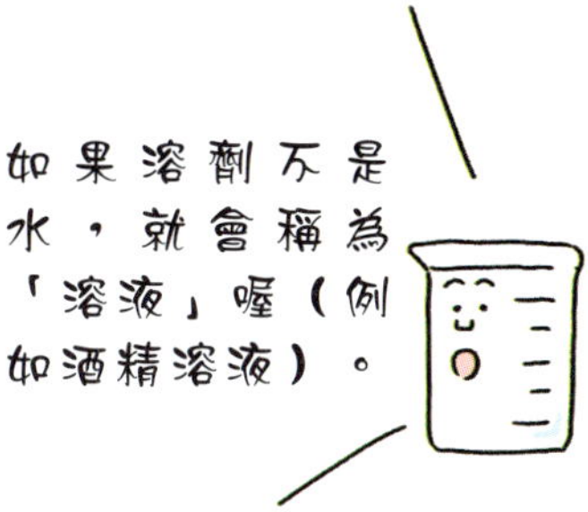
如果溶劑不是水，就會稱為「溶液」喔（例如酒精溶液）。

素描

作為觀察紀錄留下的圖或畫。畫素描也能提升仔細觀察植物或生物形狀的能力。重點不在於畫得寫實，而是要讓未曾看過素描對象的人也能理解特徵。

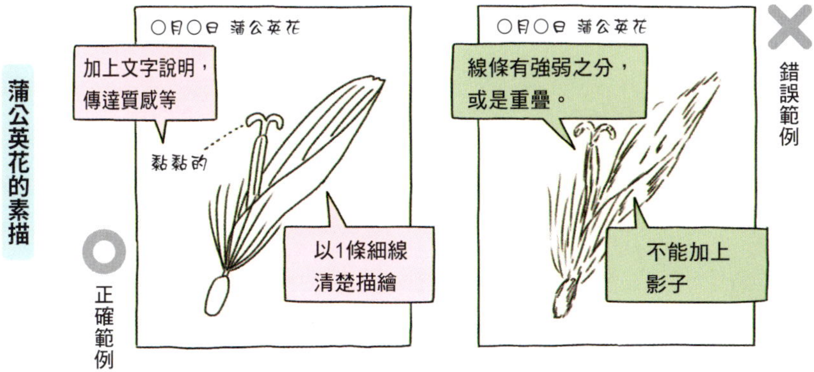
蒲公英花的素描
○月○日 蒲公英花
加上文字說明，傳達質感等
黏黏的
以1條細線清楚描繪
正確範例
○月○日 蒲公英花
線條有強弱之分，或是重疊。
不能加上影子
錯誤範例

攪拌器

混合液體用的裝置，也稱為「電磁攪拌器」。有時老師會在事先準備藥品時使用。使用時搭配攪拌子，就能自動的持續攪拌液體。在需要花時間溶解某種物質或想在密閉狀態下混合物質時，會非常方便。

→攪拌子

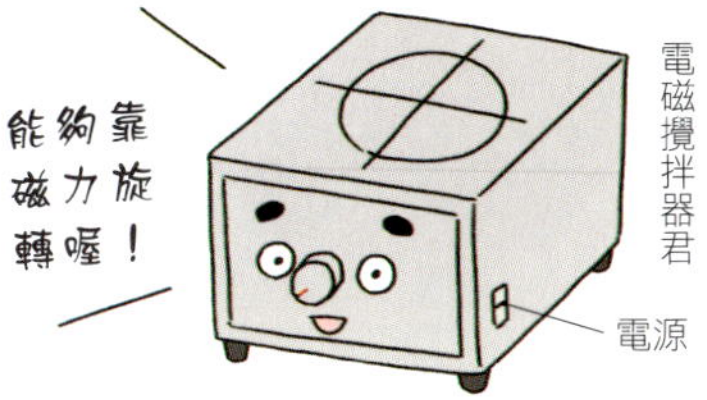
能夠靠磁力旋轉喔！
電磁攪拌器君
電源

攪拌子

攪拌子與攪拌器成套使用。將攪拌子放在攪拌器上並啟動開關就會旋轉。攪拌子根據形狀、大小、磁力強弱等分成許多不同種類。

→攪拌器、遺失

轉動
轉動
轉動
攪拌子
旋轉中!!
電磁攪拌器君

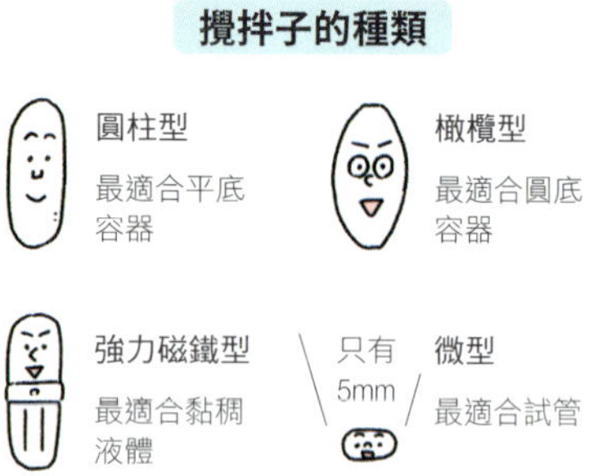
攪拌子的種類
圓柱型
最適合平底容器
橄欖型
最適合圓底容器
強力磁鐵型
最適合黏稠液體
只有5mm
微型
最適合試管

實驗用鐵架

將器材固定在必要高度或多個器材組合使用時所運用的支架。常用在製造氣體的實驗、蒸餾實驗、氨水噴泉實驗等，可說是各項實驗的幕後功臣。

→用雙手拿

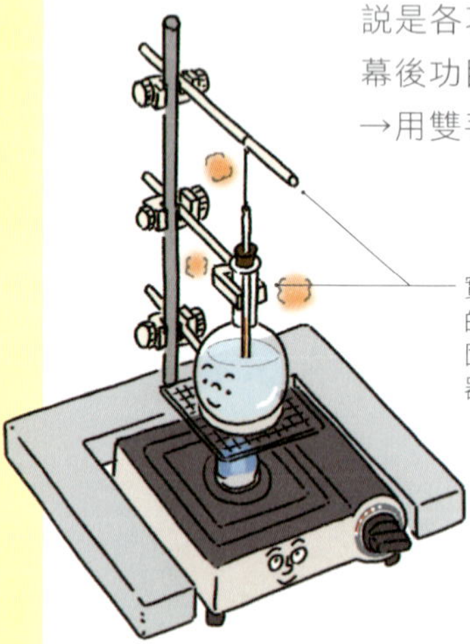
實驗用鐵架的零件可以固定燒瓶等器材

鋼絲絨

鐵為主成分的金屬細細削製後加工而成的羊毛狀物體。原本用來刷除湯鍋或平底鍋等鍋具的髒汙或鏽蝕，在自然科學實驗中則被用在觀察燃燒的實驗，以及與鹽酸反應的實驗等。

→燃燒

燃燒後會變重
燃燒前的鋼絲絨君
燃燒中的鋼絲絨大叔
燃燒後的鋼絲絨爺爺

不能徒手

進行特定實驗時的規則之一。處理加熱器具、乾冰或危險性高的藥品時，必須戴上工作手套或橡膠手套等適合的防護裝備，以免燙傷、凍傷或受到化學傷害。

會燙傷喔～！
100%

加熱實驗中的空罐君

會凍傷喔！

乾冰君

我的重量會因為附著髒汙而改變啦～

砝碼君

暖爐

一種暖氣設備，在實驗室中被用來學習「物體加熱方式」。藉由測量室內各個地方的溫度變化，了解暖爐加熱的空氣如何流動。

→對流

暖爐君

碼錶

測量經過時間的計時裝置，用於進行鐘擺實驗或關於反應時間的實驗。所謂反應時間實驗，指的是當手被握住時，便接著握住旁邊同學的手，藉此測量刺激傳遞到所有人所需的時間。透過這樣的實驗，可得知人類對於刺激的反應時間。

→鐘擺

調查對刺激反應時間的實驗

碼錶

01
02
03
04
05
06
07
08
09
10

吸管

原本是用來喝飲料的工具，在自然課常被用來呈現虹吸現象或製作吸管笛之類的科學玩具。其中最常見的應用是靜電實驗。使用面紙充分摩擦吸管就會產生靜電，而利用靜電就能移動剪得細碎的紙屑或流動的自來水等。

→靜電

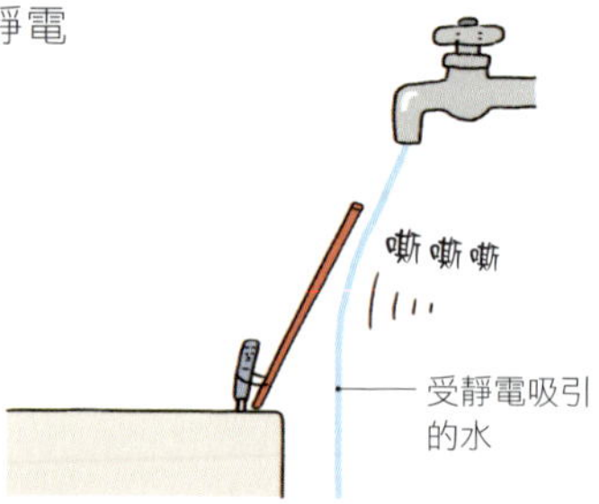
嘶嘶嘶
受靜電吸引的水

造霧機

製造人工煙霧的裝置。原理是將專用液體加熱，就會噴出霧狀物質。可用於觀察空氣在加熱後的流動、直線前進的光，或是使用於空氣砲實驗。

→空氣砲、對流、光

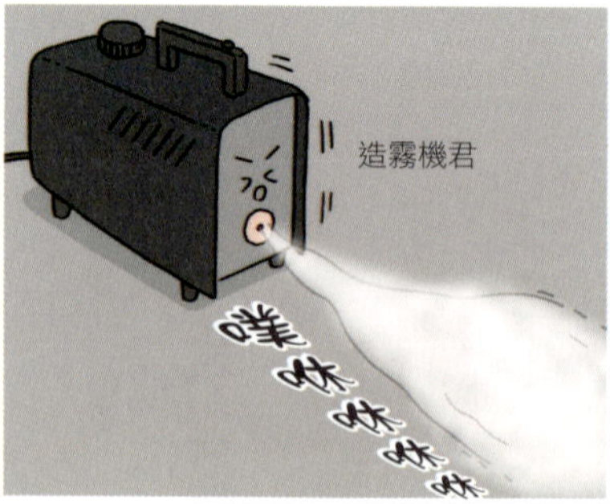
造霧機君
噗咻咻咻咻

載玻片

使用顯微鏡觀察時所需要的長方形玻璃薄板。與蓋玻片一起使用。除了表面光滑的一般類型之外，還有幾種不同的類型。載玻片如果嚴重刮傷或有汙損，可以清洗之後再利用。

→蓋玻片、顯微鏡標本

載玻片的種類

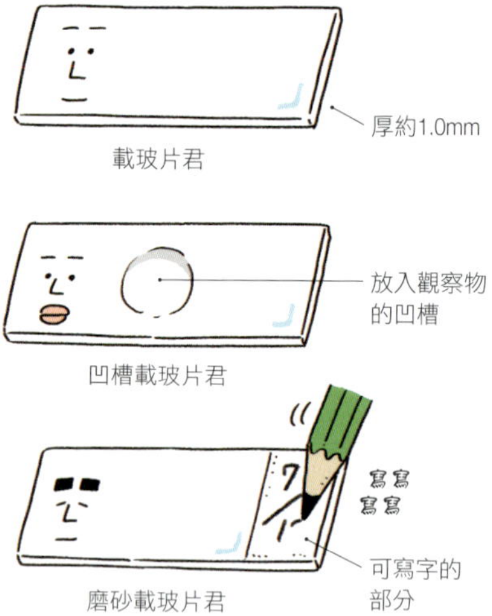
厚約1.0mm
載玻片君
放入觀察物的凹槽
凹槽載玻片君
寫寫
寫寫
可寫字的部分
磨砂載玻片君

滑動式黑板

可上下滑動的雙層黑板。只要將寫好的內容往上推，即使是站在實驗室後方的學生也可以清楚看見，非常方便（因為大多數學生在實驗時都是站著操作，較低的部分有時不易閱讀）。

看不見了～②

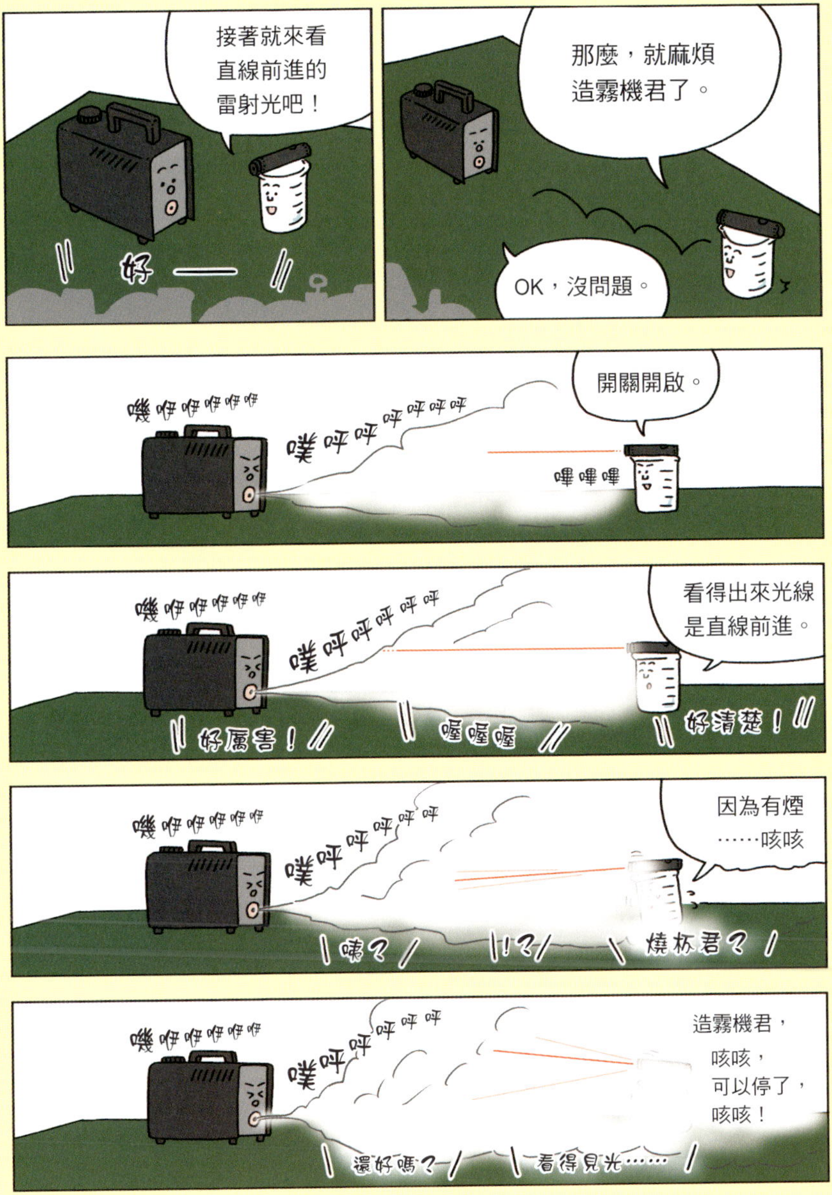
接著就來看直線前進的雷射光吧！
好——
那麼，就麻煩造霧機君了。
OK，沒問題。
開關開啟。
嘰呼呼呼呼呼
噗呼呼呼呼呼呼
嗶嗶嗶
看得出來光線是直線前進。
嘰呼呼呼呼呼
噗呼呼呼呼呼
好厲害！
喔喔喔
好清楚！
因為有煙……咳咳
嘰呼呼呼呼呼
噗呼呼呼呼呼
咦？
!?
燒杯君？
造霧機君，咳咳，可以停了，咳咳！
嘰呼呼呼呼呼
噗呼呼呼呼呼
還好嗎？
看得見光……

因為有煙，
才能清楚看見光……

星座盤

查詢星座位置的工具。只要調整外側「日期」與「時間」的刻度，對準觀測方位並舉向天空，就能查到目前可以看見的星座。相反的，也可以在星座盤上找到想看的星座，調查什麼時候可以看到。

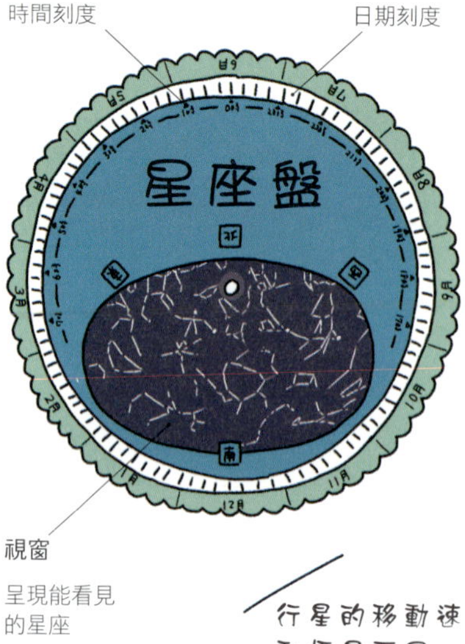
時間刻度
日期刻度
星座盤
北
東
西
南
視窗
呈現能看見的星座

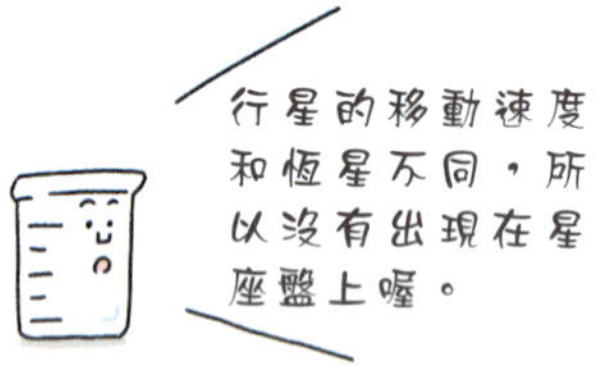
行星的移動速度和恆星不同，所以沒有出現在星座盤上喔。

查詢星座的方式

例：7月25日22時的南方天空

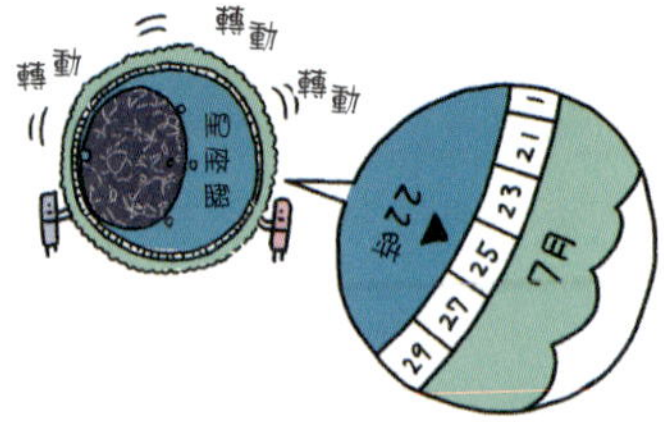
轉動
轉動
轉動
22時
21
23
25
27
29
7月

❶旋轉時間刻度，對準7月25日的日期。

星座盤
那就是射手座嗎？

❷將星座盤以南方朝下的狀態對準天空，就能與南方天空互相對照。

靜置

指器材或裝置維持原狀放置一段時間。通常會在需要時間的實驗中進行，例如使用寶特瓶製作地層的實驗或明礬結晶實驗等（雖說是「進行」，實際上什麼都沒做……）。不過，有時會被別人任意移動，請貼上「實驗中」的標示吧。

→標示

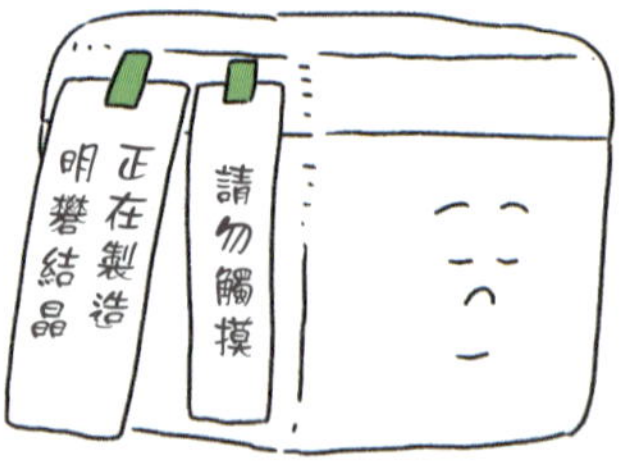
正在製造明礬結晶
請勿觸摸

保麗龍容器君

靜電

停留在相同場所卻不流動的電。由不同的物體互相摩擦產生（摩擦起電），例如墊板和頭髮。此外，將膠帶與保鮮膜之類的物體黏在一起再撕開時，也會產生靜電（剝離起電）。冬天時會被門把電到，就是因為體內累積的靜電瞬間流到門把上（放電）。

→ 帶電、箔驗電器、萊頓瓶

不同物體摩擦會產生靜電。

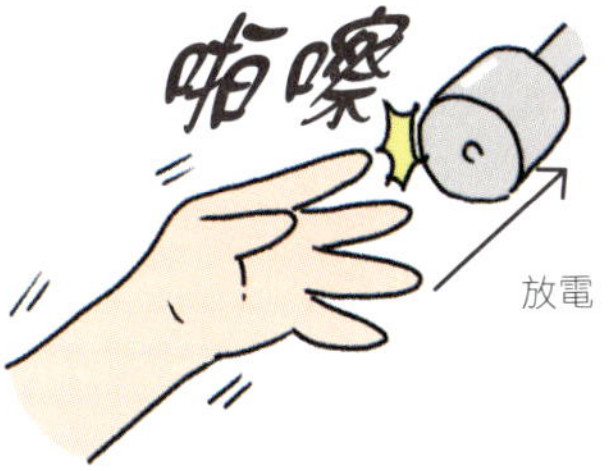

當通道產生時，靜電就會流過。

使用布膠帶觀察靜電發光的實驗

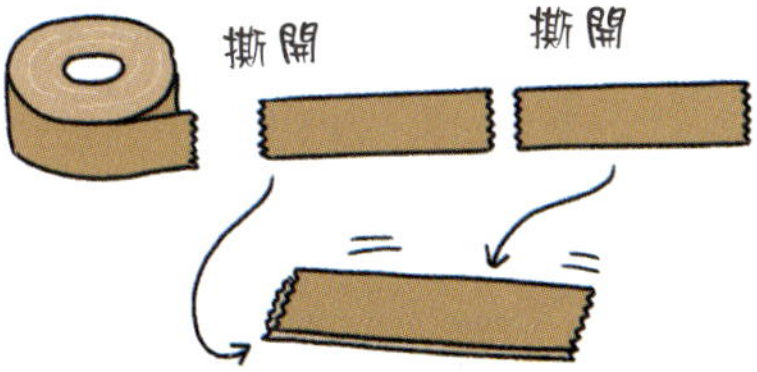

❶將布膠帶貼合。

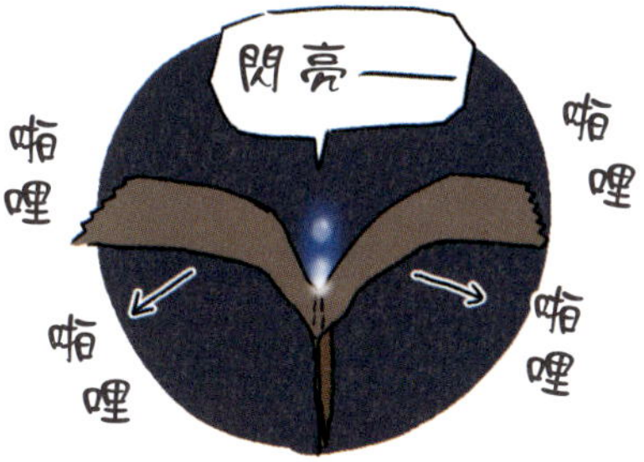

❷在黑暗房間中一口氣撕開。

（靜電以外的機制也在運作，所以會發光。）

學生作品

讓實驗室變得更有活力的事物之一。這些作品在自然課、暑假自由研究或科學社團活動中製作，多半張貼於自然科學教室的牆面或走廊，具體來說，有整理實驗結果的報告、素描、常見花草標本，甚至還有學生親手製作的科學報紙。

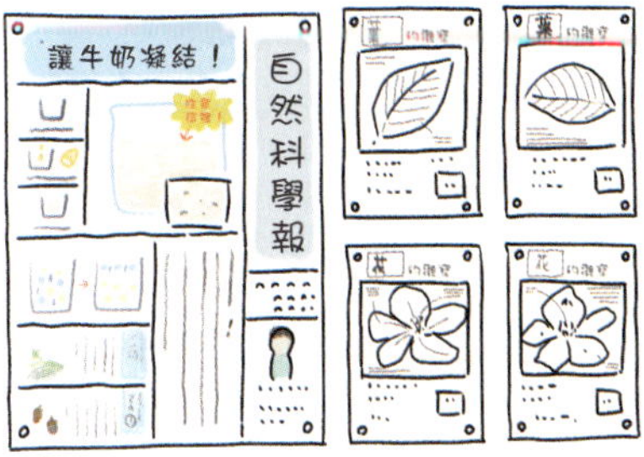

生物

科學的其中一個領域，也是構成自然科學的科目之一。學習對象包括生物（動物、植物、真菌類、細菌等）本身的結構、運作方式及生命現象等。人體也包含在學習範圍之內，可說是最貼近生活的學問。

整理整頓

讓實驗室用起來更舒服、更有效率的重要步驟。實驗與觀察使用的器材務必物歸原位。將器材與裝置收納整齊，在破損、髒汙或遺失時更容易發現。

→標籤

整整齊齊

石灰水

即氫氧化鈣這種物質的水溶液。呈鹼性。若與二氧化碳產生反應，就會形成難溶於水的成分，並且變得白濁。這項性質可用來檢驗蠟燭燃燒後的空氣，以及研究植物的呼吸作用等。

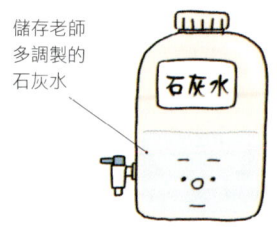

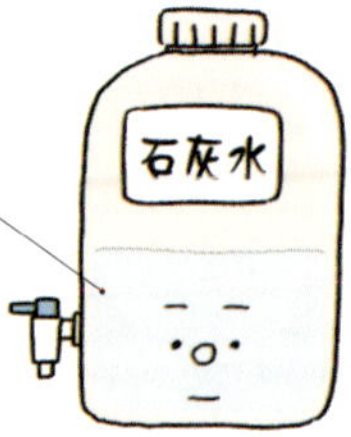

石灰水使用範例

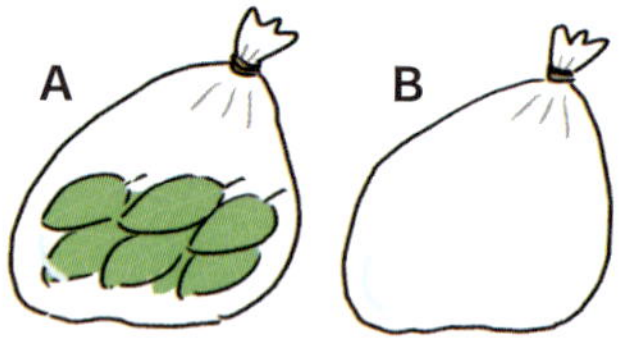

❶將裝有葉片的A與什麼都沒有的B放在暗處幾個小時。

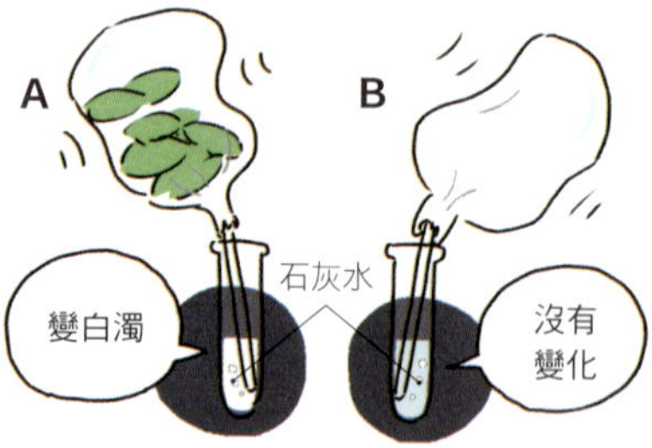

❷分別將兩者的空氣灌進石灰水，只有A變得白濁。

↓

顯示從葉片釋放二氧化碳（植物的呼吸）。

洸瓶刷（大）

主要用來刷洗燒杯或燒瓶的刷具。一般常見類型有細金屬棒扭成的手柄，前端附有刷毛，尖端部分則有著如沖天炮髮型的毛束。有了這些毛束，就可以在清洗側面的同時也刷除底面髒汙。

洗瓶刷（小）

主要用於清洗試管的刷具。基本結構與較大的洗瓶刷相同，但小型洗瓶刷的刷毛較短。此外，有些前端沒有沖天炮毛束。清洗時必須調整刷子握住的位置，小心操作，以免戳破試管底部。

染色液

能將部分細胞（細胞核等）染色的液體。在顯微鏡觀察時使用，能夠更清楚看見細胞結構的細節。常見的染色液有醋酸洋紅液（紅色）、醋酸地衣紅液（紅紫色）、醋酸大理菊液（藍紫色）等。

→細胞

洋蔥細胞染色

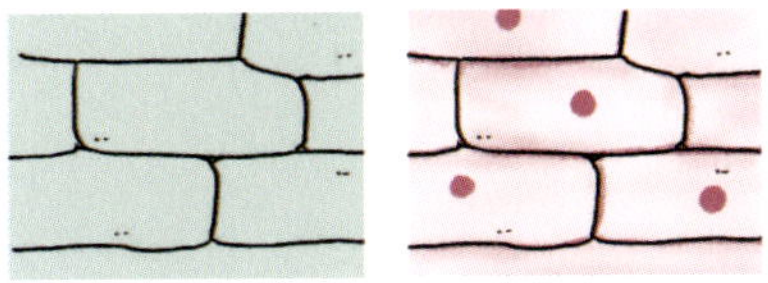

染色前　　染色後

老師的手工教材

使用身邊材料製作的教材與科學玩具。例如使用木板與釘子做成燭臺、使用塑膠杯製成水滲透觀察器，或是利用寶特瓶和氣球製成肺部模型等。

水滲透觀察器

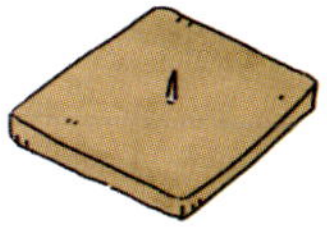

燭臺

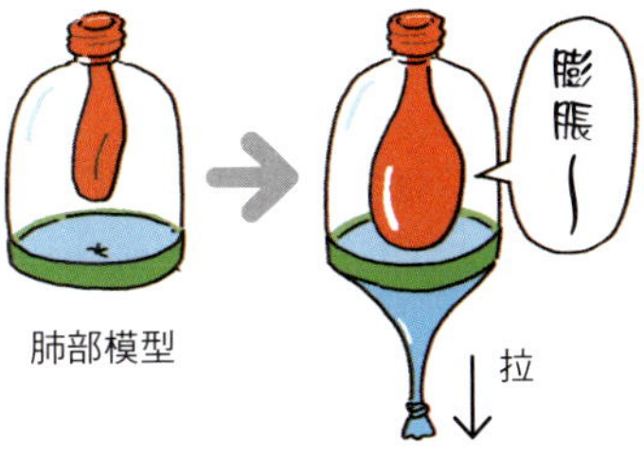

肺部模型

全反射

沒有發生折射、所有光線都反射的現象。舉例來說，從水中往外部空氣照射光線的時候，如果光線從正下方照射，就會穿透水面而進入空氣裡。然而隨著光線角度調整，愈往水面附近傾斜，進入空氣的光就愈少，最後就會全部都反射到水裡（全反射）。

→光的折射、光的反射

全反射實驗

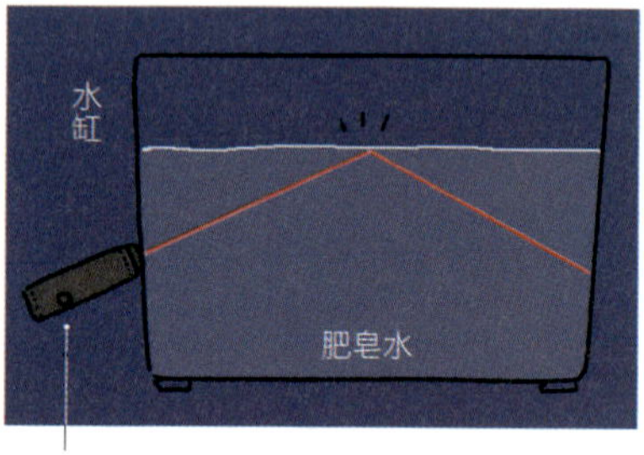
水缸
肥皂水

雷射筆（光源）

洗滌瓶

洗滌瓶也稱為洗淨瓶，是一種以柔軟塑膠製成、有細長噴嘴的瓶子。裡面裝著蒸餾水，用來沖洗用清潔劑洗淨的玻璃器材。只要一擠壓瓶身，水就會噴出來。

噴
我來沖囉～
好水

洗滌瓶君

雙眼實體顯微鏡

可以直接觀察想要觀察的物體原本狀態的顯微鏡。雖然放大倍率不如一般顯微鏡，但特色是不需要製作顯微鏡標本，而且能夠使用雙眼進行立體觀察。常被用來觀察岩石、礦物、花朵、種子或是青鱂魚的卵等。有些機種體積小、方便攜帶、能夠防雨水，可在戶外使用。

→顯微鏡（光學顯微鏡）

雙眼實體顯微鏡各部位名稱

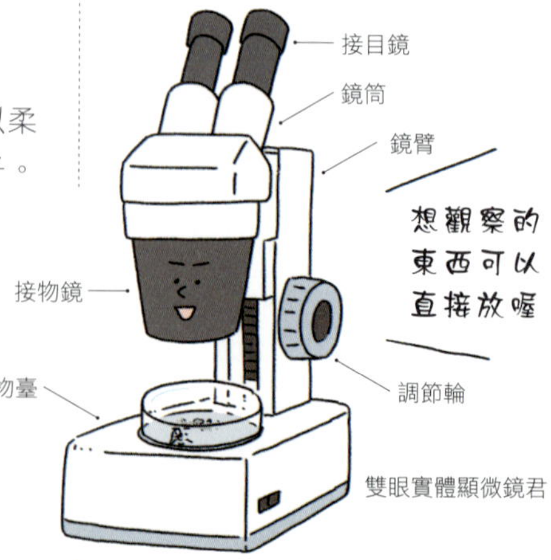
接目鏡
鏡筒
鏡臂
想觀察的東西可以直接放喔
接物鏡
調節輪
載物臺

雙眼實體顯微鏡君

好像不是在叫我們～

顯微鏡標本

抹布

進行加熱實驗時，會以潮溼的狀態擺在實驗桌上。這是為了即早滅火所預先準備的。實驗進行中或器材以外的東西著火時要保持冷靜，用溼抹布蓋住將火苗熄滅，以免火勢擴大。

→安全第一

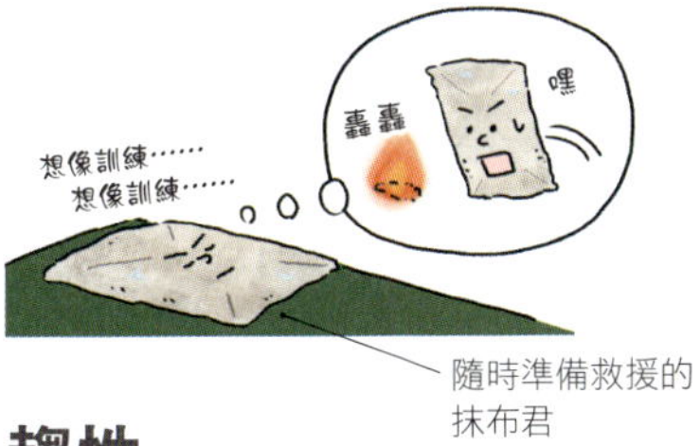
想像訓練……
想像訓練……
轟轟
嘿
隨時準備救援的
抹布君

趨性

當生物受到外界刺激時，會朝著特定方向集體移動的反應。飛蛾之類的昆蟲會朝著光線聚集，也是一種趨性。將青鱂魚放進水盆，用玻璃棒朝同一個方向攪動水流，青鱂魚就會朝著水流的反方向游動，稱為趨流性。

→青鱂魚

青鱂魚趨性觀察實驗

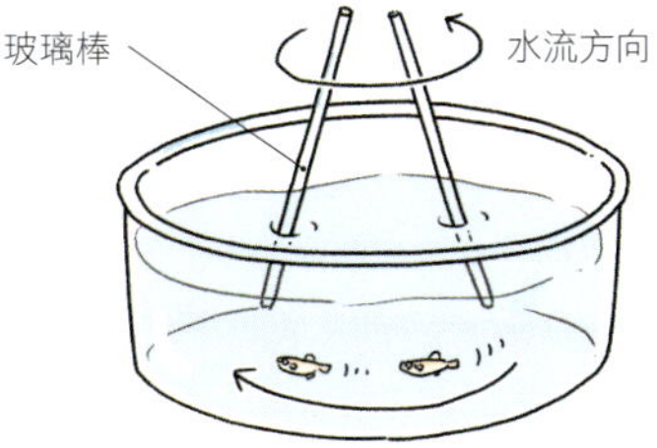
玻璃棒
水流方向

青鱂魚朝著水流的反方向游動

無底集氣瓶

沒有底部的集氣瓶。通常在學習物質如何燃燒的實驗中，會用來罩住蠟燭。搭配黏土使用，就可以比較有空氣通道與沒有空氣通道之間的差異。

→煙囪效應、集氣瓶

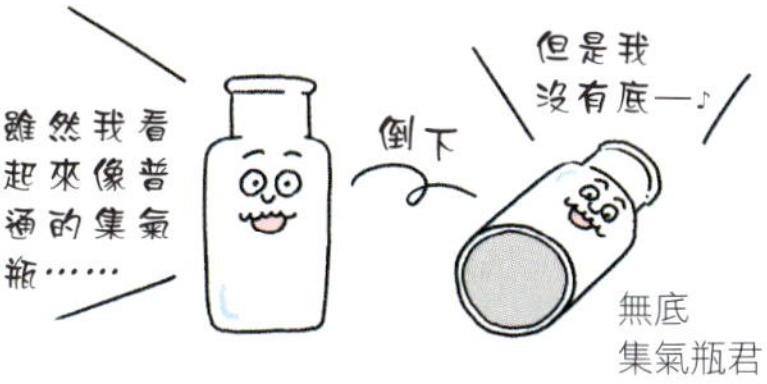
雖然我看起來像普通的集氣瓶……
倒下
但是我沒有底—♪
無底
集氣瓶君

**使用無底集氣瓶
觀察燃燒方式的實驗**

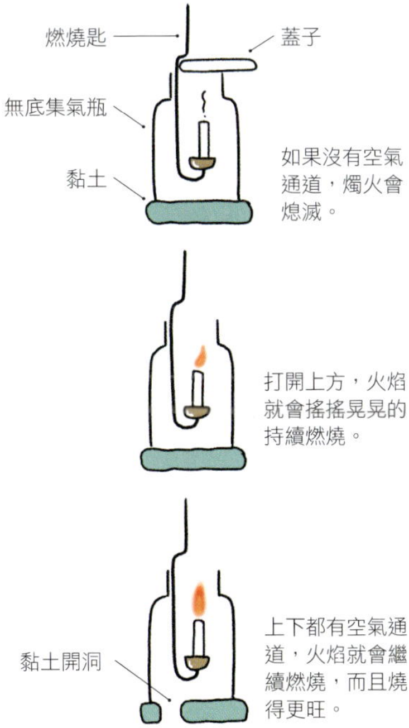
燃燒匙
蓋子
無底集氣瓶
黏土
如果沒有空氣通道，燭火會熄滅。
打開上方，火焰就會搖搖晃晃的持續燃燒。
黏土開洞
上下都有空氣通道，火焰就會繼續燃燒，而且燒得更旺。

趨性……？

青鱂魚的趨性真是不可思議～
的確～
啪哩
玻璃？
誰撞到了？
誰打破了!?
還好嗎～～!?
飛奔奔奔奔奔奔奔
哎呀，燒杯君好快！
……那也是
……燒杯君的趨性吧。
……應該吧

只要有玻璃聲，
我就會忍不住衝過去……

COLUMN
03

超級有趣的雙眼實體顯微鏡

・雙眼實體顯微鏡→P.110

我自詡為顯微鏡愛好者，也寫過關於顯微鏡的書，所以忍不住想要談談雙眼實體顯微鏡。正如內文所述，這是一種「能將物體以原本狀態放大觀察的顯微鏡」，但是與一般顯微鏡（光學顯微鏡）完全不同。……說出來也不怕誤會，這兩種顯微鏡是「完全不同」的工具（雖然兩者我都很喜歡）。畢竟是顯微鏡，功能都是「放大觀察」，但雙眼實體顯微鏡能夠立體的觀察，更加擴大真實感，有著與一般顯微鏡完全不同的感動。

如果要形容那種感覺，與其說是「將東西放大觀察」，倒不如說是把自己縮到很小，極度靠近觀察物。例如觀察花的內側時，就像把自己變成螞蟻，迷失在花朵內部。而觀察蟻獅時，更是嚇到差點站不穩，畢竟自己當時可是化身為螞蟻呢（蟻獅的主食就是螞蟻）！但話說回來，也不是非得變成螞蟻，變成七星瓢蟲之類也不錯吧（話雖如此，蟻獅的長相還是很可怕）？這就像是《愛麗絲夢遊仙境》中能讓身體縮小的藥水一樣（哆啦A夢的縮小燈或許更容易理解）。

而且雙眼實體顯微鏡還有個超棒的優點，那就是只要有想看的東西，就能立刻輕鬆觀察。雖然製作顯微鏡觀察用的標本很有趣，但也有點（其實是相當）麻煩，難免會錯失一時興起的觀察機會。而如果是雙眼實體顯微鏡，只要將想看的東西隨手丟到載物臺（正確來說是「輕輕放」），就能瞬間穿越到微觀世界裡。

再者，如果是設計用來在戶外使用的雙眼實體顯微鏡，只要在田野靠近觀察物觀察，原本應該看過的東西就能展現截然不同的樣貌。這種威力真的非常強大，讓人能像昆蟲學家法布爾（Jean-Henri Fabre）一樣在草叢裡一坐就是好幾天（能看的東西就是這麼多！）。我也曾被體長只有幾毫米的金花蟲與花金龜（兩者都是小型甲蟲）之美深深感動，後來一直為了尋找牠們而跑去公園或草叢玩（雖然看起來形跡可疑）。當然，雙眼實體顯微鏡在實驗室裡也能大顯身手，像是用來觀察實驗製造的結晶等物質（即使是芝麻大小的結晶，看起來也很大！）。

文：山村紳一郎

大氣壓

地球周圍的空氣（大氣）作用在物體上的壓力，也簡稱為「氣壓」。單位是「百帕」（hPa）。大氣壓會因海拔高低而有不同，也會隨天氣狀況而改變。

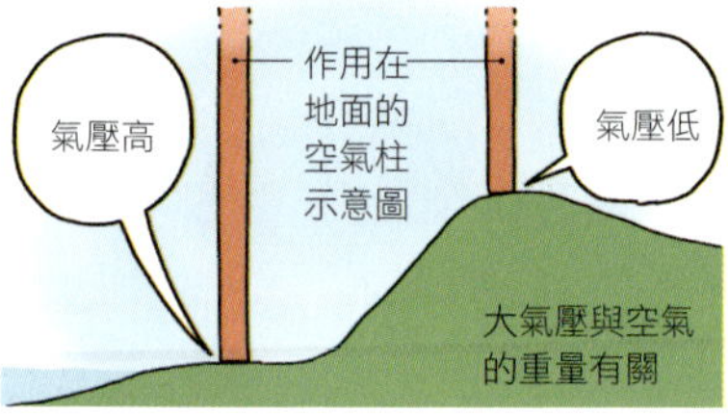
氣壓高
作用在地面的空氣柱示意圖
氣壓低
大氣壓與空氣的重量有關

體積

物體的立體大小。用來測量體積的器材包括量筒和量瓶等，常用的單位則有毫升（mL）以及立方公分（cm^3）。

→量筒

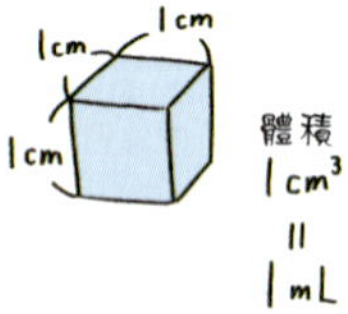
1cm
1cm
1cm
體積
1cm³
=
1mL

沉積

流水搬運而來的砂石或泥土等，累積在河川下游或海底的現象。顆粒愈大物質愈早下沉，因此海底沉積物由下而上依序是礫石、沙、泥。

→地層、泥

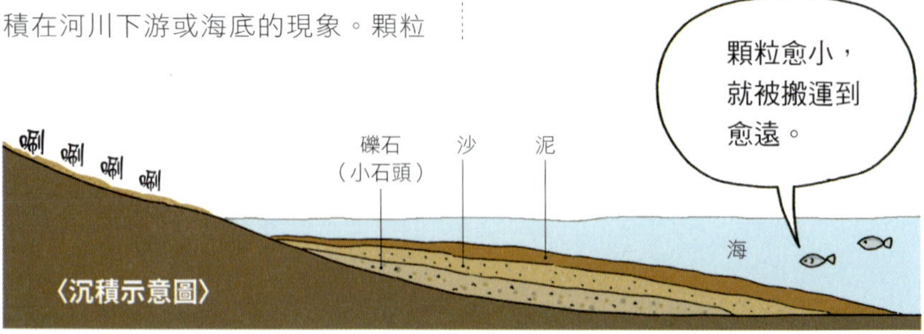
顆粒愈小，
就被搬運到
愈遠。
礫石
（小石頭）
沙
泥
海
〈沉積示意圖〉

帶電

指的是物體帶有電荷的現象，分為帶正電與帶負電。舉例來說，拿墊板摩擦頭髮而產生靜電時，頭髮帶正電，墊板則帶負電。至於何者帶正電、何者帶負電，取決於物體的材質和組合。

→靜電

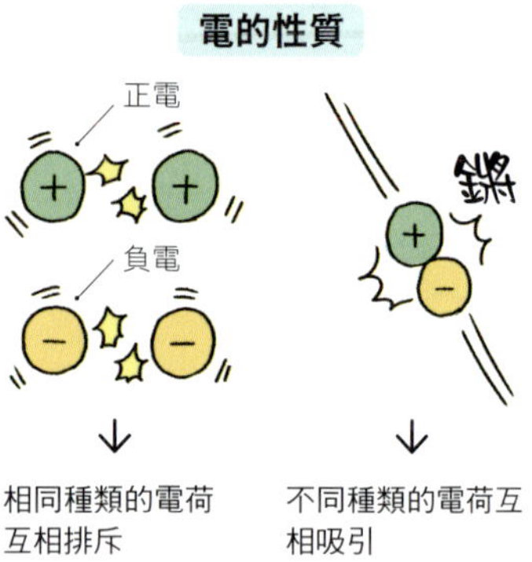
電的性質
正電
負電
相同種類的電荷互相排斥
不同種類的電荷互相吸引

傳統磅秤

測量重量的器材之一。當物體擺放在上方的臺子上時，內部彈簧就會伸縮，正面指針就會旋轉並顯示它的變化。當擺放的物體超過測量上限或施力過猛時，傳統磅秤就會壞掉，必須注意。

不適合測量藥品之類量少的東西喔！
傳統磅秤先生

對流

熱量的傳導方式之一。當液體內部溫度不均，液體中就會發生流動，而熱量便透過這樣的流動傳遞，稱為對流。高溫部分的液體會向上升起，低溫部分則向下流動。不只液體，氣體也會發生對流。

→熱變色墨水、導熱、輻射

加熱的液體向上升起

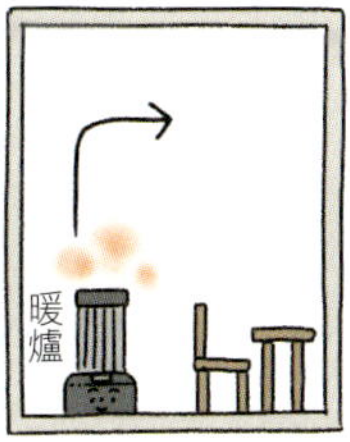
暖爐
加熱的空氣（氣體）也向上升起

唾液

一般也稱為「口水」。它由名為唾液腺的器官製造，並分泌到口中的消化液。主要作用是利用澱粉酶這個成分來分解澱粉，除此之外還有「幫助食物吞嚥」、「抑制口腔細菌繁殖」的效果。

利用唾液分解澱粉的實驗

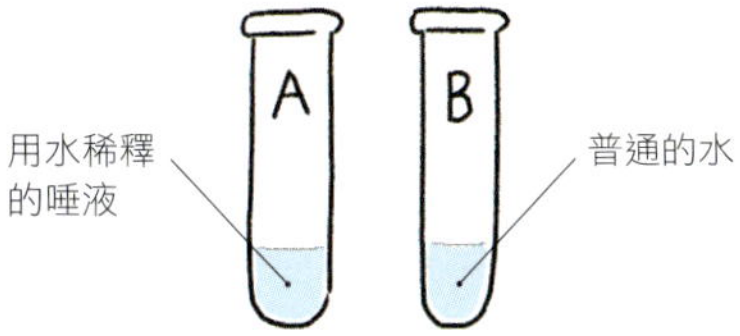
A
B
用水稀釋的唾液
普通的水
❶如上圖準備A與B。

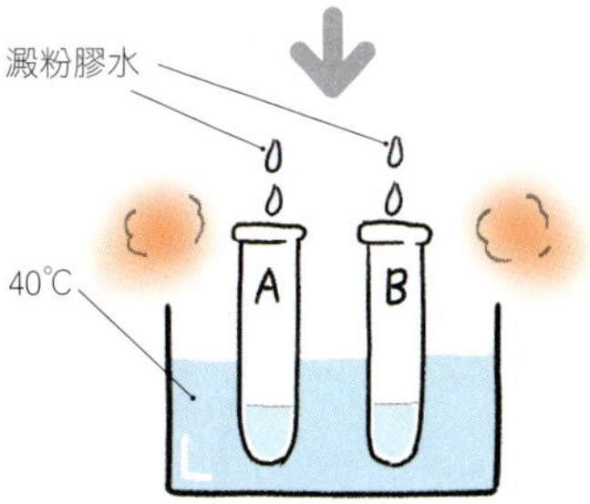
澱粉膠水
40℃
A
B
❷將澱粉膠水滴進A與B，並浸泡在熱水裡。

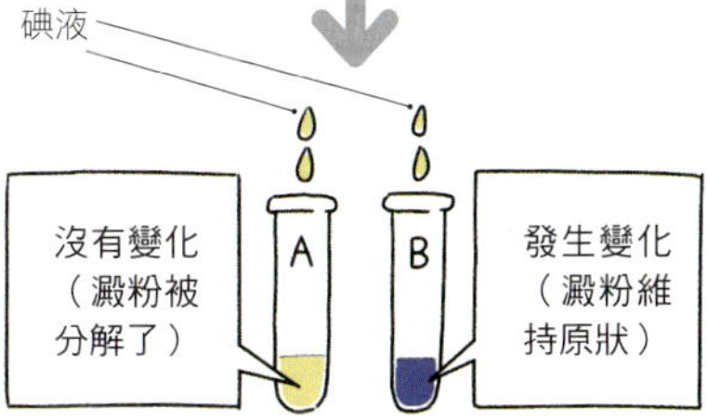
碘液
沒有變化（澱粉被分解了）
A
B
發生變化（澱粉維持原狀）
❸A與B中滴2、3滴碘液，觀察顏色變化。

脫脂棉

將棉花加工，並整理成一定程度的大小。特色是柔軟且吸水力強，經常使用於醫療現場。在實驗室則用在種子發芽實驗、物質燃燒實驗，除此之外，想要稍微封住試管時也經常使用。

→種子、發芽

可以變成任何形狀喔

脫脂棉先生

脫脂棉大顯身手的場合

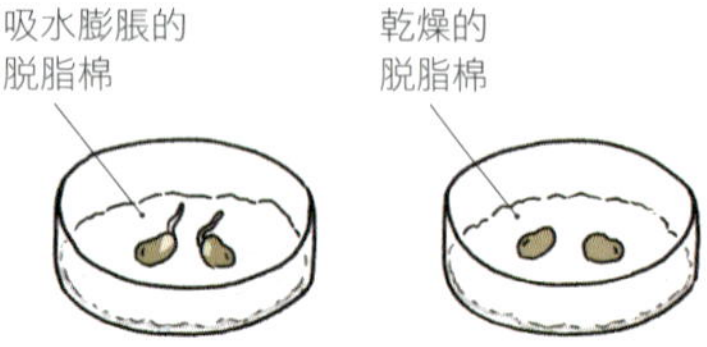
吸水膨脹的脫脂棉
乾燥的脫脂棉

發芽實驗的底座

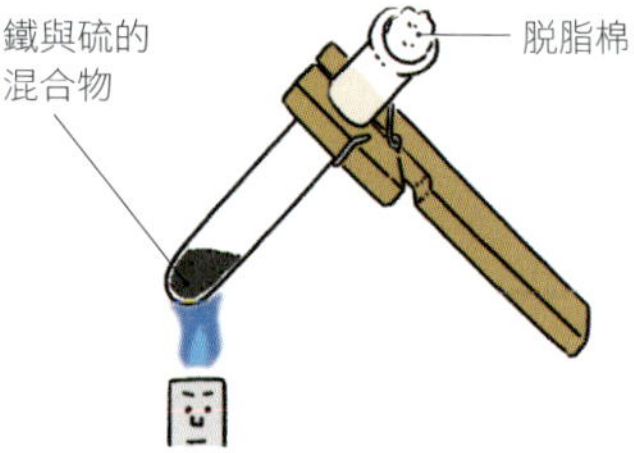
鐵與硫的混合物
脫脂棉

想要稍微封住時
（密閉可能會產生破裂的危險性）

趣味實驗

教科書上可能不會出現的實驗。比起學習，接觸不可思議的現象並樂在其中才是目的。有時也會用來幫助學生習慣在實驗室中進行實驗。

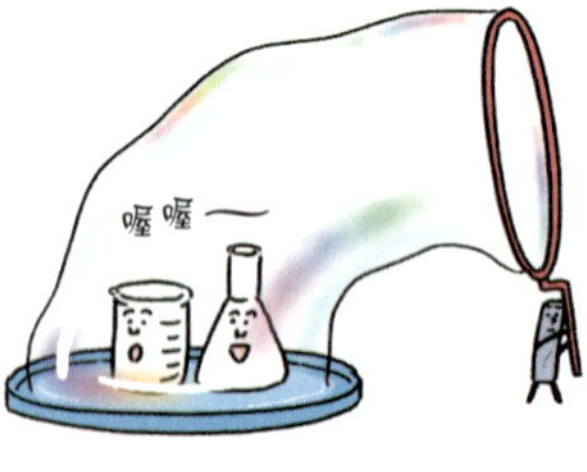
喔喔

巨大泡泡

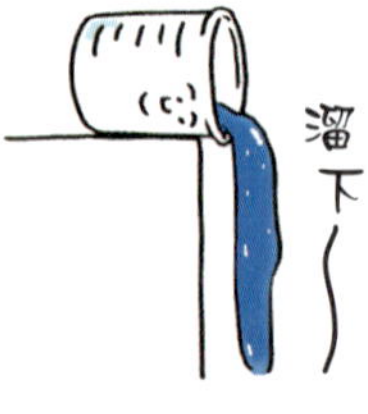
溜下

製作史萊姆

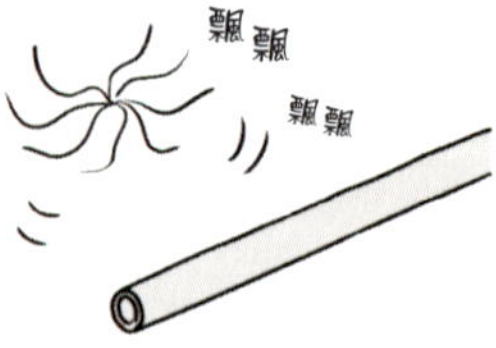
飄飄
飄飄

玩靜電

咕嚕
咕嚕

使用紫高麗菜液與小蘇打
進行迷你火山噴發

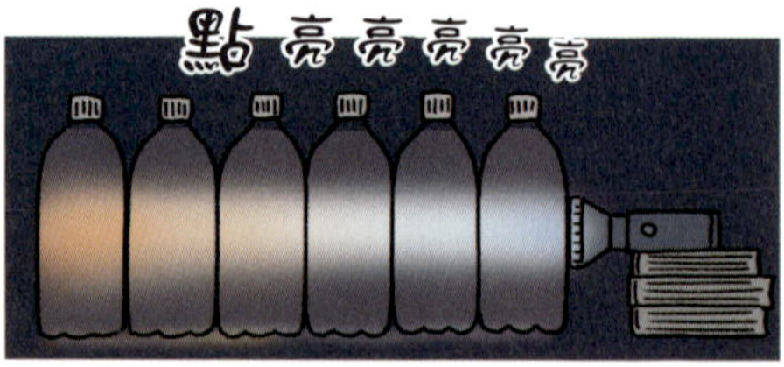
點亮亮亮亮亮

製造晚霞的實驗

原本應該是有趣的實驗……

這就是紫高麗菜液的火山噴發。
咕嚕
咕嚕
咕嚕
喔喔喔
好厲害
解說
小蘇打粉
油
紫高麗菜液與醋的混合物
小蘇打粉與醋反應，產生二氧化碳。
咕嚕
咕嚕
咕嚕
我也想要試試看。
好啊！來試試？
很有趣吧～
喔喔喔
咕嚕
咕嚕
咕嚕
咕嚕
──20分鐘後
好了，接著就麻煩加入小蘇打粉。
好──
我要加囉──
唰
唰
唰
唰
唰
唰
唰
唰
咕嚕
咕嚕 咕嚕
咕嚕 咕嚕
??
哇──!!
咕嚕
咕嚕
咕嚕
咕嚕
咕嚕
怎麼會這樣～!!

小心小蘇打粉加太多!!

平板學習

應用平板裝置的學習方法。在實驗室中，會使用平板電腦來拍攝實驗狀況，或是整理實驗數據。
→進化的器材

使用平板電腦的場合

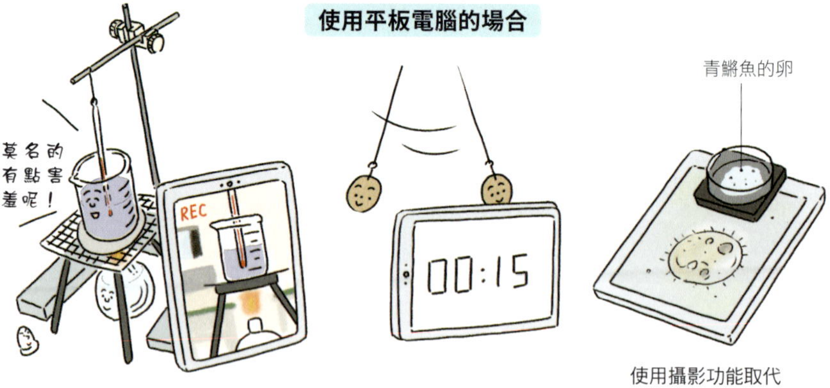

拍攝實驗狀況　　充當碼錶使用　　使用攝影功能取代顯微鏡

水盆

用來裝冷水或熱水的圓形容器。實驗室常見的水盆多為透明塑膠製。可用來裝水、收集產生的氣體、觀察青鱂魚的活動等。
→收集氣體的方法、趨性

水盆君

敲不倒翁

自古以來就存在的一種玩具。將幾個大小相同的積木垂直堆疊，以木槌從底部積木開始敲擊。如果敲擊速度夠快，上方的積木就會筆直落下，只有被敲的那塊積木會往旁邊飛出去。這個遊戲可以觀察慣性定律，實際玩玩看也相當有趣。
→科學玩具、慣性定律

單位

以數值呈現量的基準。例如長度的單位有公尺（m）或公分（cm）等。如果沒有單位，就很難正確的將長度傳達給他人或進行記錄。在筆記本上記錄實驗結果時，除了數值之外，一併標示單位也很重要。

→公斤原器

主要單位與單位符號

〈長度〉

奈米	〔nm〕	公分	〔cm〕
微米	〔μm〕	公尺	〔m〕
毫米	〔mm〕	公里	〔km〕

1nm →(×1000) 1μm →(×1000) 1mm →(×10) 1cm →(×100) 1m →(×1000) 1km

〈質量〉

毫克	〔mg〕
公克	〔g〕
公斤	〔kg〕
公噸	〔t〕

1mg →(×1000) 1g →(×1000) 1kg →(×1000) 1t

〈力（重量）〉

牛頓	〔N〕

〈壓力〉

帕斯卡	〔Pa〕
百帕	〔hPa〕

1Pa →(×100) 1hPa

〈密度〉

公克每立方公分	〔g/cm^3〕

〈電壓〉

伏特	〔V〕

〈電流〉

安倍	〔A〕

〈電阻〉

歐姆	〔Ω〕

碳酸氫鈉

白色粉末狀藥品，又稱為小蘇打。稍微溶於水，呈弱鹼性。使用於製造二氧化碳或製作椪糖的實驗。除此之外，也是製作鬆餅所必須的泡打粉成分。

→椪糖、二氧化碳

加熱後可
產生二氧
化碳喔
碳酸氫鈉

地球科學

科學領域之一，也是構成自然科學的其中一個科目。學習內容包含地球的形成與結構、組成地球的物質（岩石・礦物等）、氣象、海洋、天體和宇宙等。

單質

只由單一種類原子所組成的物質。就像氫氣（H_2）與氧氣（O_2）是由分子組成的物質，鐵（Fe）與銅（Cu）等是由原子規則排列而構成的物質。

→化合物

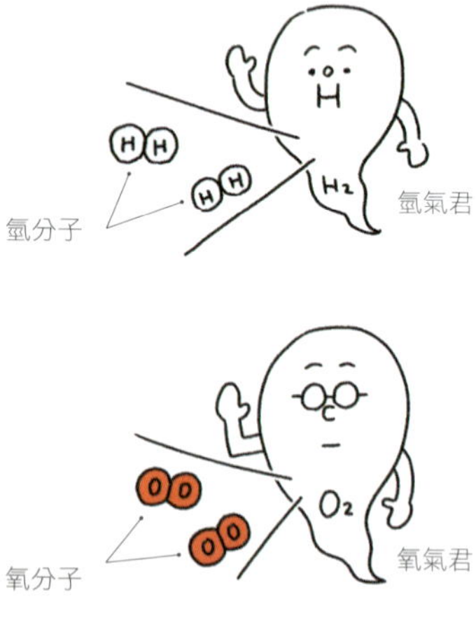
氫分子
氫氣君
H
H_2
氧分子
氧氣君
O_2

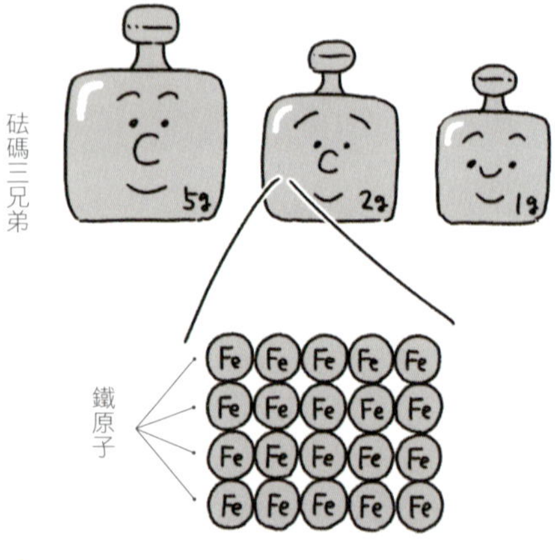
砝碼三兄弟
5g
2g
1g
鐵原子
Fe

地層

流水搬運而來的泥沙等，沉積在海底或湖底所形成的層狀結構。多數地層都形成於遠古時代。地層呈現水平堆積，基本上愈下層愈古老，愈上層則愈新。某些地區的地層因火山活動或地震等而露出地表，透過觀察這樣的地層，就能推測附近的大地是如何形成。

→沉積

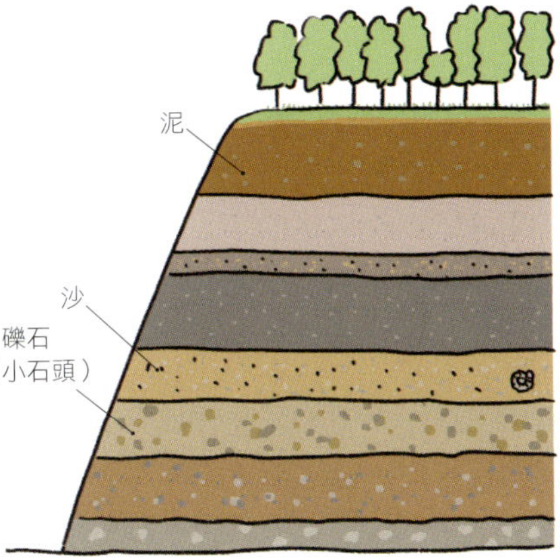

地層模型

指用來理解地層結構的模型。有些部分可以取下，因此能夠立體的觀察地層堆疊與分布情況。許多實驗室都會擺出來作為展示品。類似的模型還有地質結構模型與火山模型等。

→展示空間

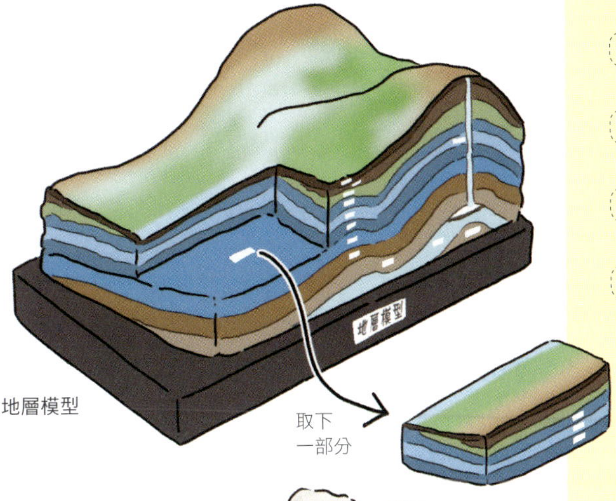

地層模型

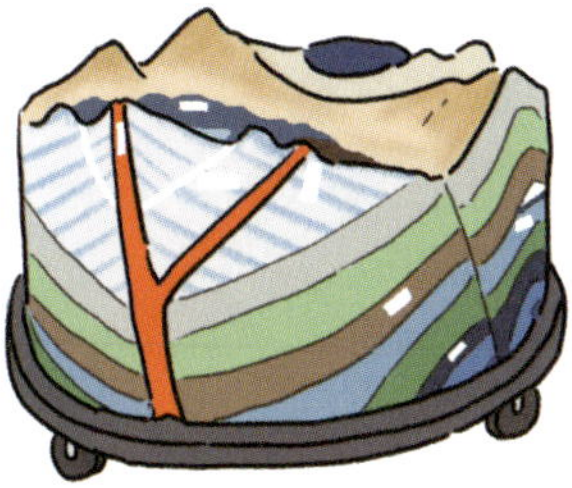

地質結構模型

火山模型

製作地層的實驗

將水、沙與泥裝入寶特瓶中混合後靜置的實驗。可以觀察到隨著時間經過，較大的顆粒會沉在底部，較小的顆粒則堆積在上層，自然形成層狀結構。

→靜置、沉積、地層、泥

裝入約半瓶水的寶特瓶
沙
泥
礫石（小石頭）
搖搖
搖搖
搖搖
不要動
愈下面的顆粒愈大
小
大

❶準備以上這些東西。 ❷將礫石、沙、泥裝入寶特瓶搖晃後靜置。 ❸形成地層了！

氮氣

無色無味的氣體，約占空氣成分的78%。氮氣本身雖然沒有毒性，但是當氮氣濃度過高（氧氣太少）時，就會變得無法呼吸並且危及生命。「窒息」一詞即源自於氮的日語「窒素」。

→液態氮

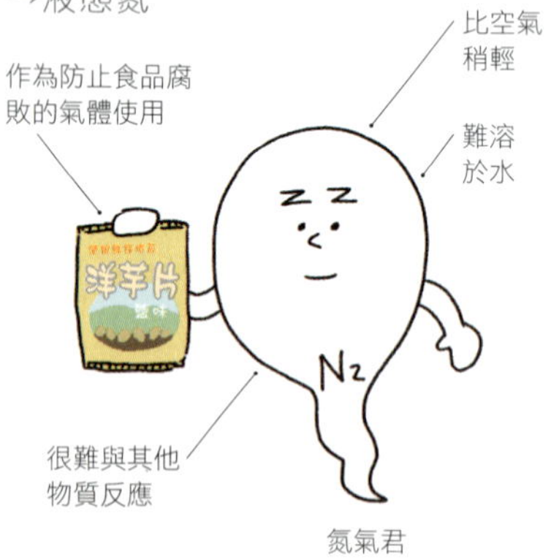
比空氣稍輕
作為防止食品腐敗的氣體使用
難溶於水
洋芋片
N2
很難與其他物質反應
氮氣君

點火器

使用於將蠟燭與瓦斯噴槍等加熱器具點火，一般也稱為點火槍、電火柴或點火棒等。點火後再熄滅時，由於棒子前端會變熱，千萬不可以觸摸。

→火柴

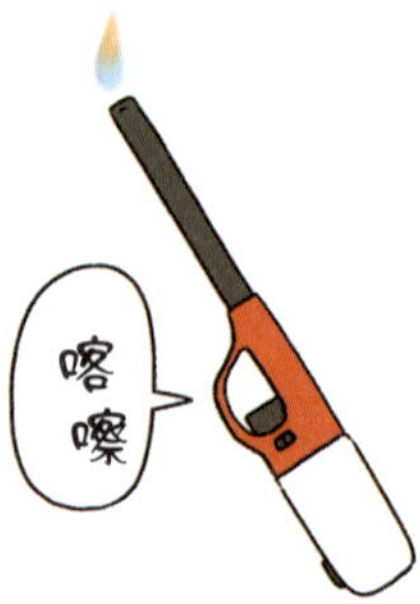
喀嚓

中性

水溶液的性質既非酸性也非鹼性的狀態。pH值為7。例如水、食鹽水與牛奶等都是中性。

→pH值

中和

又稱為中和反應，指的是酸性水溶液與鹼性水溶液發生反應，彼此的酸鹼性互相抵銷的現象。至於利用中和反應求出水溶液濃度的操作，則稱為中和滴定。

→鹽、pH指示劑

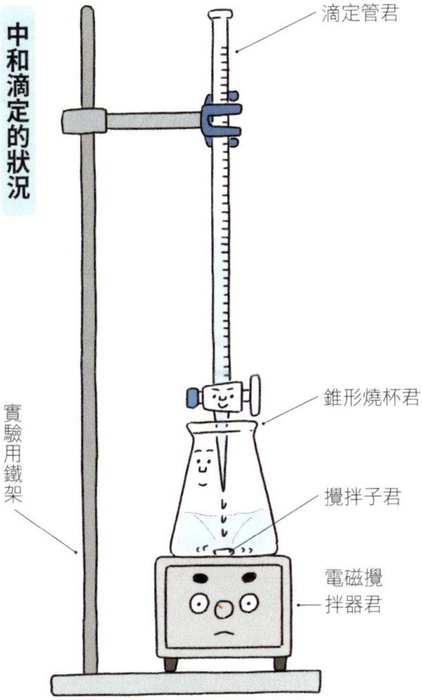
中和滴定的狀況
滴定管君
錐形燒杯君
攪拌子君
電磁攪拌器君
實驗用鐵架

超音波

人耳無法聽見的高頻聲波。聲音原本就是物體傳遞的振動，振動次數愈多，聲音就愈高。當1秒的振動次數超過2萬次時，就會變成人耳聽不見的聲音（超音波）。

→聲音的性質

超音波的實際應用
魚群探測器
嘰嘰
汽車的安全感測器
嗶嗶嗶嗶嗶嗶嗶
大學與研究設施會用喔～
利用超音波洗淨髒汙的超音波清洗機

沉澱物

因水溶液中的化學反應，而在容器底部產生的固體物質。例如對石灰水吹氣會變得白濁，就是因為反應產生了白色沉澱物（碳酸鈣）。

→石灰水

不再使用的器材

指的是基於自然科學的學習範圍調整等原因，現在幾乎不再使用的器材。這些器材有時會默默的保存在實驗室或實驗準備室中，並沒有被丟棄。

→神祕抽屜

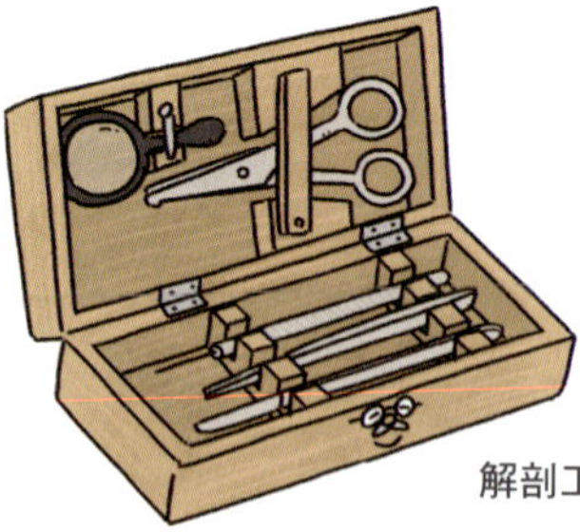

解剖工具組先生

裡面裝著解剖需要的手術刀與鑷子。

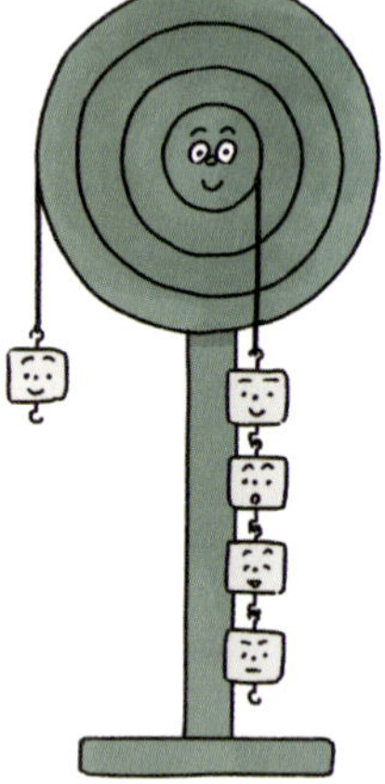

輪軸先生

與滑輪組合的器材。有著能以較小力量舉起重物的機制。

真空鐘罩先生與玻璃板先生

能夠藉由連接真空幫浦將內部呈真空。

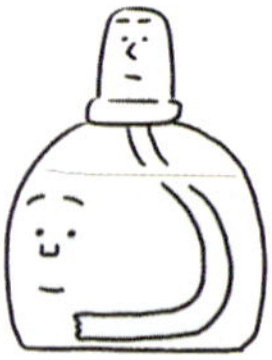

酒精燈君

參考P.21

採集箱先生

用來裝入外出採集的植物並可攜帶的東西。

訓練

那麼大家都準備好了嗎？
準備好了——
雖然我們現在不被使用，但我相信我們總有一天會再度復活！
那麼訓練開始！
開闔
開闔
舉
舉
舉
蓋
蓋
跳
跳
唰
唰
唰
實驗準備室
喔
喔
喔
喔
總有一天會復活～
禁止進入
喔喔～很棒喔！
就是這樣!!
裡面好像在做什麼……？
實驗準備室器材們的訓練依然持續——

我們不會放棄的～

月相變化

指的是月球形狀每天看起來都不一樣。這是因為月球明亮的部分來自太陽光的反射，而月球以大約1個月為週期，繞著地球公轉。由於太陽、地球、月亮的位置關係會產生變化，因此從地球看見月球的明亮部分也是每天都會改變。

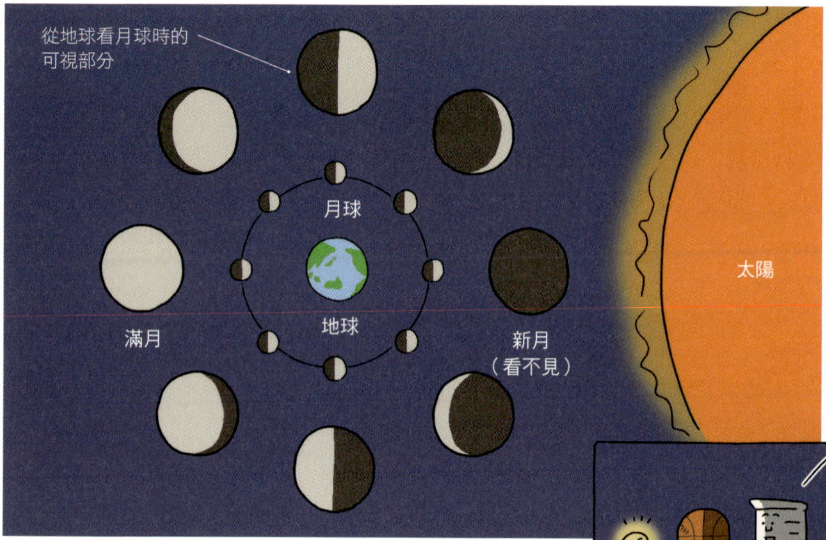
從地球看月球時的可視部分
月球
地球
滿月
新月
（看不見）
太陽

這是新月吧！
只要有圓形物體與燈泡就能模擬。

生物分離漏斗

一種用來收集土壤裡小型生物的裝置。這個原理是：生物為了躲避電燈的光、熱與乾燥，就會往下方移動，最後便掉下去。

利用這個裝置，可以調查土壤中棲息著什麼樣的生物。使用寶特瓶也能製作出這樣的裝置。

→靜置

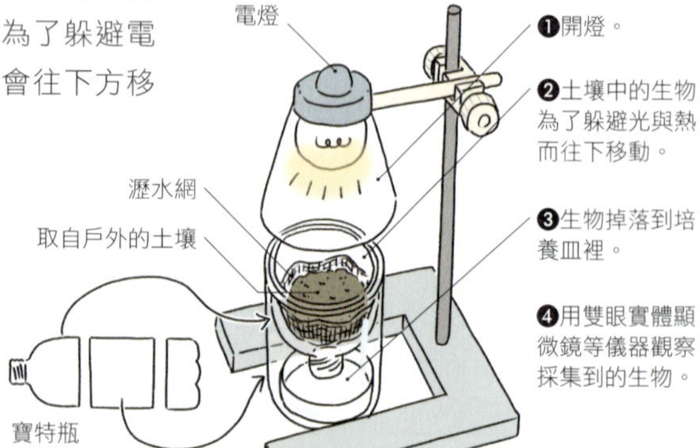
電燈
瀝水網
取自戶外的土壤
寶特瓶
❶開燈。
❷土壤中的生物為了躲避光與熱而往下移動。
❸生物掉落到培養皿裡。
❹用雙眼實體顯微鏡等儀器觀察採集到的生物。

利用寶特瓶製造的生物分離漏斗

電阻

電的阻力，指的是電流不容易通過的程度，單位為歐姆（Ω）。電熱線等具有電阻的電子零件，也被稱為電阻器。

→歐姆定律、電壓、電流

槓桿

一種能以小的施力獲得大的作用力的工具。由支點、施力點與抗力點組成，能夠以某個點為中心旋轉。日常生活中有許多利用槓桿原理製成的工具，例如拔釘器、剪刀與開瓶器等。

槓桿作用實驗裝置

用來觀察槓桿作用的實驗裝置。由支架、桿子和砝碼組成，可用來觀察距離支點的長度與砝碼重量之間的關係。有些實驗裝置使用的桿子長達1公尺以上，使用這種裝置，即可透過自己的雙手實際感受槓桿作用的效果。

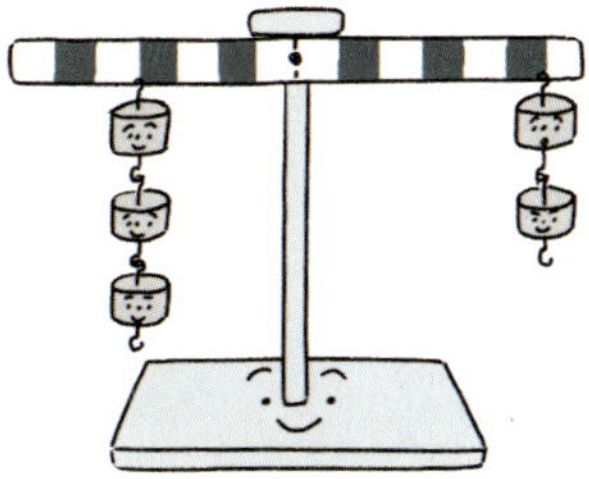

槓桿實驗裝置君

利用槓桿原理的例子

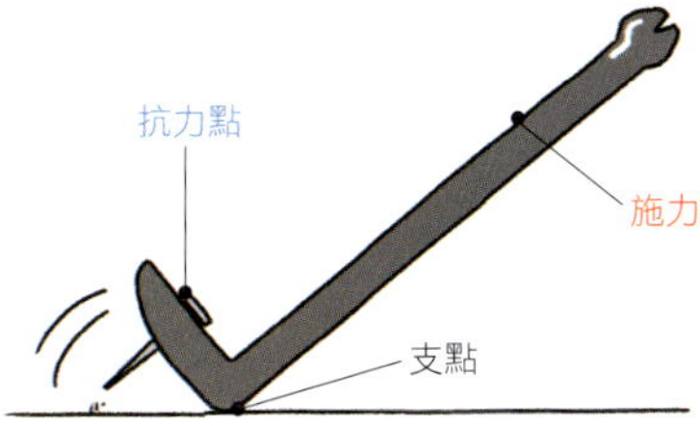

拔釘器

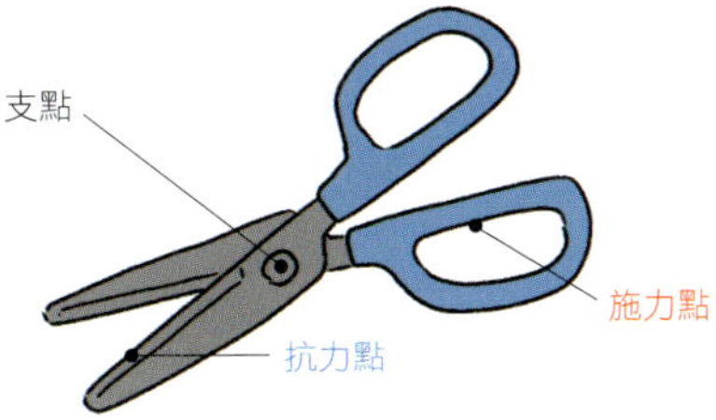

剪刀

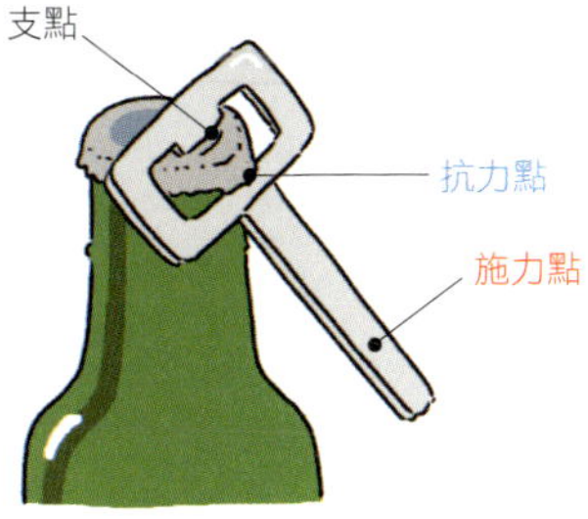

開瓶器

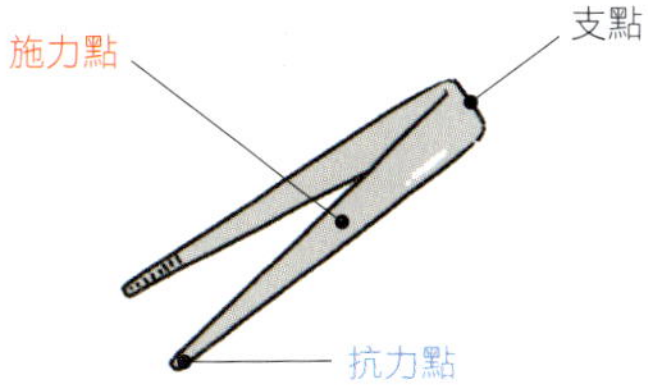

鑷子

乾燥器

用來保管容易受潮藥品的器材。大學化學系的實驗室一定會有這種器材，極少數中小學實驗室也會設置。過去的主流是厚玻璃製，現在多為箱型塑膠製。

→矽膠乾燥劑

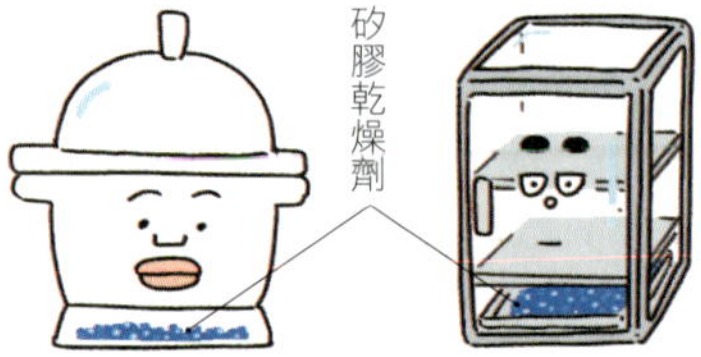

乾燥器先生（玻璃製）　箱型乾燥器君

手搖發電機

可以藉由用手轉動手把來發電的裝置。轉動的力量經由手把傳遞至內部馬達，進而產生電能。使用於透過連接小燈泡來研究旋轉速度與亮度關係的實驗等。

→發電

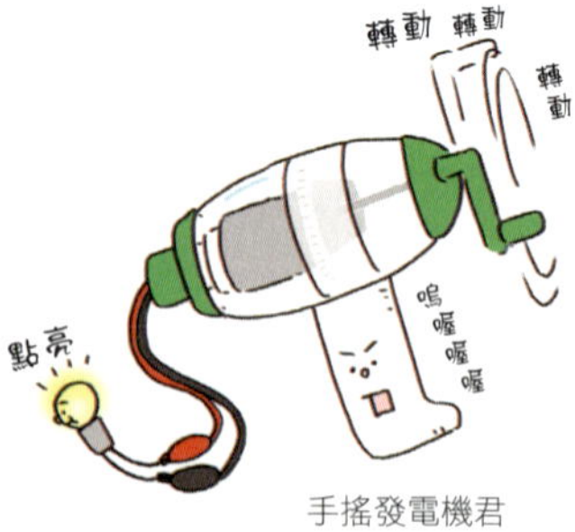

手搖發電機君

鋁熱反應

使用鋁粉將氧化鐵轉變為純鐵的反應。這項反應會產生劇烈的火花與熱，溫度可能高達3000℃以上。透過反應形成高溫的鐵，冷卻後可形成鐵球。這是非常危險的實驗，務必在老師的指導下謹慎進行。

電壓

驅使電流流動的作用力。單位為伏特（V）。電池與發電機都具有這種性質。

→歐姆定律、電阻、電流

電壓計

用來連接電路以測量電壓大小的儀器。使用時的注意事項包括「以並聯方式接在欲測量的部分」、「首先接在最大值的負極端子」等。附帶一提，過去的電壓計與電流計多半較大，現在也有能夠摺疊成很小或堆疊收納的類型。

→電流計

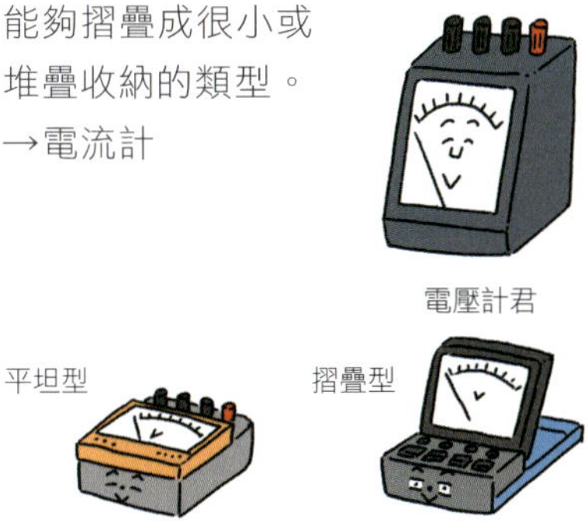
電壓計君
平坦型
摺疊型

電子

帶有負電的極小粒子，是構成原子的要素之一。金屬中存在可以自由移動的電子。當電路開關打開時，銅線中的電子就會移動。正是這樣的電子移動構成了電流*。

→陰極射線、克魯克斯管、原子

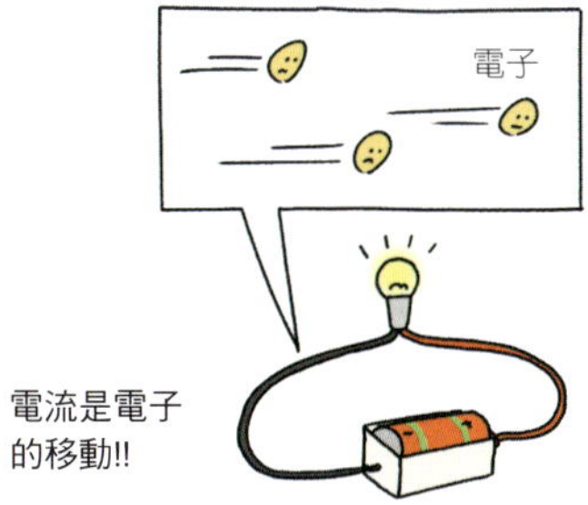
電子
電流是電子
的移動!!

電解裝置

藉由通電來分解物質稱為電解，而這就是進行電解的裝置。早期在進行水的電解時，經常使用H型的玻璃製裝置，現在的國中則以塑膠製為主流。

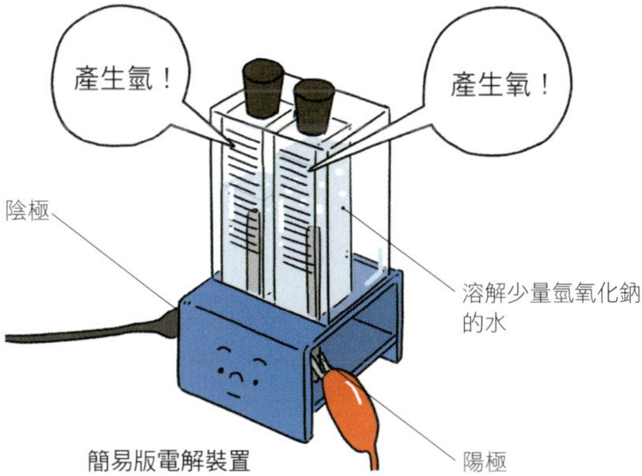
產生氫！
產生氧！
陰極
溶解少量氫氧化鈉
的水
陽極
簡易版電解裝置

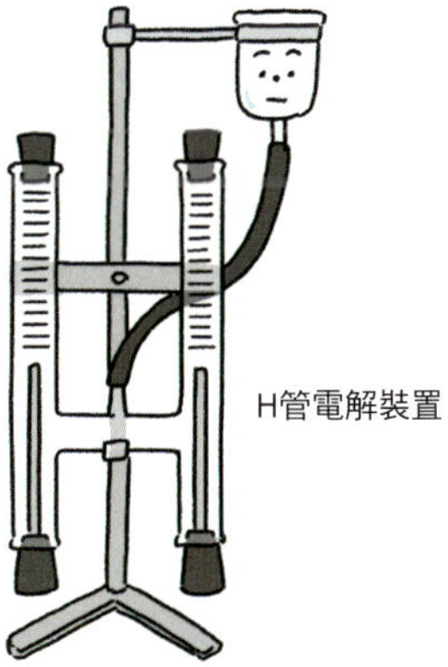
H管電解裝置

＊不過，電流的方向與電子移動的方向相反。

展示空間

展示自然科學相關教具的空間。經常設在實驗室後方或走廊的玻璃櫃等。展示的物品五花八門，例如標本、地層模型、人體模型、過去的實驗器材等。有些學校還會展示科學玩具，讓學生可以摸摸玩玩，非常用心。

電磁鐵

將鐵棒（鐵心）插入線圈，只有在通電時才會產生磁力的裝置。電磁鐵的磁力也會隨著線圈的圈數與電流大小而改變。

→線圈

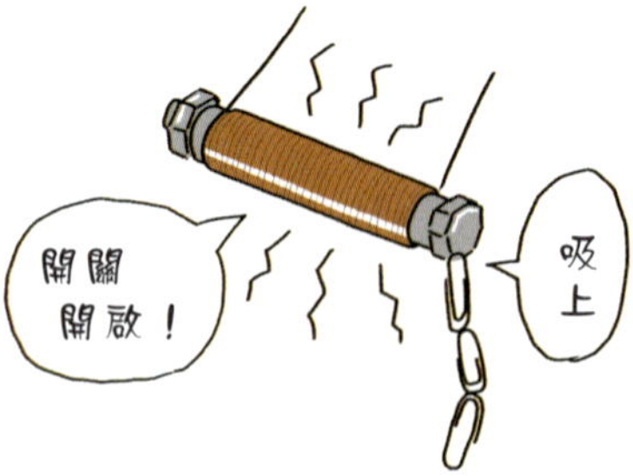
開關開啟！
吸上

電子秤

只要把物品放在秤盤上就能測量質量的儀器。由於製作非常精密，即使是簡單的款式，也要價數千至數萬日圓。至於大學與研究機構使用的高精密度分析用電子秤，有些甚至要價20萬日圓以上。

→高價器材

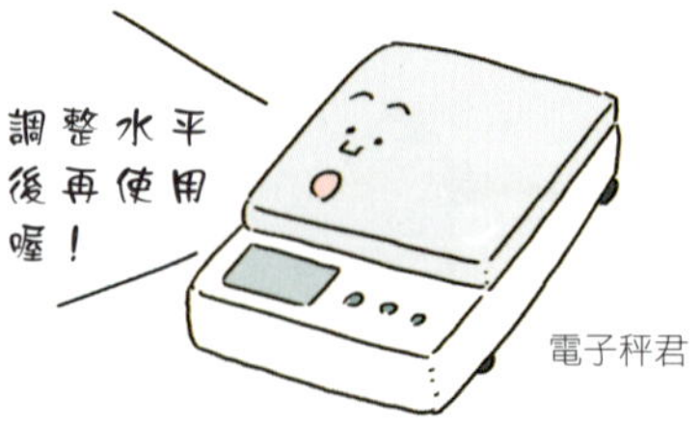
調整水平後再使用喔！
電子秤君

輻射計君的早晨

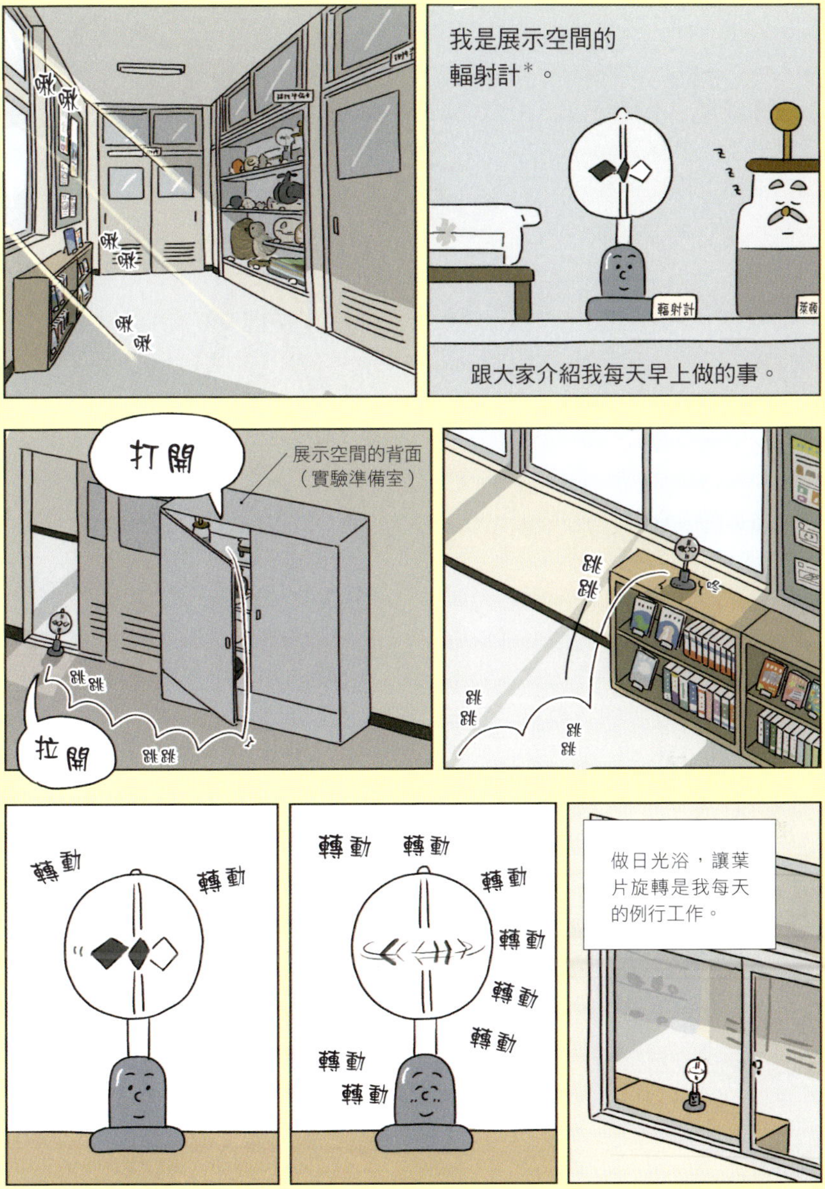
啾啾
啾啾
啾啾
我是展示空間的
輻射計＊。
ZZZ
輻射計
萊頓
跟大家介紹我每天早上做的事。
打開
展示空間的背面
（實驗準備室）
跳跳
拉開
跳跳
跳跳
跳跳
跳跳
咚
轉動
轉動
轉動
轉動
轉動
轉動
轉動
轉動
轉動
轉動
做日光浴，讓葉片旋轉是我每天的例行工作。

＊參考183頁。

沐浴在早晨的陽光中，很舒服呢！

天文望遠鏡

用來觀察月球、行星、恆星、星雲等天體的儀器。有些國中小學的實驗室會設置，也可能只有雲臺（安裝望遠鏡的臺座）默默的擺在實驗準備室的角落裡。

→高價器材

天文望遠鏡各部位名稱

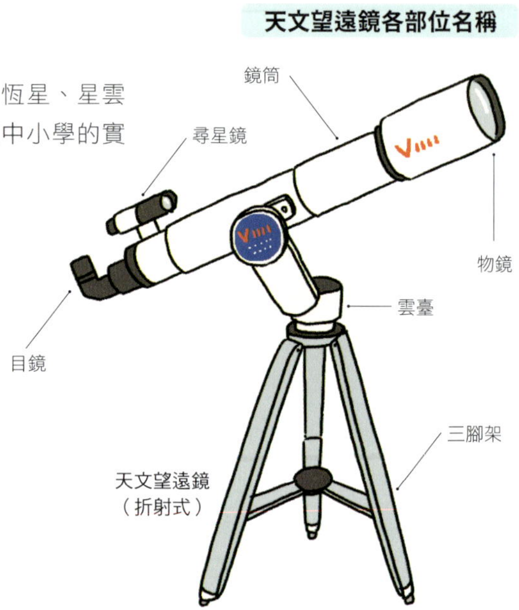
鏡筒
尋星鏡
物鏡
雲臺
目鏡
三腳架
天文望遠鏡
（折射式）

傳導（熱傳導）

熱的傳遞方式之一。當物體的一部分被加熱時，熱也會傳遞到其他較遠的部分。而容易傳導的程度稱為熱傳導率，舉例來說，銀與銅的熱傳導率就非常高。

→對流、熱傳導實驗器、輻射

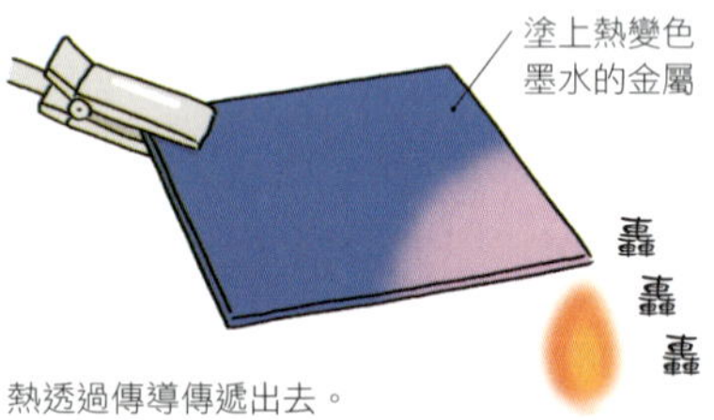
塗上熱變色
墨水的金屬
轟
轟
轟

熱透過傳導傳遞出去。

澱粉

由多個葡萄糖連結而成的物質，也是植物透過光合作用製造的養分。米、麵包（小麥）、玉米等都含有大量澱粉。至於是否含有澱粉，可利用碘液檢測。

→唾液、碘液、碘澱粉反應

電流

電的流動，單位為安培（A）。電流的方向由正極出發，然後返回負極的方向流動。

→電阻、電壓

電流計

用於測量電路中電流大小的儀器。使用時的注意事項包括「以串聯方式接在欲測量的部分」、「首先連接最大值的負極端子」等。

→電壓計

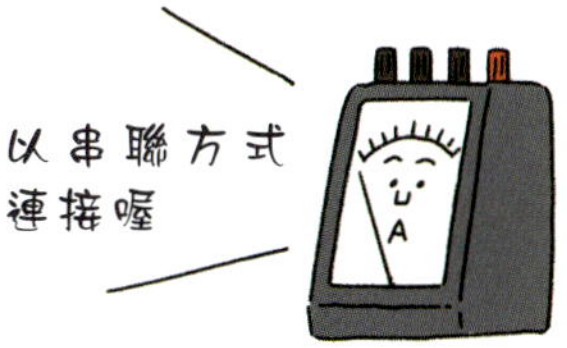
以串聯方式
連接喔
A

電流計君

高型燒杯

較高的燒杯，具有適合隔水加熱、即使裡面沸騰也不容易飛濺出來的特點。但也因為很高，手一揮就會傾倒，必須注意。

→燒杯

真羨慕你
個子高～
這樣嗎？

高型燒杯君

透明半球儀

透明薄塑膠製的半球，主要用來觀測並記錄太陽的移動。如果每個季節都進行觀測，就能了解太陽的軌跡變化。

記錄太陽移動的方法

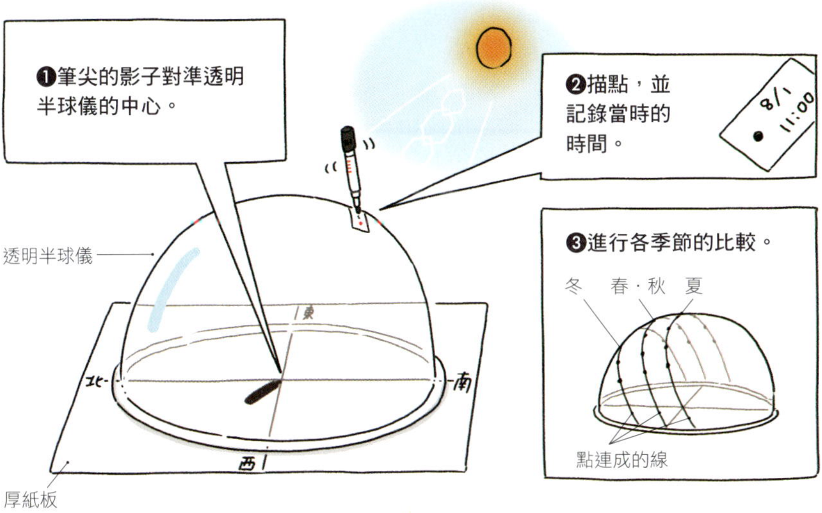
❶筆尖的影子對準透明半球儀的中心。
❷描點，並記錄當時的時間。
8/1
11:00
❸進行各季節的比較。
冬
春·秋
夏
點連成的線
透明半球儀
東
北
南
西
厚紙板

錶玻璃

薄玻璃製成、底部較淺的圓盤，沒有固定用途。可取代包藥紙用來放置固體藥品，或是作為燒杯的蓋子使用等，可以自行發揮創意。

作為包藥紙的代替品

錶玻璃君

作為燒杯的蓋子

突沸

指液體突然劇烈沸騰的現象。當液體緩慢加熱時，可能會變成過熱狀態。在這種狀態下只要受到振動，就會「砰！」的突然沸騰，並產生大顆氣泡。這時高溫液體會飛濺而出，非常危險。因此進行加熱液體的實驗時，一定要放入沸石，以免發生突沸。

→過熱、加熱、沸石

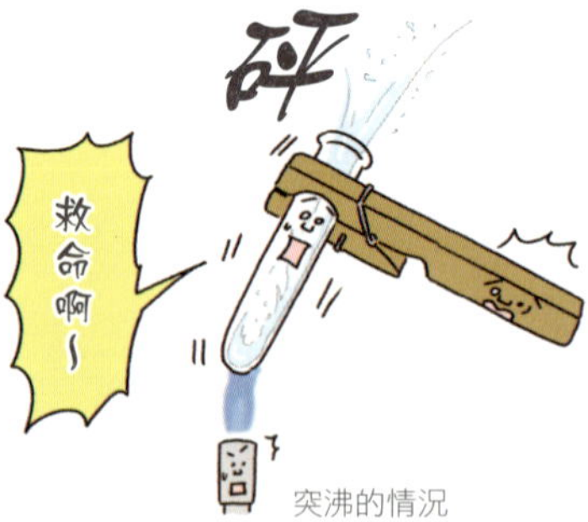
砰
救命啊～

突沸的情況

乾冰

固態二氧化碳，溫度為-79℃，具有能夠從固體直接昇華成氣體的性質。常被作為冷卻劑使用，本身也可作為實驗材料。處理時必須注意，要在老師的指示下進行。

→不能徒手

乾冰君

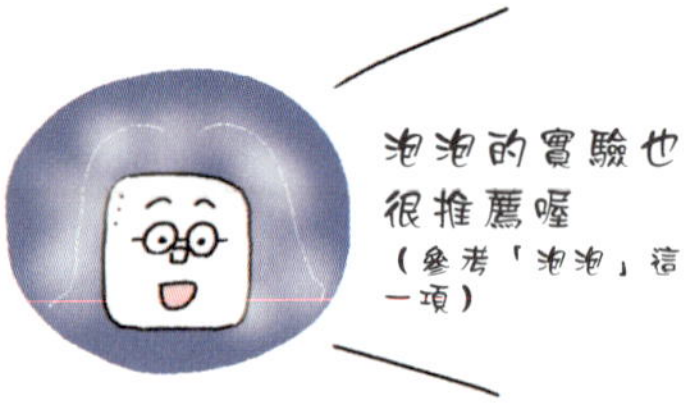
泡泡的實驗也很推薦喔
（參考「泡泡」這一項）

使用乾冰進行簡單實驗的例子

唰啊啊啊啊啊

乾冰曲棍球

變成氣體的部分可以減輕與桌面之間的摩擦力，因此能順暢滑行。

膨脹脹脹脹脹脹

裝進塑膠袋

乾冰變成氣體後，體積可增加多達750倍。

拔不起來……

實驗室經常發生的悲劇之一，尤其是長時間塞住燒瓶口的瓶塞、穿過橡膠塞的玻璃管等更容易發生。由於器材屬於玻璃製，硬拔可能會打破而受傷，因此務必請老師處理。

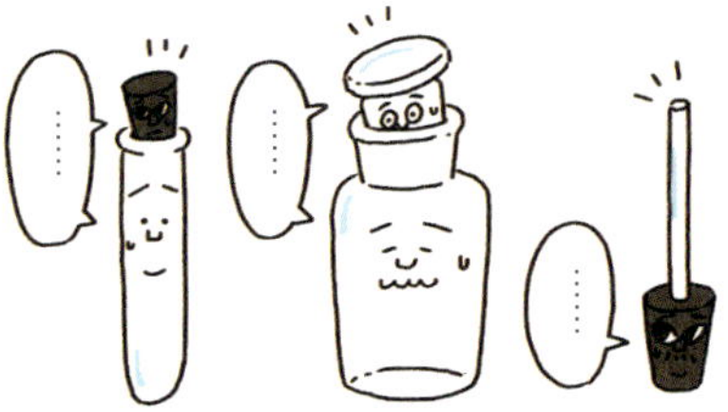
……
……
……

拔不起來的器材們

泥

岩石形成的細粒中直徑小於0.0625毫米的東西。日常所說的「泥」通常指的是含水的柔軟土壤，但在科學的領域，「泥」與是否含水沒有關係。

→沉積、製作地層的實驗

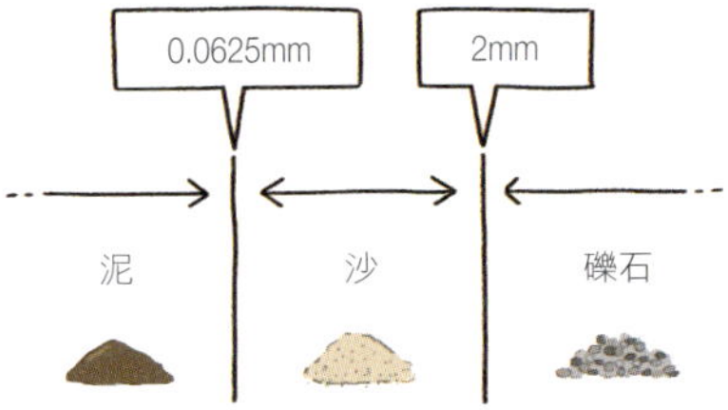
0.0625mm
2mm
泥
沙
礫石

名稱隨顆粒大小而改變

橡實

麻櫟、枹櫟等殼斗科植物的果實。

橡實與櫟帽的形狀及外觀依植物種類而不同，因此把外出撿拾到的橡實進行比較會很有趣。

橡實與葉片的例子

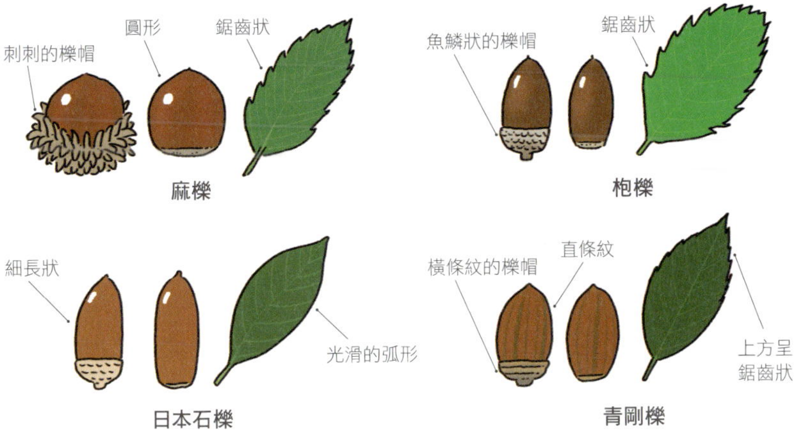
刺刺的櫟帽
圓形
鋸齒狀
麻櫟
魚鱗狀的櫟帽
鋸齒狀
枹櫟
細長狀
光滑的弧形
日本石櫟
橫條紋的櫟帽
直條紋
上方呈
鋸齒狀
青剛櫟

水槽的碗型排水孔蓋

覆蓋實驗桌水槽排水孔的圓型蓋子，多半與水槽一樣由陶瓷製成。目的是防止排水管內部的臭味與昆蟲竄上來，或是避免鉛筆或洗瓶刷等掉進排水口。

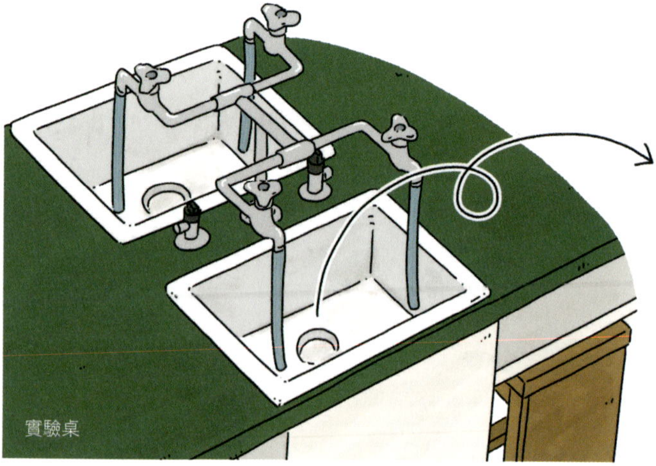

水槽的碗型
排水孔蓋君

為什麼？

自然科學與實驗所必須重視的想法。即使在自然科學實驗中發生了與想像不同的狀況，也不要覺得「哎呀，失敗了」，而要試著思考「為什麼會這樣」。除此之外，對生活周遭的事物抱持「為什麼？」的好奇心也非常重要。「為什麼」的背後，說不定存在著重大發現。

神祕抽屜

存在於實驗室窗邊或實驗準備室的某個架子中，是誰也沒有開過的抽屜。裡面可能裝著壞掉或未曾使用的實驗器材等。有時候也會有意外發現，例如「這裡竟然有全新的鋼絲絨」或「這裡有大量試管」等。

→不再使用的器材

罕見角色？

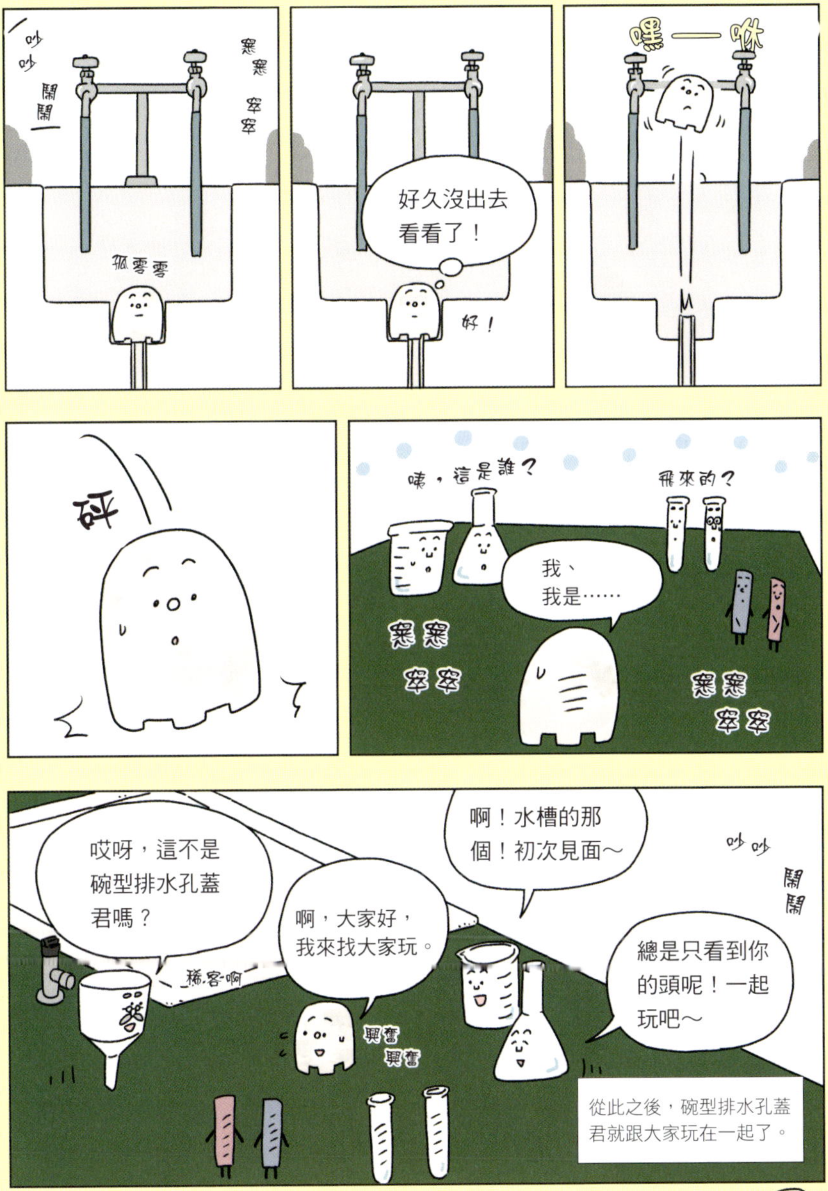
吵吵
鬧鬧
窸窸
窣窣
孤零零
好久沒出去看看了！
好！
嘿一咻
砰
咦，這是誰？
飛來的？
我、我是……
窸窸
窣窣
窸窸
窣窣
哎呀，這不是碗型排水孔蓋君嗎？
稀客啊
啊，大家好，我來找大家玩。
興奮
興奮
啊！水槽的那個！初次見面～
吵吵
鬧鬧
總是只看到你的頭呢！一起玩吧～
從此之後，碗型排水孔蓋君就跟大家玩在一起了。

偶爾也要想起我喔。

嗅聞氣味的方式

確認水溶液或藥品的氣味時，要以手將氣體搧過來嗅聞，不要把臉湊過去。萬一產生有毒氣體，鼻子湊過去直接吸就會吸入大量毒氣，非常危險。

二氧化碳

也稱為碳酸氣體。無色無味，比空氣重，略溶於水，與石灰水反應後會變白濁。可透過加熱碳酸氫鈉或將稀鹽酸加入石灰石中進行反應來產生。

→石灰水、乾冰

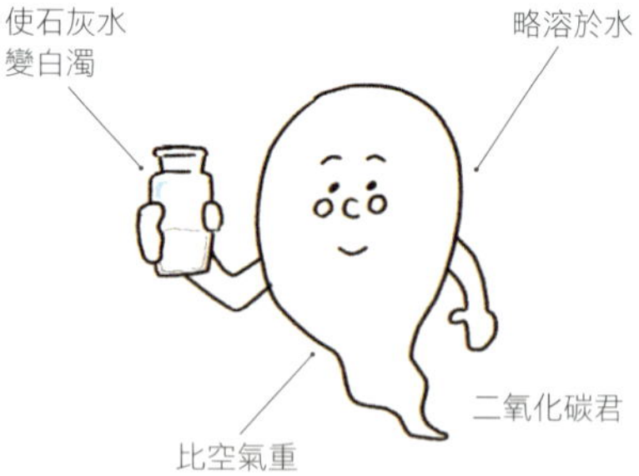

二氧化錳

黑色顆粒狀藥品，可作為乾電池的材料或陶瓷著色劑等使用。在實驗室中的主要用途是氧氣製造實驗的催化劑。

→氧氣、催化劑

日光

太陽發出的光。對於維持氣溫、植物行光合作用、調節人體的生理時鐘等都不可或缺。也用於學習光的性質實驗。

→遮光窗簾、透明半球儀

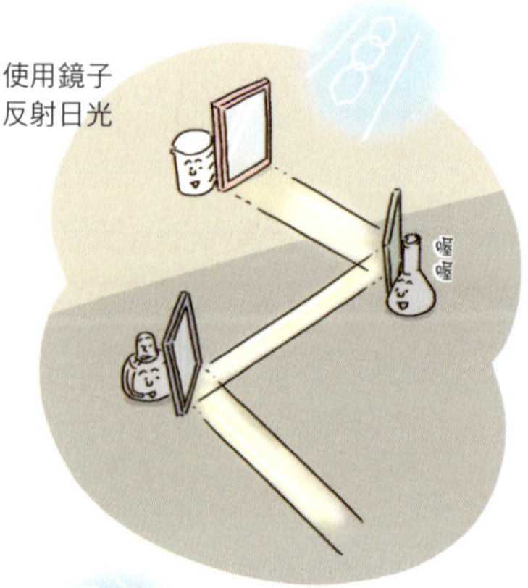

日食

這是當地球、月亮與太陽排列成一直線時，太陽被月球遮蔽的現象。

觀察日食時，一定要使用遮光片等專用工具，否則可能會傷害眼睛，甚至導致失明。

→遮光片

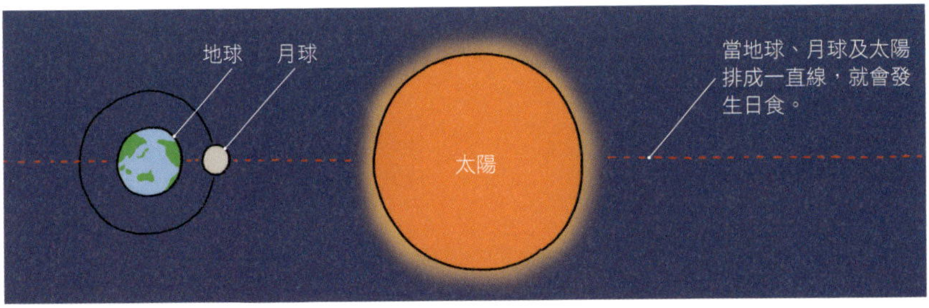
地球
月球
太陽
當地球、月球及太陽排成一直線，就會發生日食。

日食的種類

日全食
日環食
日偏食

解剖小魚乾

使用小魚乾所進行相對簡單的解剖，可用來學習動物的身體結構。基本上用手操作，有些部位則使用牙籤將器官分離，以放大鏡觀察。過去會解剖青蛙或鯽魚，但愈來愈多人對於這樣對待生物感到疑慮，因此現在的國中幾乎不再進行這類活動。

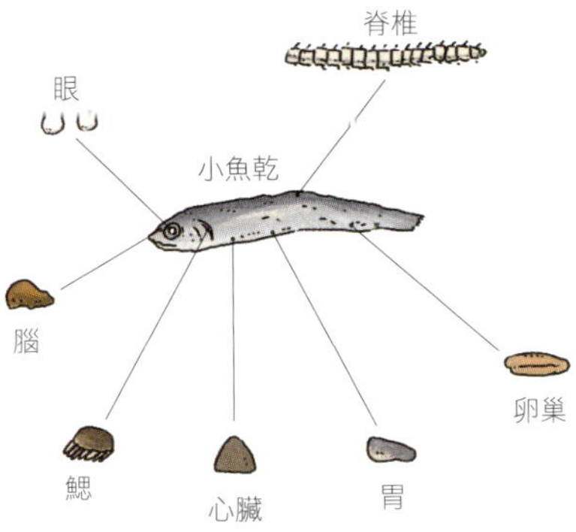
脊椎
眼
小魚乾
腦
卵巢
鰓
心臟
胃

01
02
03
04
05
06
07
08
09
10

牛頓

表示力的大小的單位，符號為N。拿起100公克（g）的物體時，手掌所感受到的力（重量）大約是1N（正確的數值為0.98N）。單位名稱來自英國物理學家牛頓（Isaac Newton）的名字。

→單位

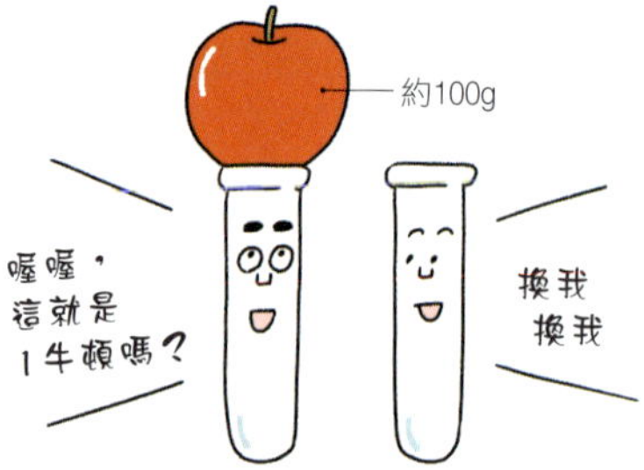
約100g
喔喔，
這就是
1牛頓嗎？
換我
換我

手溼不能摸

這是進行電氣相關實驗必須遵守的事項之一。如果用沾溼的手去觸摸乾電池、電源裝置或電路等，可能會導致觸電，必須注意等。

→不可以做

如果觸電……
最糟的狀況會導致休克……

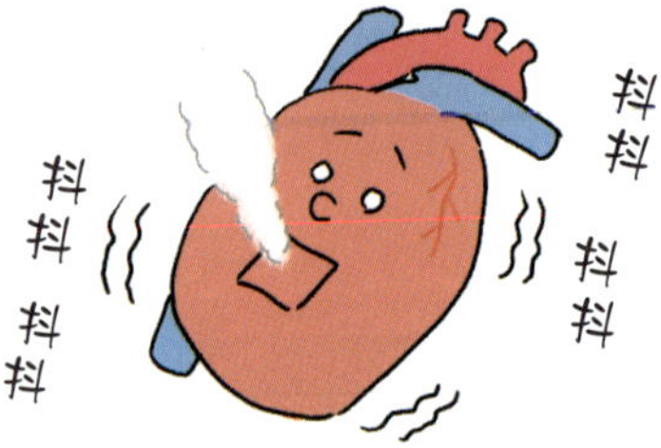
抖抖
抖抖
抖抖
抖抖

研缽・研杵

用來將固體研磨成粉末或將粉末混合的器材。混合時若以研杵用力敲擊，可能會使研缽破裂，操作時要溫柔的畫圓。

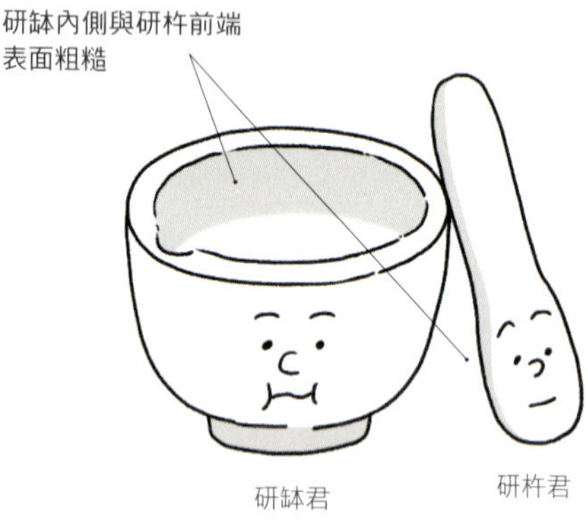
研缽內側與研杵前端
表面粗糙
研缽君
研杵君

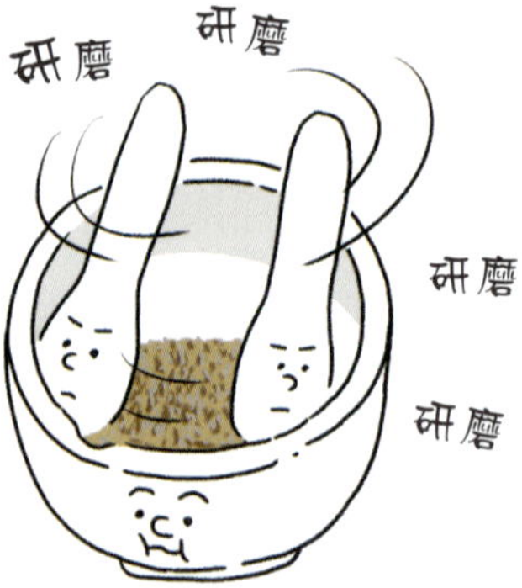
研磨
研磨
研磨
研磨

使用研杵要像畫圓般輕柔的畫圈圈。

根

植物身體的一部分，通常在土壤中蔓延。能夠支撐植物，吸收地底的水分及溶於水中的養分。根部末端有無數細毛，有助於水分及養分的吸收。

高價器材

説到實驗室的高價器材，那就是顯微鏡、天文望遠鏡與人體模型等。除此之外，實驗桌、藥品櫃、百葉箱等的價格也很高。

高價器材的例子

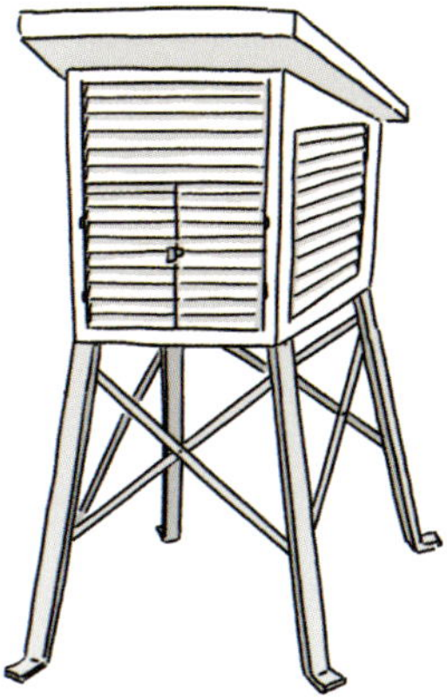

百葉箱

大型百葉箱要價30萬日圓以上。

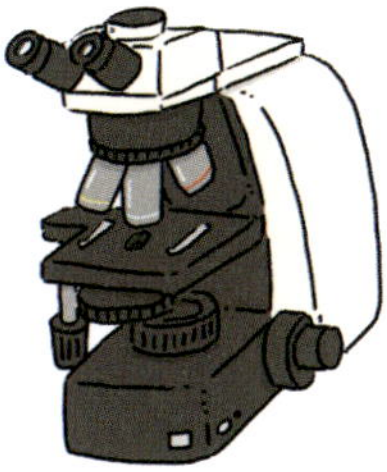

顯微鏡

高價的顯微鏡要價20萬日圓以上（大學等機構使用的顯微鏡，有時甚至高達100萬日圓以上）。

天文望遠鏡

有些甚至要價50萬日圓以上。

藥品櫃

有些款式要價50萬日元以上。

實驗桌

一張實驗桌要價20萬日元以上。

熱傳導實驗器

「傳導」是熱的傳遞方式之一，而這是比較傳導速度的器材。只要使用這個器材，即可理解不同金屬在熱傳導難易度上的差異。

→傳導

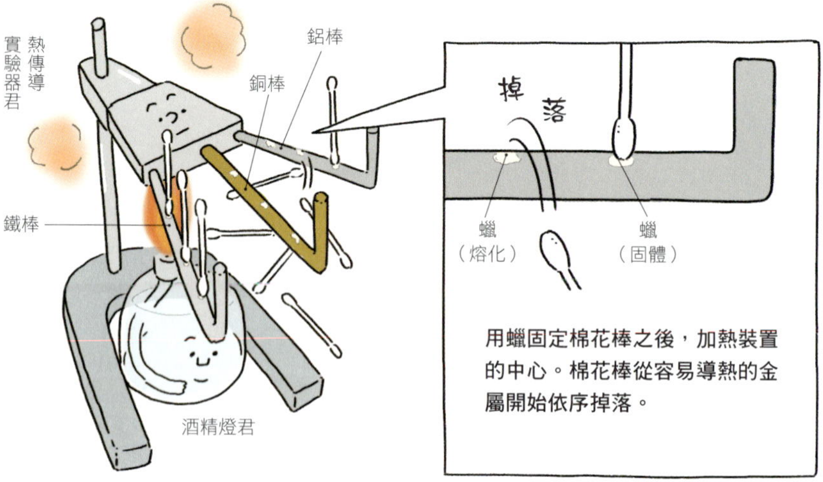

熱傳導實驗器君
鋁棒
銅棒
鐵棒
酒精燈君
掉落
蠟（熔化）
蠟（固體）
用蠟固定棉花棒之後，加熱裝置的中心。棉花棒從容易導熱的金屬開始依序掉落。

燃燒

物質釋放出光與熱並激烈燃燒。這是一種氧化反應。燃燒實驗經常使用鋼絲絨。

→氧氣

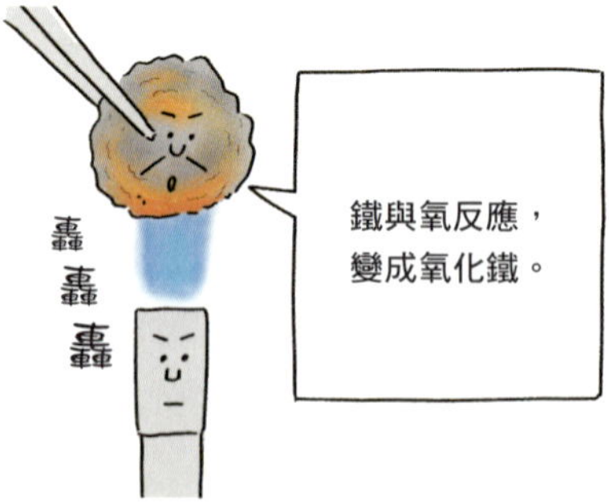

轟轟轟
鐵與氧反應，變成氧化鐵。

燃燒匙

燃燒少量物質時使用的金屬製器材，有皿型與蠟燭立架型。因握柄細長，可以在蓋上蓋子的集氣瓶中點燃。可放上糖、食鹽、鋼絲絨與蠟燭等進行燃燒。使用時常以鋁箔紙包住湯匙的部分，這麼一來就不用怕弄髒了。

→鋁箔紙

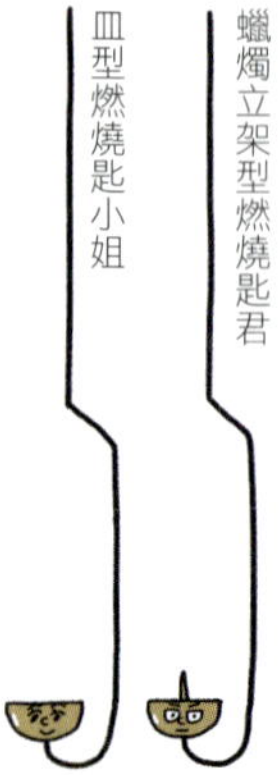

皿型燃燒匙小姐
蠟燭立架型燃燒匙君

COLUMN

04

關於疊置原理的回憶

・地層→P.121　・製作地層的實驗→P.122 等

在各種關於沉積與地層的實驗中，最普遍的一項就是製作地層的實驗。而進行這項實驗的時候，總是會讓我想到「疊置原理」（law of superposition）。它指的是「愈上層的地層，年代愈新（愈下層愈古老）」，在學習地球科學時，經常在野外聽到這句話。不過，我每次聽到總會嘻皮笑臉的說：「下方比較古老不是廢話嗎～♪」畢竟不管怎麼想，堆東西時都是由下往上堆的啊！

但調查後發現，這項原理是確立於十七至十八世紀的「層位學（研究地層上下關係的學問）」的基本原理，而且是「判斷地層新舊與年代的重要原則」。這項原理不僅在地球科學中歷史悠久，也扮演要角，如果用武士來比喻，簡直就像將軍大人一樣（←這個比喻不太恰當）……亂開玩笑真對不起……<m(._.;)m>。唉，真不想承認啊，這就是年輕時的黑歷史（苦笑）。所以我現在都在實驗室邊搖晃寶特瓶，邊將這項原理傳授給大家。

熱傳導實驗器的厲害處在於「支點」

・熱傳導實驗器→P.142

「熱傳導實驗器」顧名思義，就是透過實驗比較不同種類的金屬「容易導熱程度」的器材。小學的實驗室雖然有這個裝置，課堂上卻不會進行這項實驗。不過，我實在很想試試看啊……於是自己做了一個（明明拜託老師示範就好了）。

我碰巧拿到鐵、銅、鋁這三種金屬棒，並用鐵絲將金屬棒的其中一端綁在一起，以實驗用鐵架夾起來加熱。我在每根金屬棒上都用蠟間隔的豎起幾根牙籤（文中是用棉花棒）……做得非常完美。但在準備完成並開始加熱後，金屬之間的差異卻沒有想像中明顯。我試著改變鐵、銅、鋁的排列順序，結果竟然產生變化！仔細想想，學校裝置的支點（將金屬棒綁在一起加熱的部分）都有一大塊金屬，這不是為了好看，而是為了均勻傳遞熱能的巧思。

其實我後來就沒有再嘗試這項實驗了。理由並不是難以均勻傳遞熱量，而是用蠟將棉花棒豎起來排列的作業實在太麻煩。我終於理解為什麼老師不在課堂上進行這項實驗了。

文：山村紳一郎

葉

植物身體的一部分，長在莖或枝上。葉片多數呈綠色，能夠進行光合作用或蒸散作用。葉片生長時會盡量避免重疊，以提高光合作用的效率。

→氣孔、光合作用、蒸散

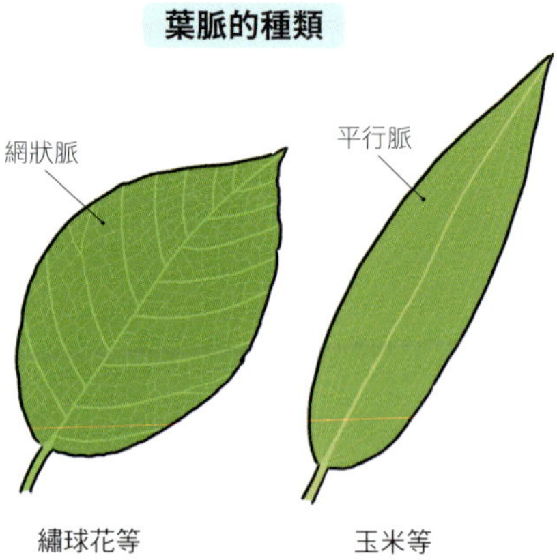

葉脈的種類
網狀脈
平行脈
繡球花等
玉米等

由上往下看，就能看出葉片會盡量避免重疊排列。

廢液桶

用來保管實驗使用之後的藥品（廢液）的桶子。實驗製造的廢液若直接倒進水槽會汙染環境，因此務必回收。

→垃圾桶

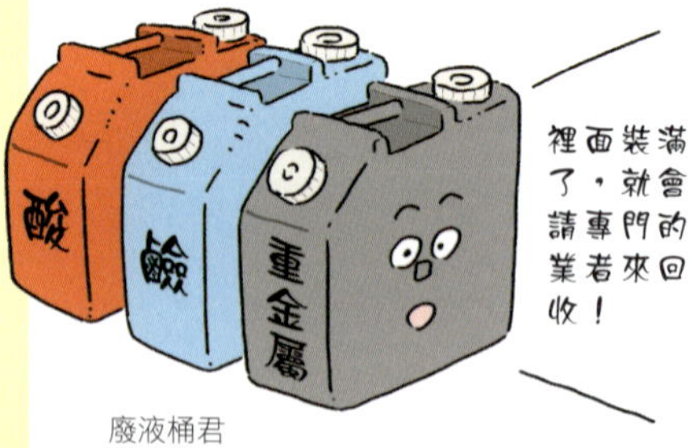

酸
鹼
重金屬
裡面裝滿了，就會請專門的業者來回收！

廢液桶君

實驗袍

實驗時為了避免藥品沾到身體而穿的衣服。通常是白色的，長度大約到膝蓋。實驗時將袖子捲起來或者敞開前方的鈕扣，都是錯誤的穿著方式。

→護目鏡

正確穿著
錯誤穿著

適合穿實驗袍的人……？

總覺得實驗袍很帥氣哩！
真想穿一次看看。
唉，不可能啦（笑）
出現
呵呵，這件嗎？
骨骼模型君！
砰
人體骨骼模型君
好帥喔～
不過有點鬆垮垮。畢竟是骨骼嘛（笑）。
哈哈哈
真有趣～
好羨慕
人體解剖模型君很羨慕大受歡迎的人體骨骼模型君。

大家都很嚮往實驗袍呢！

箔驗電器

用來檢驗物體是否帶電的器材。瓶子裡有兩片重疊的金屬箔，可透過金屬箔的開闔來判斷是否帶電。

→帶電

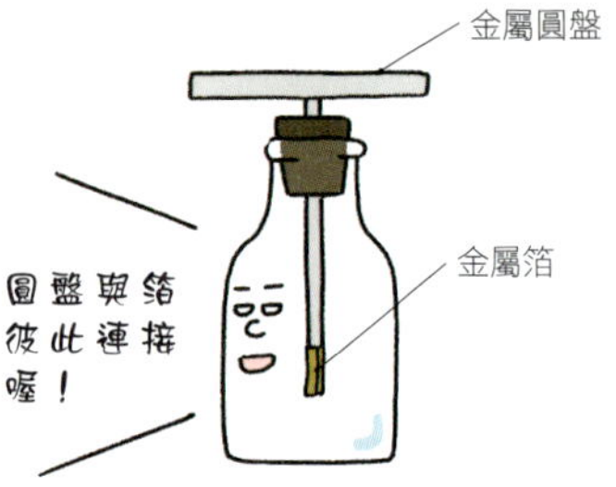
金屬圓盤
金屬箔
圓盤與箔彼此連接喔！

箔驗電器君

箔驗電器的使用方法

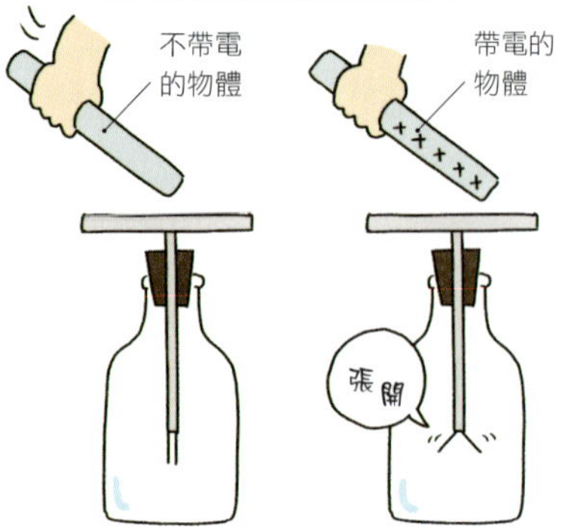
不帶電的物體
帶電的物體
張開

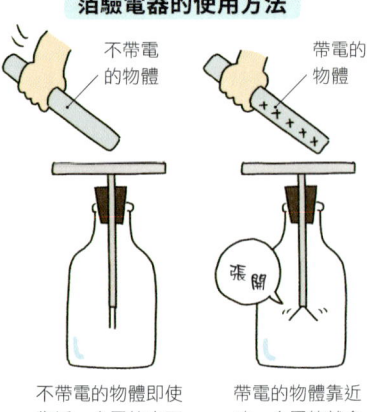

不帶電的物體即使靠近，金屬箔也不會動。

帶電的物體靠近時，金屬箔就會張開。

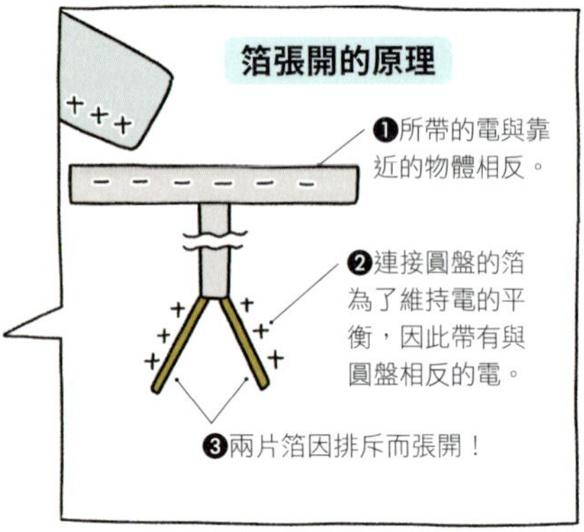
箔張開的原理
❶所帶的電與靠近的物體相反。
❷連接圓盤的箔為了維持電的平衡，因此帶有與圓盤相反的電。
❸兩片箔因排斥而張開！

剝製標本

簡稱剝製，屬於標本的一種，即清除死去動物的內臟與肌肉後，使其維持與活著時相同的外觀及姿勢。實驗室的展示空間常會擺放鳥類的剝製標本。

→展示空間、標本

爆鳴氣

指氫氣與氧氣以體積比2：1的比例混合而成的氣體。點火之後會發出「砰」的巨響。雖然是氫與氧結合產生水的單純反應，但因為伴隨著聲音、光與振動，相當具有震撼力。不過，這也是相當危險的實驗，必須在老師的指導下進行。

→氧氣、氫氣

氫氣
氧氣

爆鳴氣示意圖

水桶

具有深度的圓筒狀容器，多數附有提把。幾乎每一間實驗室（或實驗準備室）都會有一個，經常用來盛裝水槽的水，或是儲存實驗使用的沙石。

→操場的沙

請問一下，玻璃會很重嗎？
這個嘛，雖然不重，但會發出喇啦喇啦的聲音，聽起來很吵。
沙
小石頭
玻璃
水桶君們

發芽

植物種子開始萌芽的現象。發芽需要水、適當的溫度與空氣。很多人都以為「也需要光吧？」，但其實四季豆、白蘿蔔、向日葵等許多種子發芽都不需要光。不過，也有像萵苣種子那樣需要光才能夠發芽的植物。

→種子、脫脂棉

觀察發芽所需條件實驗

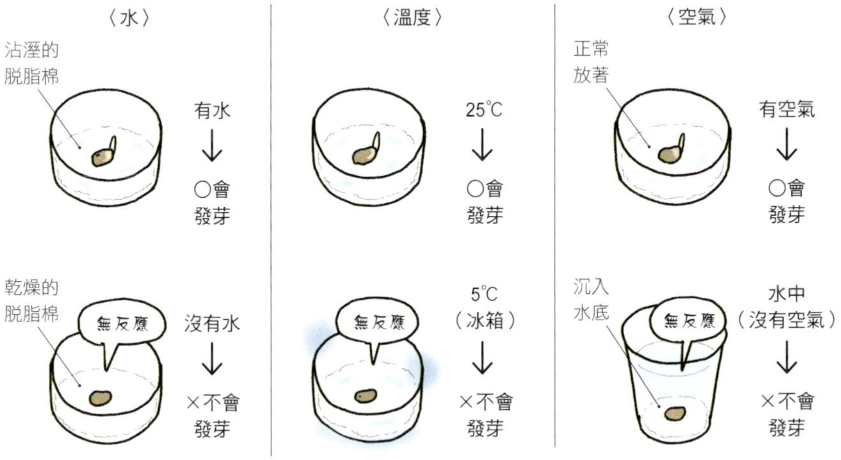
〈水〉
沾溼的脫脂棉
有水
○會發芽
乾燥的脫脂棉
無反應
沒有水
×不會發芽
〈溫度〉
25℃
○會發芽
無反應
5℃（冰箱）
×不會發芽
〈空氣〉
正常放著
有空氣
○會發芽
沉入水底
無反應
水中（沒有空氣）
×不會發芽

水、適當的溫度、空氣只要少了任何一項，種子就不會發芽。

發光二極體

又稱為LED。這是一種通電後會發光的裝置，壽命比白熾燈泡更長，耗電量也更少。和小燈泡一樣，經常使用於電路實驗，不同點在於LED需要特定的電流方向，因此必須注意。

→小燈泡

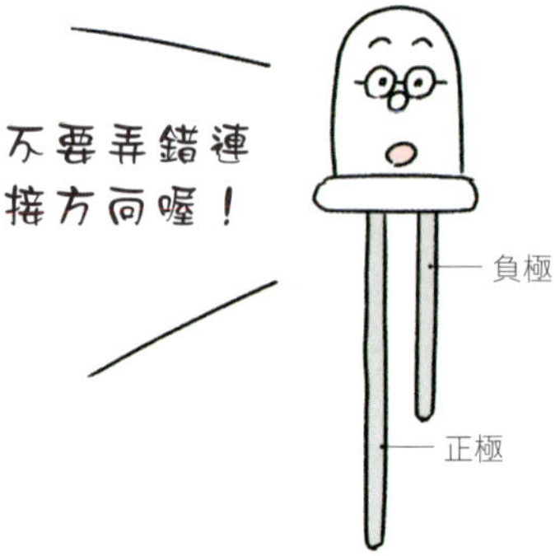
不要弄錯連接方向喔！
負極
正極

保麗龍容器

保麗龍是將聚苯乙烯這種物質的小顆粒加熱，使其發泡膨脹製成，具有不易導熱的性質，因此保溫能力很好，能夠用來暫時保存乾冰，或在製作明礬結晶時用來慢慢冷卻。

→乾冰、明礬

通常放在實驗準備室的架子上喔！
保麗龍容器君

發電

將動能或光能等轉換成電能的過程。一般的發電機是透過讓線圈中的磁鐵轉動來獲得電力。

→手搖發電機

發電機示意圖

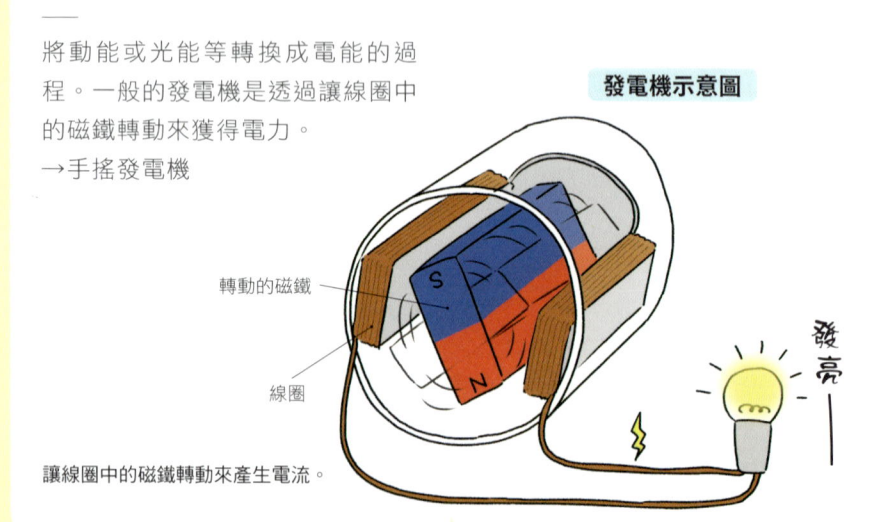

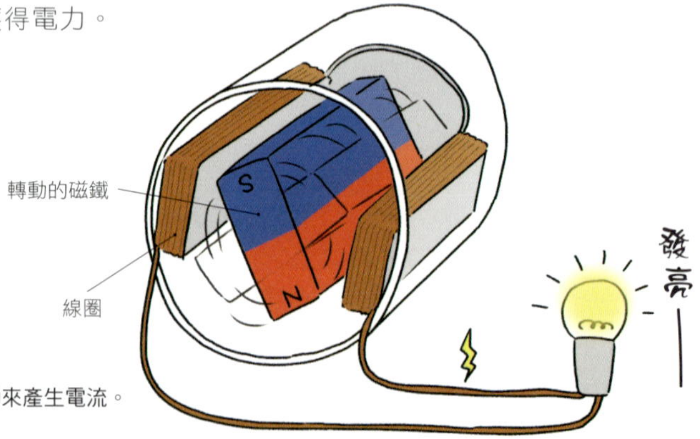
轉動的磁鐵
S
N
線圈
發亮

讓線圈中的磁鐵轉動來產生電流。

花

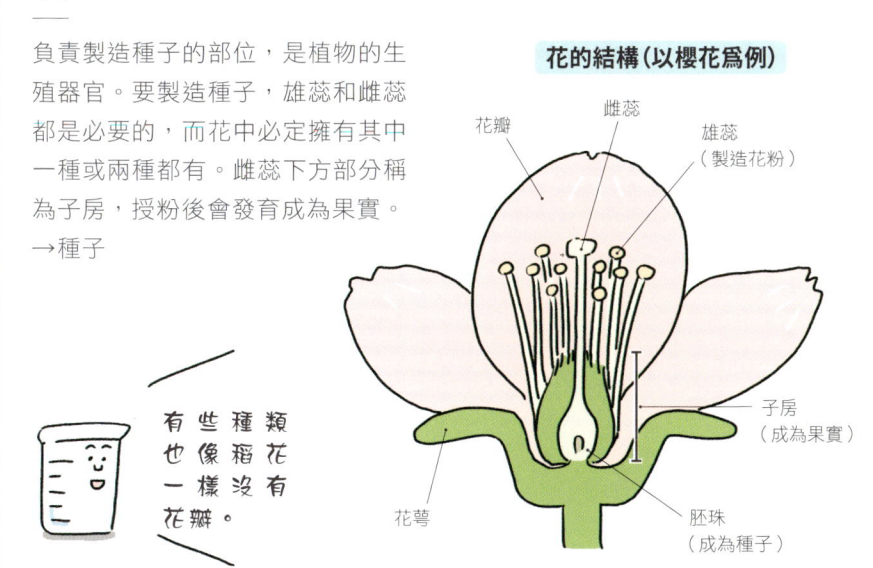

負責製造種子的部位，是植物的生殖器官。要製造種子，雄蕊和雌蕊都是必要的，而花中必定擁有其中一種或兩種都有。雌蕊下方部分稱為子房，授粉後會發育成為果實。

→種子

有些種類
也像稻花
一樣沒有
花瓣。

花的結構（以櫻花爲例）

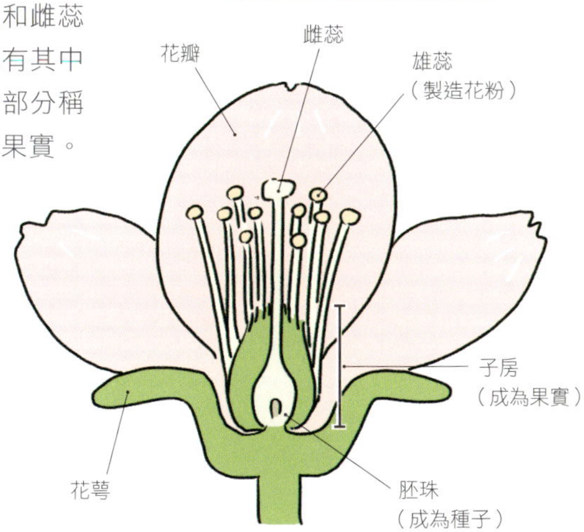
花瓣
雌蕊
雄蕊
（製造花粉）
子房
（成為果實）
花萼
胚珠
（成為種子）

彈簧秤

用來測量物體重量或是力量大小的器材。利用的是彈簧伸長量與力量大小成正比的特性。若測量的力超過上限就會損壞，因此必須小心。

→虎克定律

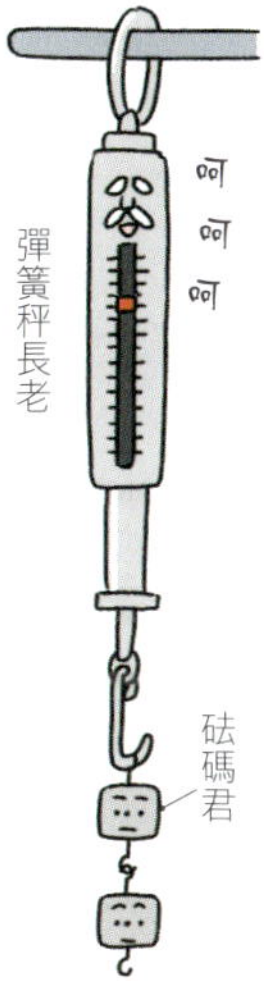
呵
呵
呵
彈簧秤長老
砝碼君

標示

寫著注意事項，幫助大家安全、整潔的使用實驗室的紙張。例如收納實驗器材的架子上會貼著「整理整頓」、「使用完畢放回原位」等。

→安全第一、靜置

很重
禁止進入
整理整頓
看不到
前面……
實驗中

pH值

用來表示水溶液酸鹼程度的指標，範圍為0至14。數值愈低，代表酸性愈強，數值愈高，則代表鹼性愈強。附帶一提，pH以前在日本唸作「Pe-Ha」，這個唸法源自於德語，至今仍有人採用這種唸法。

→鹼性、酸性、中性

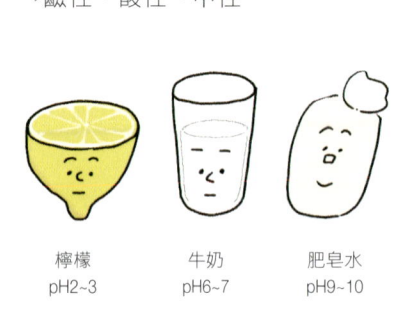

檸檬 pH2~3　　牛奶 pH6~7　　肥皂水 pH9~10

pH廣用試紙

可用來測量大致pH值的紙張。這種紙張吸收了特殊藥劑，能透過顏色變化來判斷pH值。

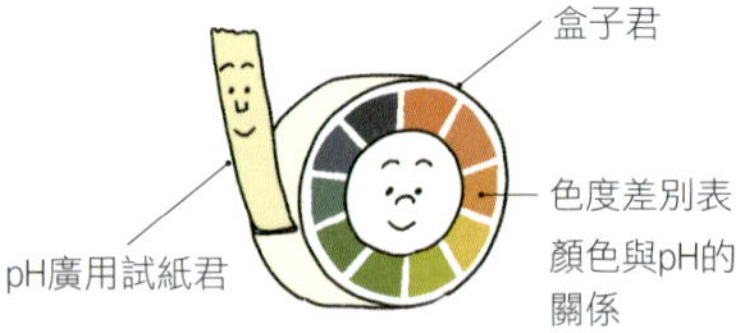
盒子君
色度差別表
顏色與pH的關係
pH廣用試紙君

pH廣用試紙的使用方法
滴
怎麼樣？
這個顏色的pH值大約是4吧！

滴上想觀察pH值的液體。

對照盒子上的色度差別表，判斷pH值。

pH指示劑

隨著pH值改變顏色的液體，例如BTB指示劑與酚酞指示劑等。pH指示劑不僅可用來判斷水溶液是酸性或鹼性，也可用來觀察pH值在實驗前後的變化，因此經常在實驗時使用。

→紫高麗菜

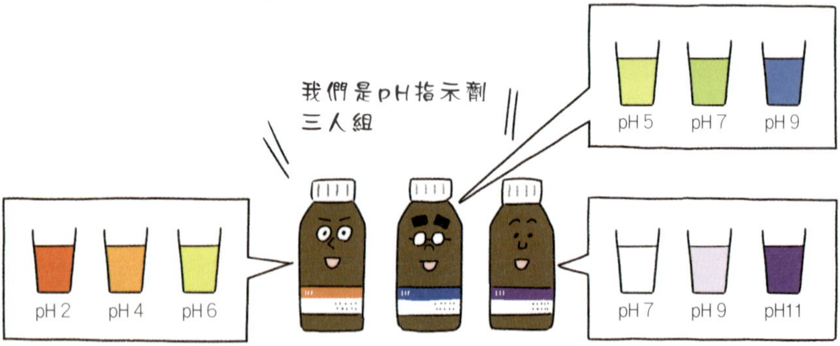
我們是pH指示劑三人組
pH 2
pH 4
pH 6
pH 5
pH 7
pH 9
pH 7
pH 9
pH11

甲基橙　　BTB指示劑　　酚酞指示劑

燒杯

主要用於化學實驗的器材之一，形狀像杯子，附有傾倒液體的具嘴。燒杯的英文是「beaker」，就是源自於具嘴和鳥喙（beak）很像。側面雖然有刻度，但僅供參考，並不精確。常用於混合液體、加熱、過濾等多種實驗。除了常見款式外，還有許多不同的種類。

→刻度的精確度

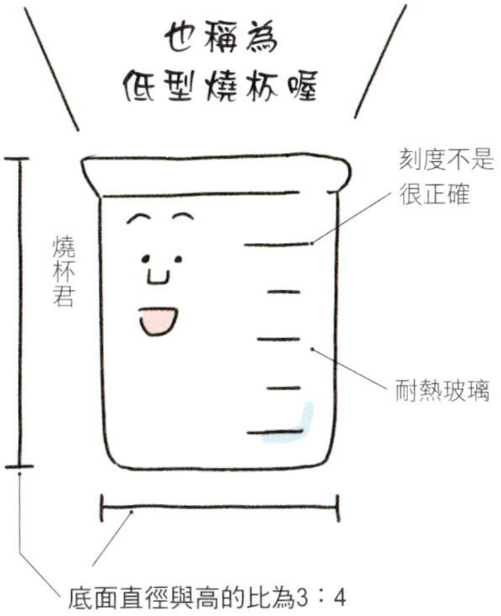
也稱為
低型燒杯喔
燒杯君
刻度不是
很正確
耐熱玻璃
底面直徑與高的比為3：4

各式各樣的燒杯

我的形狀
不容易傾
倒喔
我很高
喔～
我是
塑膠製的

錐形燒杯君
→P.70

高型燒杯君
→P.133

附把手的燒杯君

燒杯君

理科插畫家上谷夫婦所創作的角色。誕生自上谷先生在擔任研究員時所畫的塗鴉。現在燒杯君的實驗器材夥伴已經超過150種。繁體中文版的單行本由遠流出版，在圖書室說不定也找得到？此外，《燒杯君和他的小旅行》曾在雜誌《兒童的科學》中連載。

→兒童的科學

光

一種在空間中傳遞的波，指的是人眼所能看見的光（可見光）。真空中的光速約為30萬km/s，是宇宙中最快的速度。光具有直線前進、折射、反射等性質。

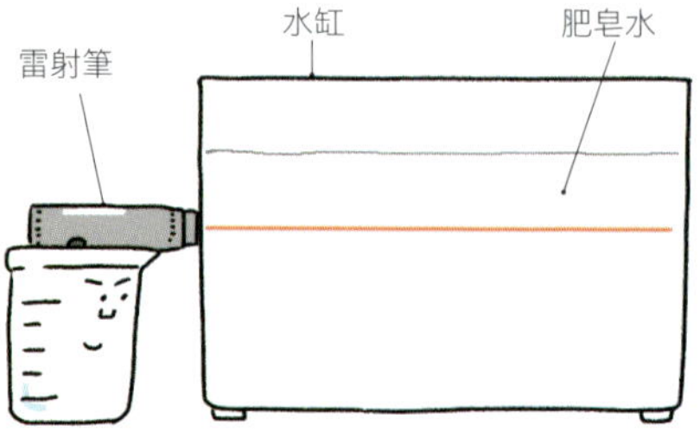

光是直線前進

光的折射

光通過兩種不同物質的交界處時會彎曲（折射）的現象。舉例來說，當空氣中直線前進的光進入水中的時候，並不會繼續直線前進，而是以偏離交界面的角度彎曲。至於彎曲的角度，則取決於各個物質的折射率。

→全反射、三稜鏡、透鏡

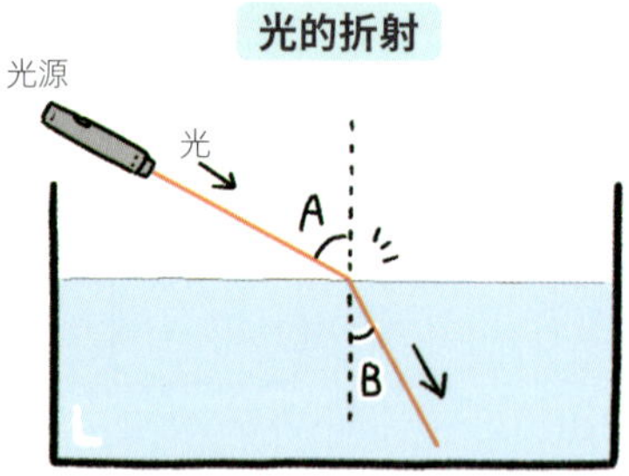

光從空氣進入水中時，B（折射角）小於A（入射角）。

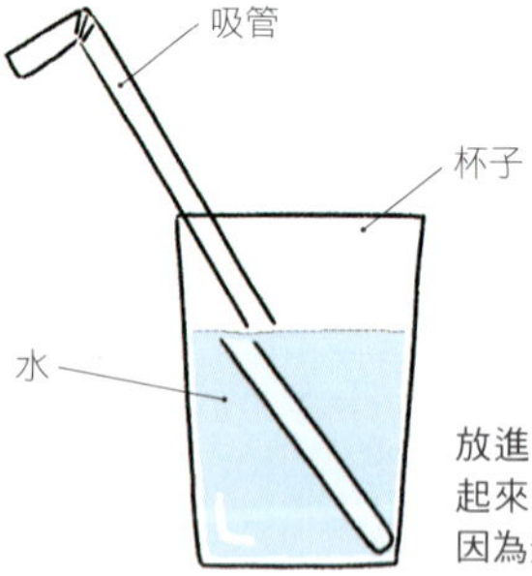

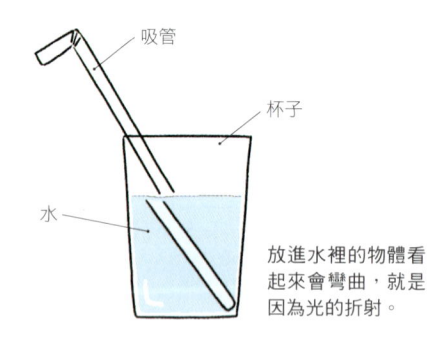

放進水裡的物體看起來會彎曲，就是因為光的折射。

光的三原色

指紅、綠、藍三種顏色，或者也取自這三種顏色的英文字首，稱為RGB。當這三種顏色的光以相同強度混合，就會形成白光，只要改變各自的比例，就幾乎能夠創造出所有顏色。

→發光二極體

消失的燒杯君

我現在要開始
一個變透明的
魔術。
……那麼
開始了。
跳
興奮興奮
興奮興奮

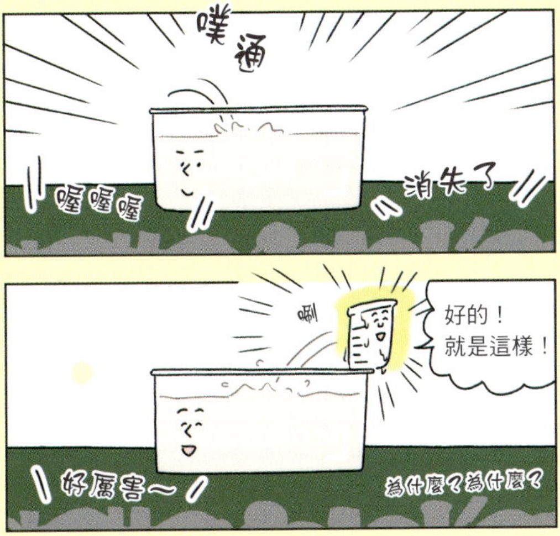

噗通
喔喔喔
消失了
唰
好的！
就是這樣！
好厲害～
為什麼？為什麼？

解說

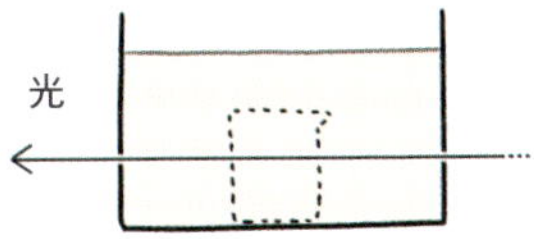

光

裡面的液體其實是沙拉油。沙拉油的折射率與玻璃相近，因此光就會筆直穿透，燒杯君看起來就像消失了!!

不過這個魔術要
把油洗掉，真的
很麻煩呢！
刷刷
刷刷
刷刷
這是我要說的吧～
刷刷
刷刷

如果是水，
就不會變不見了。

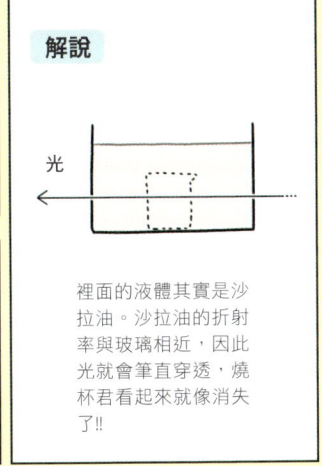

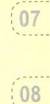

光的反射

光線照射到物體表面後再反彈回來的現象。反射定律就是，當光線照射在拋光的金屬或鏡子等均勻表面時，會以與照射角度（入射角）相同的角度（反射角）反射。我們之所以能看見物體、甚至分辨物體顏色，都是因為光的反射。

→月相變化、散射

反射定律

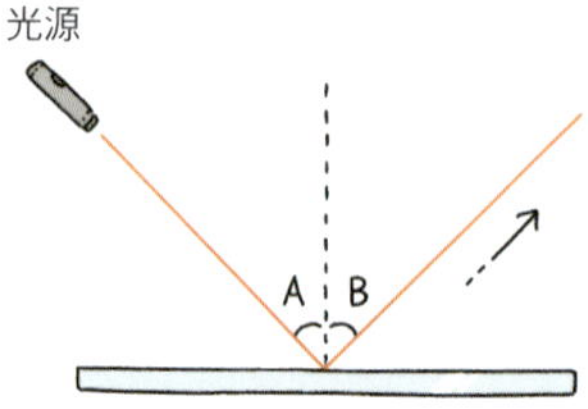
光源
A
B

A（入射角）與B（反射角）相等

比重

將某物質的密度除以標準物質的密度後所得到的數值。舉例來說，液體的標準物質就是水。比重小於1時會浮在水面，大於1時則會沉入水裡。

→密度

$$\text{比重（液體）} = \frac{\text{物質的密度}}{\text{水的密度}}$$

百葉箱

設置於戶外的箱子，作為氣象觀測使用。內部用來放置溫度計與氣壓計等測量儀器，但現在很多中小學校都不再使用。

設置百葉箱的規則

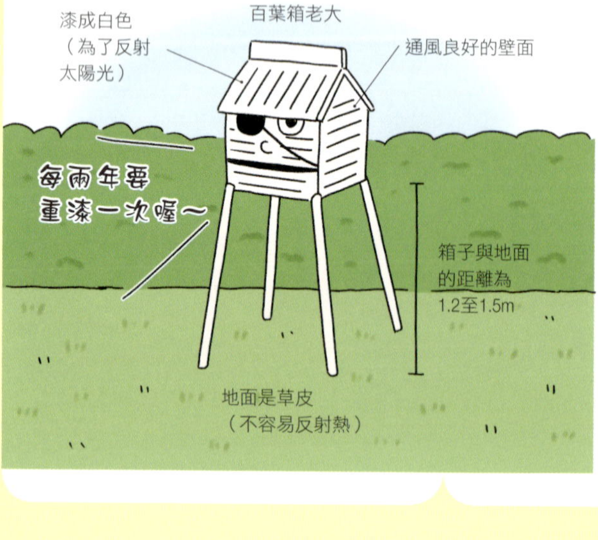
漆成白色
（為了反射
太陽光）
百葉箱老大
通風良好的壁面
每兩年要
重漆一次喔～
箱子與地面
的距離為
1.2至1.5m
地面是草皮
（不容易反射熱）

百葉箱內的儀器

氣壓計君

自記式溫度計先生
（自動記錄氣溫變化）等等

葫蘆

自古以來就有栽培的一年生葫蘆科植物，能在一年內觀察到從播種至枯萎的過程，是國小栽培植物時經常選擇的種類。果實形狀像是拉長的不倒翁，具有苦味，不適合食用，而是作為容器或觀賞用。

→絲瓜

葫蘆果實

標本

經過適當處理，可長期保存的動物屍體、植物、岩石與礦物等。用途為研究或教學，可反覆觀察。有些實驗室的展示空間會擺放標本，有機會可以去看看。

→骨骼標本、展示空間、剝製標本

礦物標本

岩石標本

植物標本

昆蟲標本

菊石演化化石標本

表面張力

液體表面為了盡可能縮小面積而產生的力。舉例來說，葉片上的水滴呈現球形、杯子倒滿水時水面的隆起等，都是因為表面張力的關係。水的表面張力在液體中特別強。

幾乎滿出來的水

葉片上水滴

肥料

用來幫助植物成長的營養物質。雖然植物沒有肥料也能成長，不過施肥能使莖變粗、葉片數量增加。而「氮」、「磷」、「鉀」這三種元素被稱為「肥料三要素」，在肥料中的含量特別高。

沒有肥料　有肥料

鑷子

代替手來夾取物品的器材，被用於手拿會有危險的物品，或是用於移動細小物品。像蓋玻片這種薄薄的物品，用鑷子夾取更方便。

→不能徒手

鑷子君

風速計

測量風速的儀器。目前日本氣象廳觀測站所使用的，是附有螺旋槳的風車型風向風速計。至於更舊的款式，則可能陳列於實驗室的展示空間，或保管於實驗準備室。

→不再使用的器材

風車型風向風速計

舊型風向風速計

浮沉子

一種以前就存在的科學玩具。按壓裝水容器的外側時，浮沉子就會咻的往下沉，放開後又會浮起。原理是從外側按壓時，壓力會傳遞給水，進而壓縮浮沉子中的空氣，導致浮沉子因浮力變小而下沉。

→科學玩具、浮力

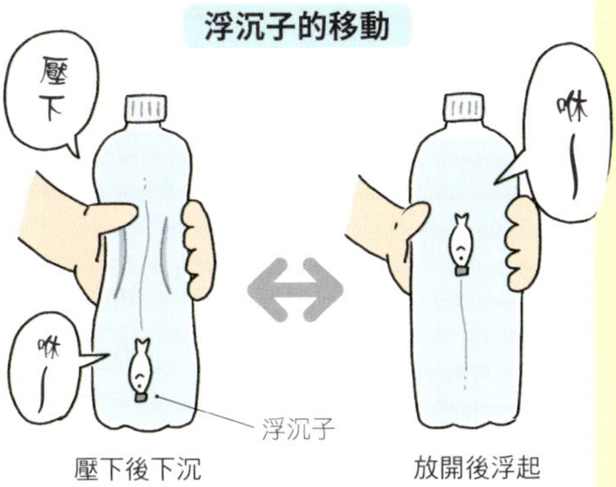
浮沉子的移動
壓下
咻—
咻—
浮沉子
壓下後下沉
放開後浮起

虎克定律

施力於彈簧時，彈簧的伸長量與力的大小成正比的定律。彈簧秤利用的就是這個原理。

→彈簧秤

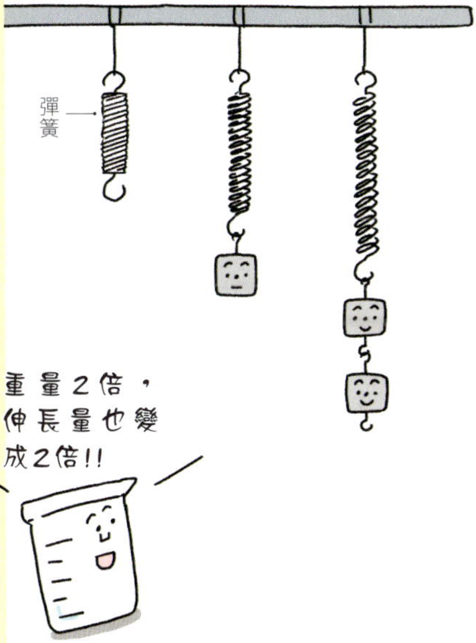
彈簧
重量2倍，伸長量也變成2倍!!

沸石

為了防止突沸現象而在加熱前放入液體的石頭。沸石表面布滿許多小洞，裡面的空氣能讓沸騰更容易發生，這麼一來，當液體到達沸騰溫度時就會確實沸騰，避免「因過熱狀態而導致突沸」的現象。

→突沸

沸石
我們也可以成為沸石的代替品！
素燒陶片

物理學

科學領域之一，也是構成自然科學的其中一個科目。學習對象包括物質、電磁波、能量等自然現象的原理與定律。

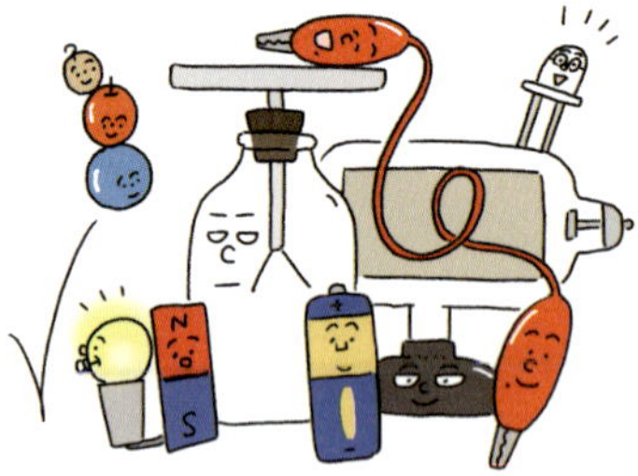

布朗運動

指的是像牛奶的乳脂肪般的小粒子微微顫動的現象，可透過顯微鏡觀察。這種顫動由水分子不斷撞擊乳脂肪粒子所引起，不只在液體中會發生，氣體中的小粒子（塵埃、灰塵等）也會發生。

→牛奶

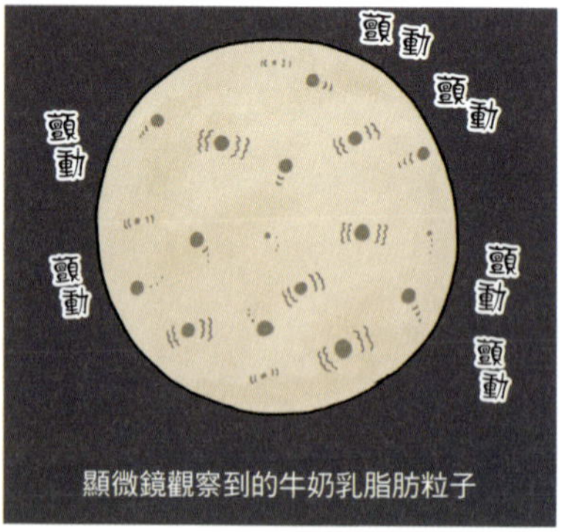

顯微鏡觀察到的牛奶乳脂肪粒子

燒瓶

一種主要使用於化學實驗的器材。瓶口細長，但瓶身寬大，有助於搖晃時瓶裡的液體不易飛濺而出，也能防止液體因為蒸發而逸散等。有許多種類，例如三角燒瓶與圓底燒瓶等。

→加熱與玻璃器材、洗瓶刷（大）

各式各樣的燒瓶

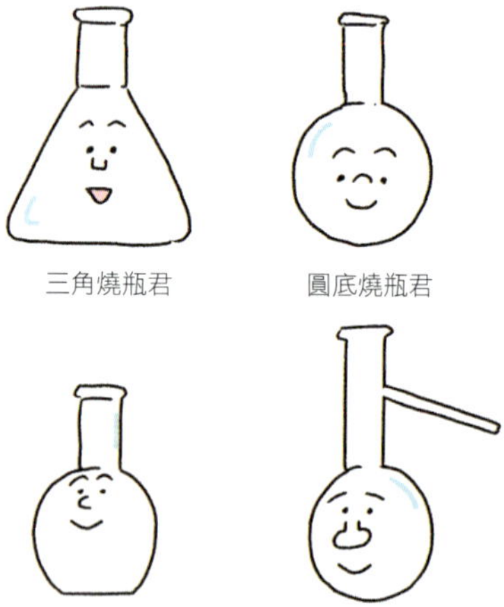

燒瓶的清洗方法

清洗時，將洗瓶刷彎成符合燒瓶的形狀。

塑膠

一種以石油為主原料製成的物質，具有「容易因加熱而變形」、「不易導電與導熱」、「耐用性高」等性質，擁有許多種類，例如聚乙烯（PE）、聚丙烯（PP）等，也作為實驗器材的材料使用。雖然機能性優異，但粉碎後的塑膠微粒會對環境造成不良影響。

→寶特瓶

實驗室的塑膠製品

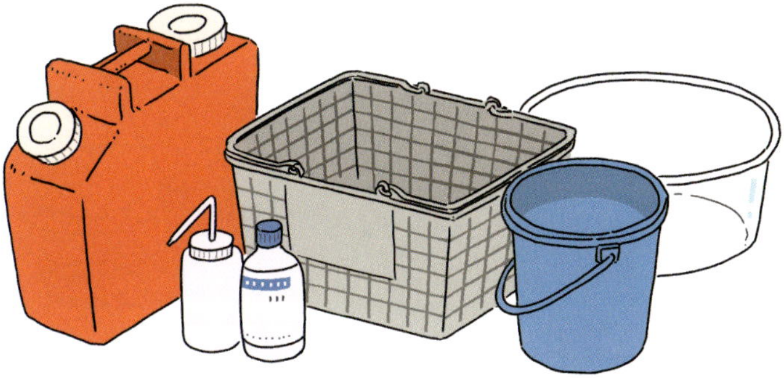

黑光燈

將紫外線用於光源的燈具，也稱為UV燈，能讓螢光筆畫出的線條、影印紙（的纖維）、部分礦物等螢光物質發光。使用黑光燈來尋找身邊會發光的東西也很有趣。但長時間使用黑光燈或以雙眼直視，很可能會傷害眼睛，必須小心。

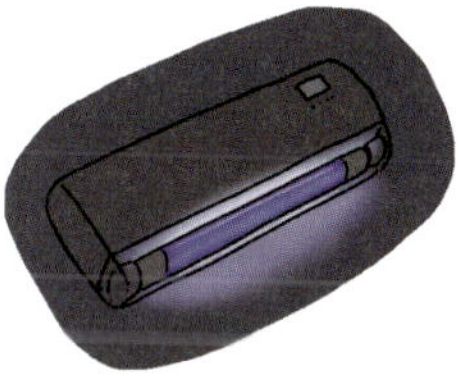

會在黑光燈下發光的東西

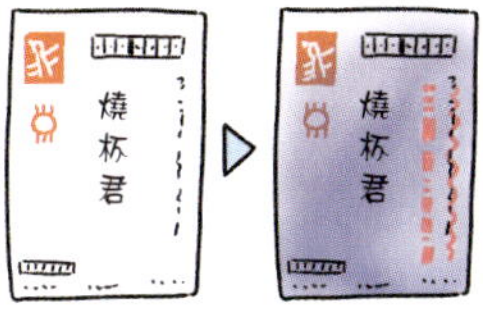

用完的明信片

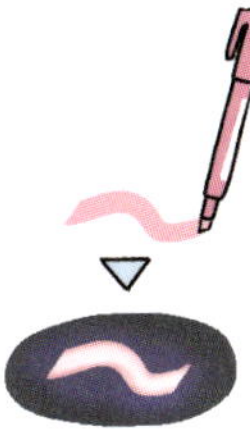

螢光筆

部分糖果

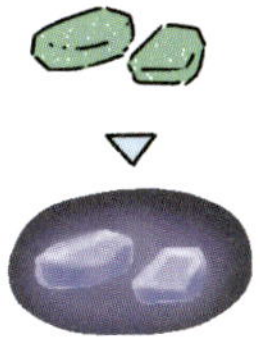

部分礦物

植栽槽

用來栽培植物的容器，通常為塑膠製的長方形盆子。有些實驗室的陽臺會種植鳳仙花等植物，作為觀察用途。

希望大家就
這樣健康成長
發芽了
植栽槽君

鐘擺

將其中一端固定的繩線綁上擺錘，使其搖晃的裝置。鐘擺來回擺動一次所需的時間（週期），只受繩線長度所影響，與擺錘的重量及擺動幅度無關*。

→蛇擺

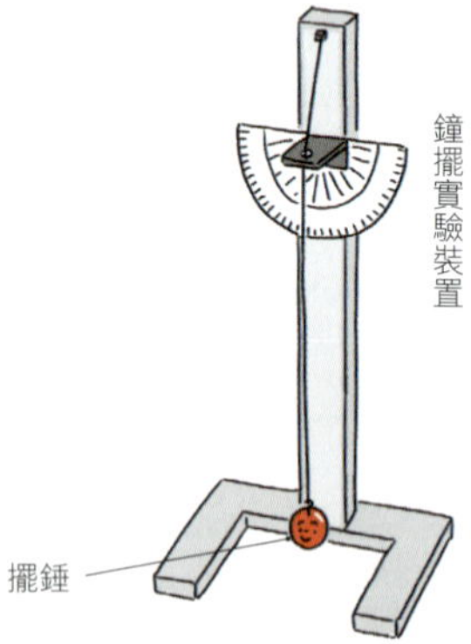
鐘擺實驗裝置
擺錘

鐘擺的性質

鐘擺來回擺動一次的時間，只受鐘擺長度所影響。

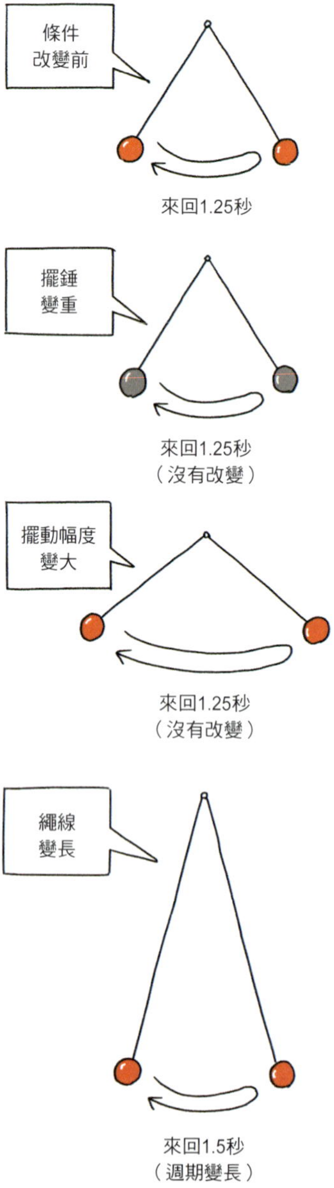
條件改變前
來回1.25秒
擺錘變重
來回1.25秒（沒有改變）
擺動幅度變大
來回1.25秒（沒有改變）
繩線變長
來回1.5秒（週期變長）

*嚴格來說，當擺動幅度太大時，週期就會改變。

三稜鏡

由玻璃等材料製成的透明立體物。當陽光通過時，會分離出像彩虹一樣無數顏色的光。這是因為陽光中所含各種顏色的光的折射率都不同，才會產生這樣的現象。

→光的折射

浮力

向上作用在液體中物體的力。物體的體積愈大，或液體的密度愈大，浮力就愈大。

→體積、密度

與浮力有關的因子

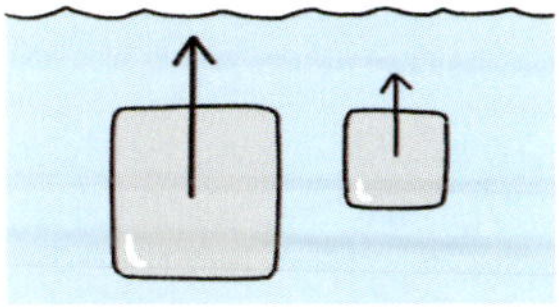

體積愈大，浮力也愈大。

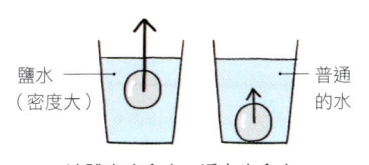

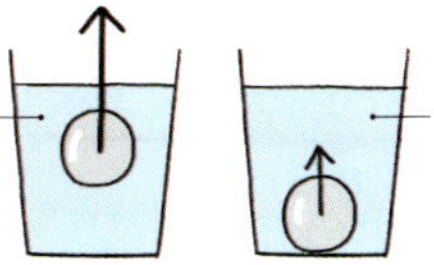

液體密度愈大，浮力也愈大。

顯微鏡標本

將想要觀察的物體夾在載玻片與蓋玻片之間製成的標本，使用於顯微鏡觀察。製作顯微鏡標本時，要小心不要割傷手指！

→顯微鏡

製作顯微鏡標本的方法

例：觀察池水時

❶將1滴池水滴到載玻片上。

❷放上蓋玻片，避免產生氣泡。

❸用紙吸取多餘水分後就完成了。

弗萊明左手定則

當電流通過設置於磁場中的導線時，可以利用左手來呈現電流、磁場與作用力方向的方法。當左手的中指、食指、拇指互成直角張開時，中指代表電流方向，食指代表磁場方向，拇指代表力的方向。

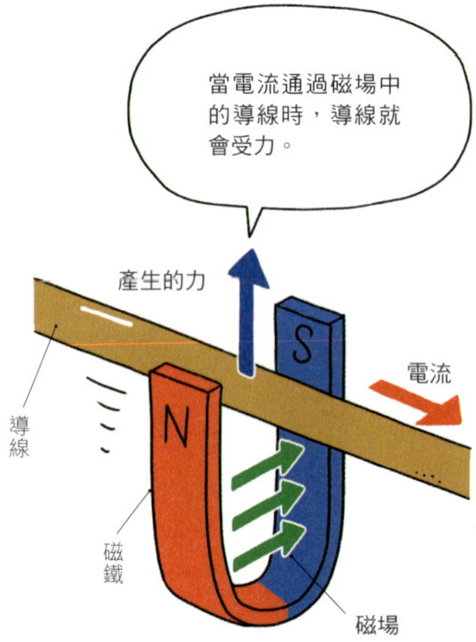
當電流通過磁場中的導線時，導線就會受力。
產生的力
電流
導線
磁鐵
磁場

電流、磁鐵與力的關係

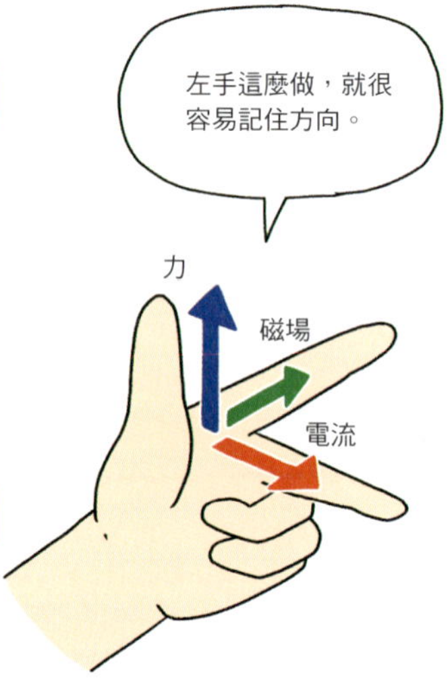
左手這麼做，就很容易記住方向。
力
磁場
電流

弗萊明左手定則

分子

多個原子結合在一起所形成的整體，也是保有物質性質的情況下所能細分的最小單位。例如水分子由2個氫原子及1個氧原子結合而成。除此之外還有許多物質會形成分子，但銅、鐵等金屬及食鹽（氯化鈉）等物質例外。

→原子

分子示意圖

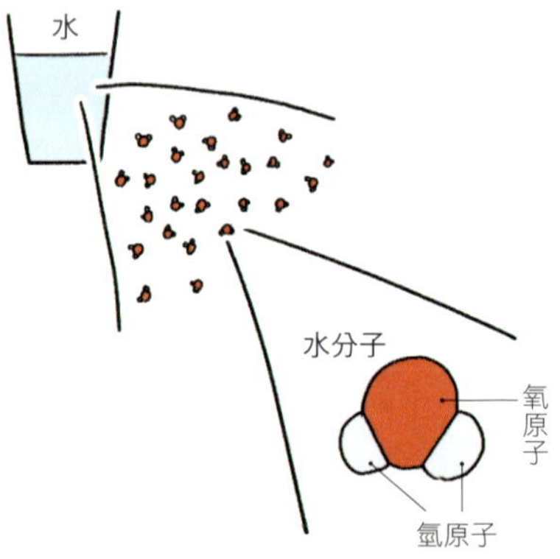
水
水分子
氧原子
氫原子

想要試試看

弗萊明左手定則到底要怎麼弄呢？
這個嘛……該怎麼弄呢？
感覺很帥，真想試試。
伸出
呵呵，這個嗎？
變
就是這個!!
人體骨骼模型君，真有你的～♪
安培右手定則也來一下如何？
好像很開心……
哈哈哈
人體解剖模型君果然還是很羨慕。

弗萊明左手定則
連名字都很帥氣呢！

遺失

實驗室發生的悲劇之一。例如砝碼套組中的小砝碼不見了，或是顯微鏡的接物鏡少了一個之類。又例如混合液體的攪拌子有非常小型的款式，雖然中小學很少使用，但這種小型攪拌子經常會不見。

分子模型

用來立體化呈現分子化學結構的模型。製作模型時通常以球體代表原子，以棒子代表原子之間的連結。由於是立體模型，因此有助於理解原子之間的距離感以及分子的整體形狀。

分子模型組

用來製作分子模型的球體與棒子套組。依照原子種類來區分顏色，例如碳是黑色、氫是白色等。根據分子的化學式（例如水是H_2O）組裝立體模型的過程，就像解謎一樣有趣。

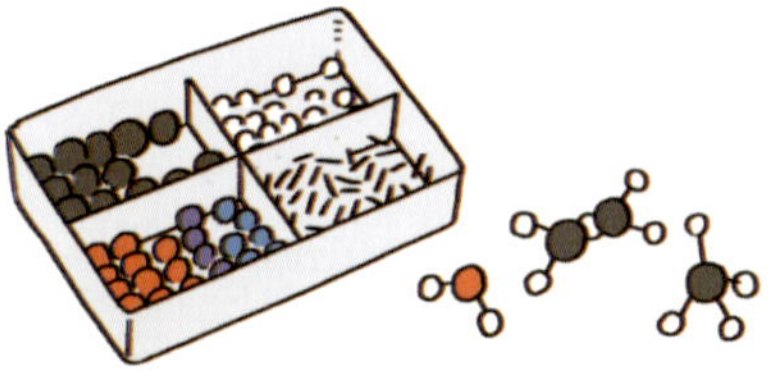

砝碼

使用上皿天平時作為質量基準的重物，大致可分為圓柱型砝碼與片狀砝碼兩種。由於沾附髒汙會改變重量或導致生鏽，因此不能徒手去拿砝碼。

→上皿天平、不能徒手

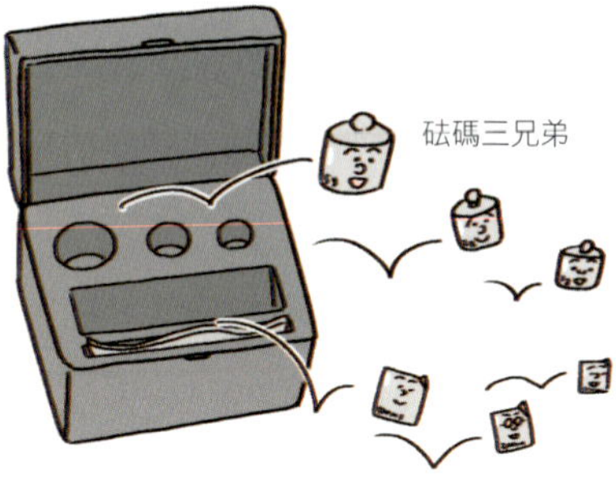

砝碼鑷子

移動砝碼的專用鑷子。與一般鑷子不同，前端呈彎曲狀，更易於夾取砝碼。使用這種鑷子時，圓柱型砝碼應夾取上方凹陷的部分，片狀砝碼則夾取折角彎曲的部分。

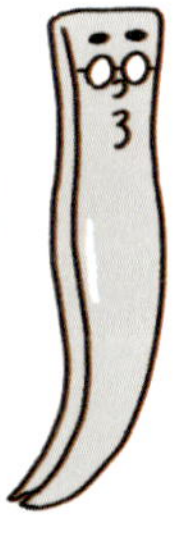

絲瓜

自古便有栽培的一年生葫蘆科植物，能在一年內觀察從播種到枯萎的過程，因此是國小栽培植物時最常選用的種類。成熟的果實纖維會變硬，乾燥後可作為刷子使用。

→葫蘆

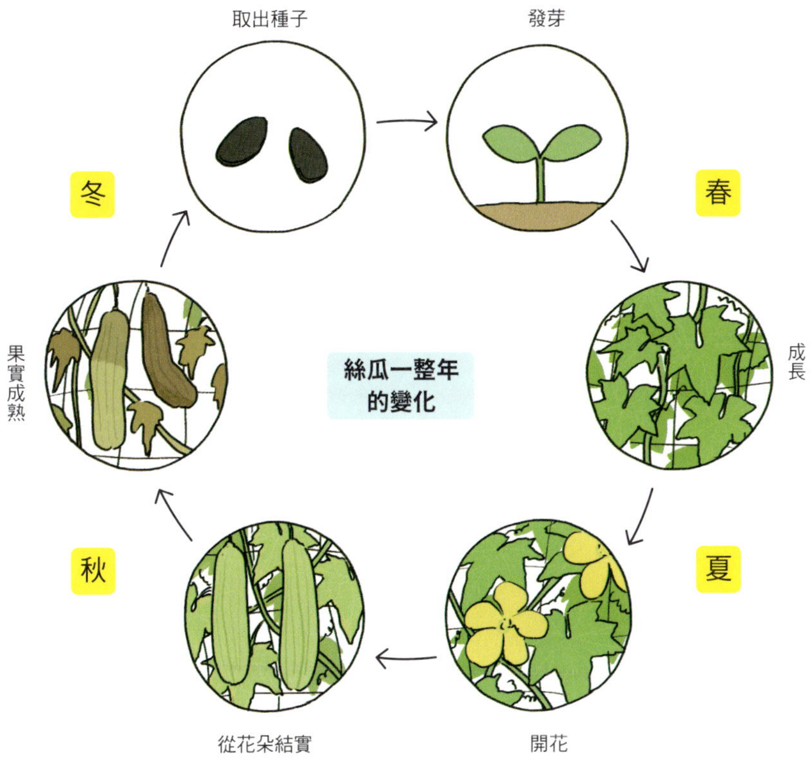
取出種子
發芽
春
成長
夏
開花
從花朵結實
秋
果實成熟
冬
絲瓜一整年的變化

寶特瓶

以一種名為聚乙烯對苯二甲酸酯（PET）為原料的透明容器。容易取得且便於加工，經常被應用於各種實驗。

→造雲實驗、製作地層的實驗、生物分離漏斗

寶特瓶火箭

一種科學玩具。先在寶特瓶中加入一定量的水，再打入空氣使瓶內壓力升高，最後一口氣噴射而出。其原理是火箭會承受空氣與水向後噴出的反作用力，藉此飛到遠處。由於沒辦法預測寶特瓶火箭會飛到哪裡，操作這項實驗時務必小心。

→科學玩具、作用力與反作用力定律

GO GO!!
寶特瓶火箭君

羅盤

又稱為指南針。由標示著東西南北方（方位）的圓板，加上能夠自由轉動的磁針組成。磁針的N極會指向北方，可用來判斷方位。除了在觀測月亮及星座時派上用場之外，也可使用於調查磁場方向的實驗。

→磁場、磁鐵

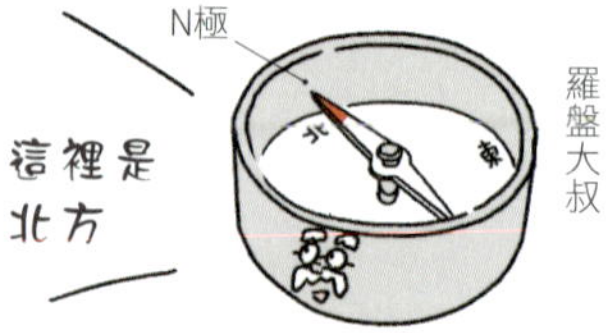
N極
這裡是北方
羅盤大叔

輻射（熱輻射）

一種傳遞熱的方式，指的是高溫物體發出的光或紅外線傳遞到其他物體，使其溫度上升的現象。照射日光時或是在暖爐前會感到溫暖，就是因為熱輻射的關係。

→暖爐、對流、傳導

蛇擺

一種科學玩具，由多個長度不同的鐘擺排列組合而成。蛇擺的英文是pendulum wave，而pendulum就是鐘擺的意思。當所有的鐘擺同時擺動時，鐘擺的運動會交疊成波，或是變成左右兩列等，呈現出複雜的變化。

→鐘擺

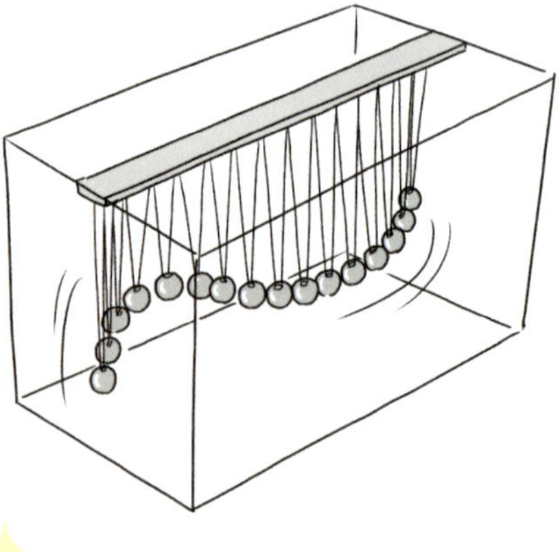

飽和水溶液

指的是將物質在水中溶解，一直到無法再繼續溶解所形成的水溶液。達到飽和狀態的溶解量會隨溫度而改變，因許多物質在水溫愈高時，溶解量就會增加。

→再結晶、水溶液

護目鏡

又稱安全眼鏡，是在實驗或觀察時保護眼睛的塑膠製眼鏡，能夠防止實驗使用的液體、粉末、產生的氣體或萬一爆炸時飛散的玻璃等傷害眼睛。即使長時間配戴感覺到不舒服，也不可以擅自取下。

→安全第一

海報

張貼在實驗室牆面或實驗室前走廊的印刷品。海報內容五花八門，有些是為了激發對自然科學的興趣，有些則是介紹安全進行實驗的方法等。

→自然科教育新聞

各種海報

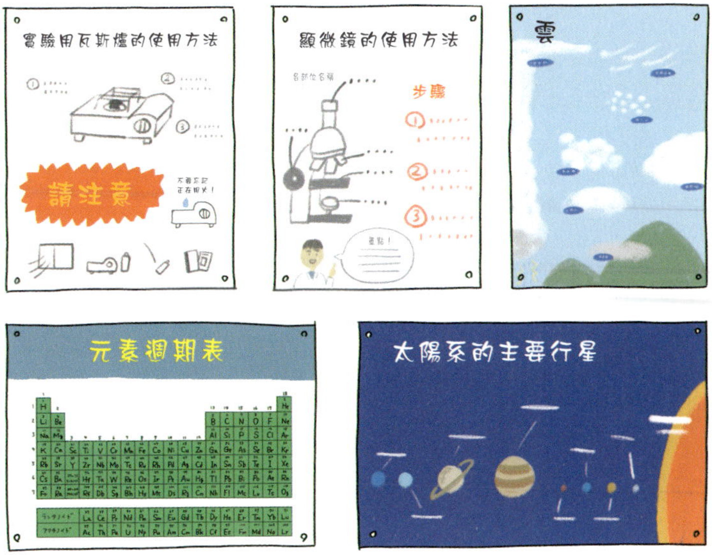

COLUMN
05

實驗袍到底帥不帥？

・實驗袍→P.144

穿實驗袍的理由似乎分成「實驗有必要才穿」以及「因為很帥」兩派。嚴格來説，我屬於「有必要才穿派」，而且更精確來説，還是「能不穿就不穿派」。因為我的體型特殊（上下方向較短，水平方向的周長較長），沒有合身的尺寸。每次看到學生上課時所拍的影片，都會因為自己穿實驗袍的樣子太難看而尷尬到爆炸。能把實驗袍穿得很帥的，都是那些原本體型就好看的人（像是人體骨骼模型君），體型不好看的人即使穿上實驗袍，還是不會變帥啊！（又矮又胖哪裡錯了啦啦啦！）

哎呀，不好意思，我有點激動了。雖然我在上課或進行物理實驗會避免穿實驗袍，但處理藥品的化學實驗因為有必要，還是會穿上。我很怕熱又容易流汗，夏天襯衫外面再罩一件實驗袍，簡直是汗流浹背。等我哪天存了很多錢，我想去量身訂做一件用降溫材質（流汗時會降溫的新材質）做的實驗袍，但如果有那筆錢，我大概會先拿去買新鏡頭吧（減肥才是第一優先啊←寫給自己看的）！

銜接物理學與生物學的橋梁

・布朗運動→P.158

因為操作簡單又能確實觀察到結果，所以我將觀察布朗運動作為上課時的固定單元。實驗樣本是用水稀釋約10倍的牛奶，以生物顯微鏡的最高倍率約400倍進行觀察。我覺得這是個很有趣的實驗，因為牛奶的顯微鏡標本能夠整個一次對焦，只要設定好顯微鏡，就能輕易觀察到。但由於學生多半不熟悉顯微鏡的操作，在課堂上講解操作方法的時間，往往變得比觀察時間更長……。

雖然看起來只是微小粒子（牛奶中的乳脂肪粒）不停顫動，但如同前面所説，這是水分子撞擊脂肪粒子所產生的運動。換句話説，這項實驗證明了水由肉眼無法看見的微小粒子＝分子所組成（！），而且這些分子不斷在運動。

這個現象的研究也是由愛因斯坦進行的，讓人有點感動。再者，發現這個運動的是近200年前的植物學家布朗（Robert Brown），他曾觀察來自花粉的粒子。我覺得這是銜接物理學與生物學的橋梁，也是我會如此喜愛這項實驗的原因。

文：山村紳一郎

容易混淆的詞彙

指的是讀音相同或相近的兩個詞彙，例如「加熱與過熱」、「導線與銅線」「科學與化學」、「溶解與融解」等。此外像是「密度與比重」這類意義相近的詞彙，要注意避免混淆。

馬德堡半球

能夠體驗大氣壓力強度的實驗器材。將兩個半球組合在一起並抽出內部空氣後，即使用力拉也無法分開這兩個半球。這是因為半球內的壓力降低後，來自外部的壓力（大氣壓）就變得相對較大。這種器材通常被收藏在實驗準備室深處，有時也會因為老舊而無法順利抽出空氣。

→真空、大氣壓

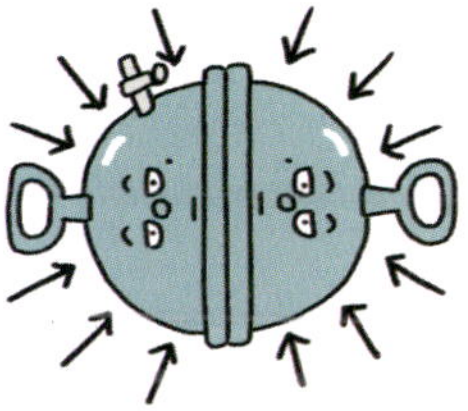

因承受大氣壓而無法分開。

空氣進入後就能輕易分開。

火柴

點燃蠟燭或瓦斯噴槍等加熱器材的工具之一。火柴棒頭部與火柴盒上的棕色部分，都塗有不同的化學藥品，兩者摩擦時，就會因摩擦熱而產生反應並點燃。

→點火器、灰燼收集器

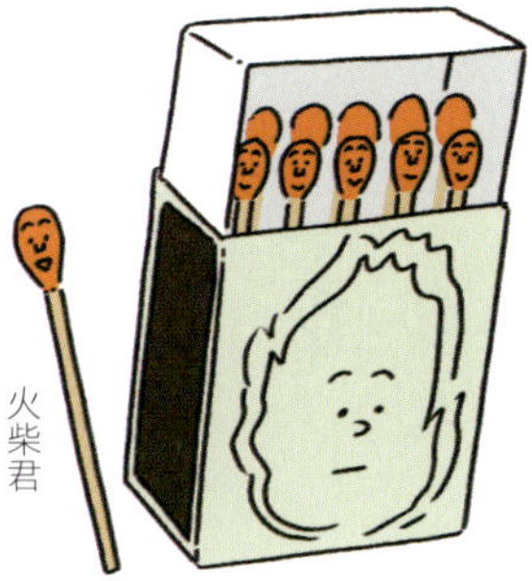

毬果

又稱為松果，是松樹的球果部位，能夠保護藏在縫隙中的種子。浸泡在水裡時，鱗片會閉合縮小，乾燥時則會展開。這是松樹的特性，目的是為了在乾燥季節釋放出種子。

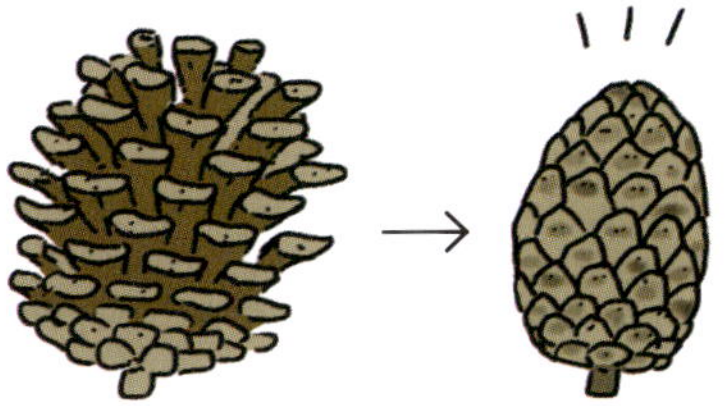

毬果　　浸泡在水裡會縮小

小燈泡

通電後會發光的器材。安裝在電路中使用，常用於確認電路是否正確連接，或測量電流大小。

→發光二極體

美乃滋容器

以聚乙烯（PE）塑膠為原料製成的容器。因瓶蓋能夠密封，且材質相對柔軟，經常用在研究溫度與體積之間關係的實驗。

→體積

安培右手定則

顯示電流方向與磁場方向之間關係的定則。若將電流方向比擬成螺絲的指向，那麼電流周圍形成的磁場方向，就會是螺絲旋轉的方向。以右手豎起大拇指的姿勢來呈現這個定則會更容易記得。

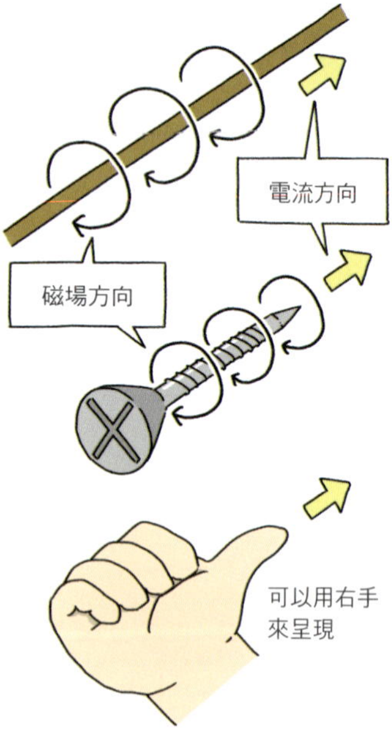

圓底燒瓶

底部呈球形的燒瓶。比其他類型燒瓶更耐熱。因底部為圓形而無法自行站立，需要使用燒瓶座才能立著保管。如果沒有燒瓶座，也可使用膠帶芯作為代替品。

→加熱與玻璃器材

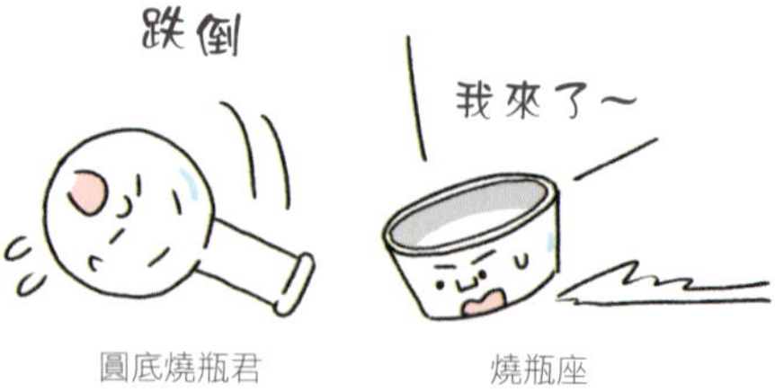

微量刮勺

又稱為微量藥匙，用來取出極少量粉末狀藥品的器材。有湯匙狀的部分與扁平狀的部分，扁平狀的有點銳利，使用時要小心。

→藥匙

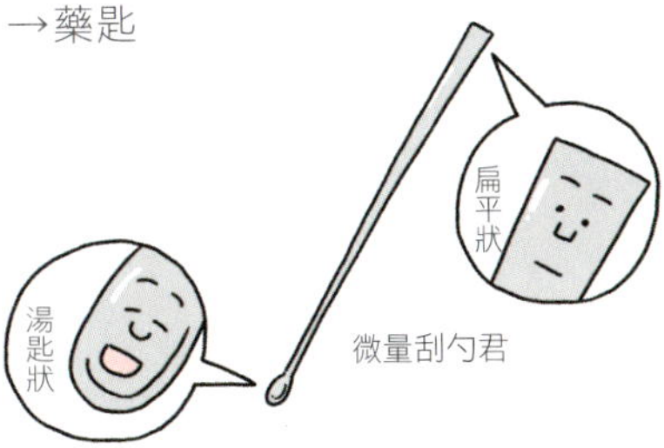

水滲透方式的實驗

調查土壤與沙粒大小對於水的滲透有何影響的實驗。準備幾個用塑膠杯之類製成的容器，分別裝入顆粒大小不同的材質，例如一個裝操場的土，另一個裝沙子等。接著將水倒進容器，就會發現顆粒愈大，水滲透的速度愈快。

→操場的沙、老師的手工教材

密度

每立方公分體積的質量，常用單位為每立方公分的公克數（g/cm^3）。例如，水和冰相比，冰的密度小於水，所以冰塊放進水中會浮起。

→比重

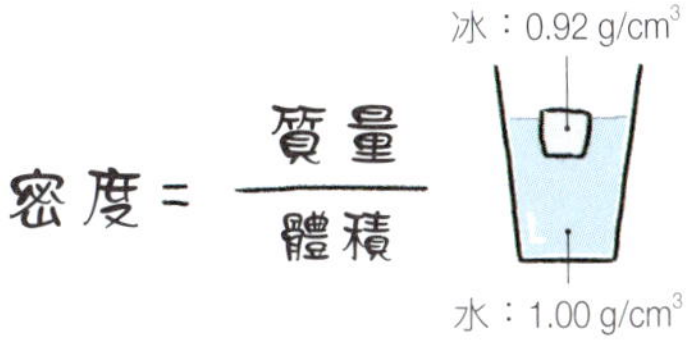

明礬

一般指的是鉀明礬（正式名稱為硫酸鉀鋁），屬於一種透明顆粒狀藥品。明礬結晶呈正八面體，可透過再結晶製作更大的結晶。

→再結晶

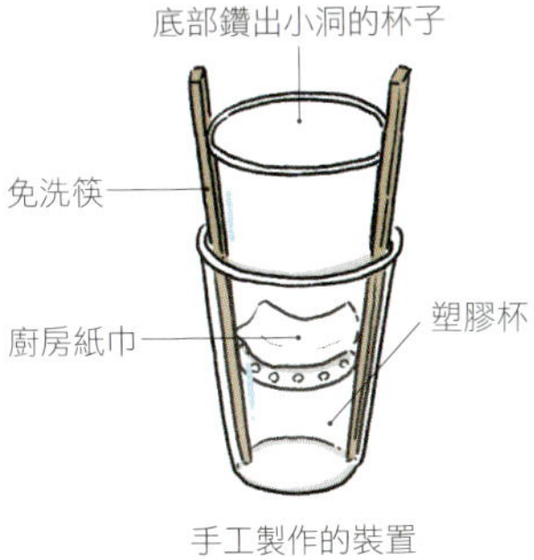

手工製作的裝置

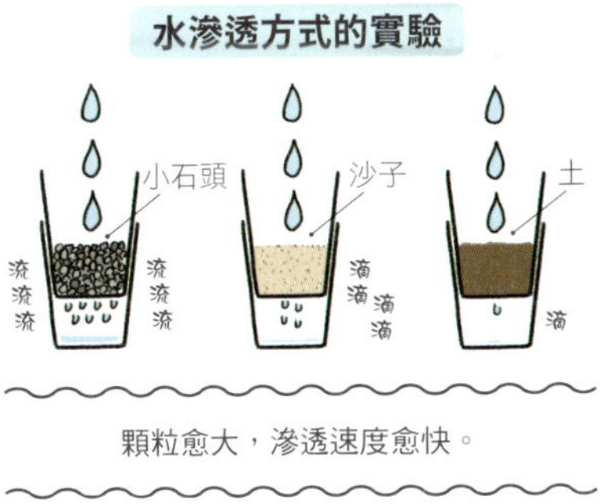

紫高麗菜

紅紫色的高麗菜，又稱為紫甘藍。之所以呈現紅紫色，是因為含有花青素的成分。由紫高麗菜萃取而出的色素，會隨著酸性、中性、鹼性而改變顏色，因此可作為pH指示劑使用。

→pH指示劑

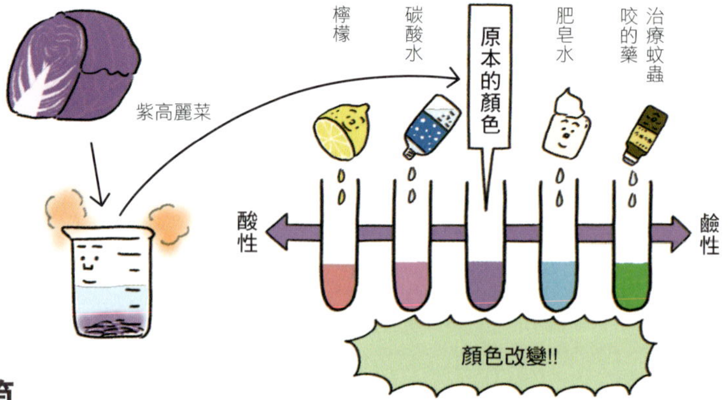

紫高麗菜
檸檬
碳酸水
原本的顏色
肥皂水
治療蚊蟲咬的藥
酸性
鹼性
顏色改變!!

量筒

主要用來測量液體體積的器材。不過，如果在使用時花點心思，也可以用來測量固體或氣體的體積。讀取刻度時，應平視液面的側面，而最小可讀到刻度的1/10。附帶一提，量筒的英文「measuring」就是測量的意思。

→彎月面

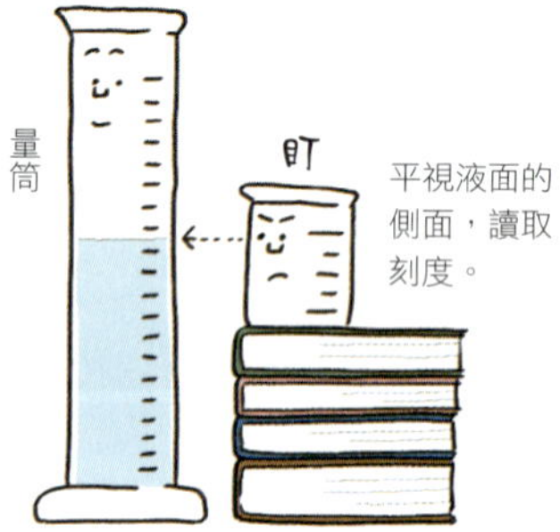

量筒
盯
平視液面的側面，讀取刻度。

測量固體體積時

例：橡皮擦的體積

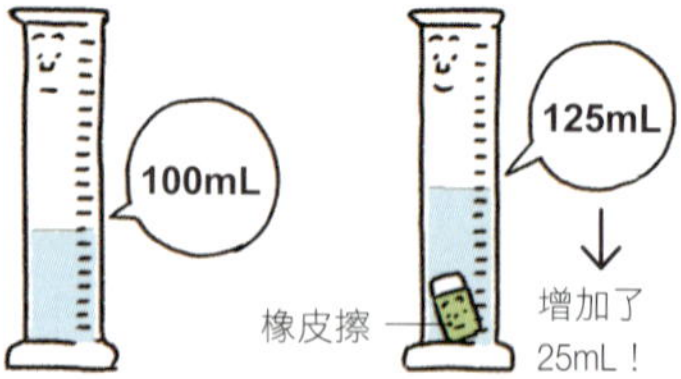

100mL
125mL
橡皮擦
增加了25mL！

❶倒入液體，讀取刻度。

❷放入固體，計算增加的體積。

測量氣體體積時

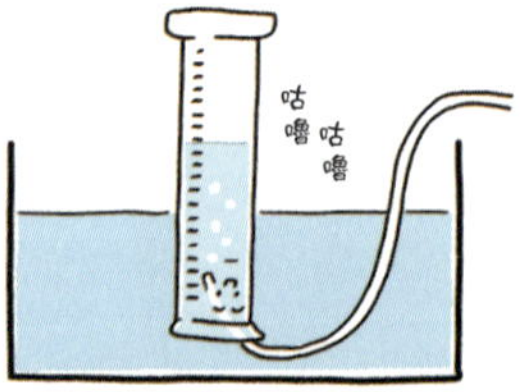

咕嚕咕嚕

將裝滿水的量筒倒過來，灌入氣體，以測量液體時同樣的方式讀取刻度。

量筒君的妙招

水增加了25毫升，所以掛勾砝碼君的體積就是25毫升。
……就像這樣，從固體到氣體的體積都能測量。
原來如此～
請問一下，
可以測量我的體積嗎？
啊……
軟木塞會浮在水面，沒辦法測量……
不能嗎？!
對了!!
──5分鐘後
咻
咚
增加的體積是80毫升！
只要再扣掉2個掛勾砝碼的體積50毫升，就能知道軟木塞君的體積是30毫升！
啵啵嗶～（謝謝你～）
太好了，軟木塞君

真是妙招！

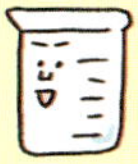

青鱂魚

棲息在稻田或小溪等淡水環境的小型魚類，也是實驗室飼養生物的代表，用於觀察產卵與孵化過程、尾鰭的血液、趨性等，不過，只是看著牠們游泳的樣子也很療癒。

→血液、趨性

分辨青鱂魚性別的方法

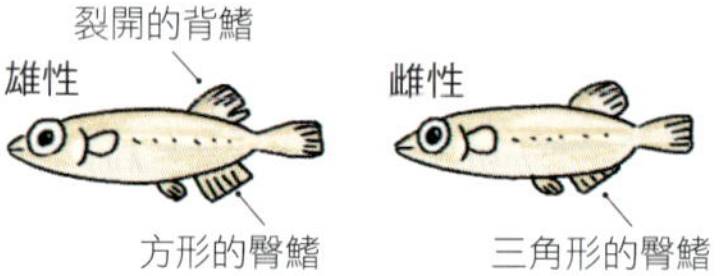
裂開的背鰭
雄性
方形的臀鰭
雌性
三角形的臀鰭

彎月面

呈半圓形的液面。舉例來說，將水裝進量筒並讀取刻度時，其液面並不是平直的，而是稍微向下凹陷。這時應讀取最低點部分的刻度，稱為「讀取彎月面的下緣」。附帶一提，「彎月面」（meniscus）源自於「新月」的希臘語。

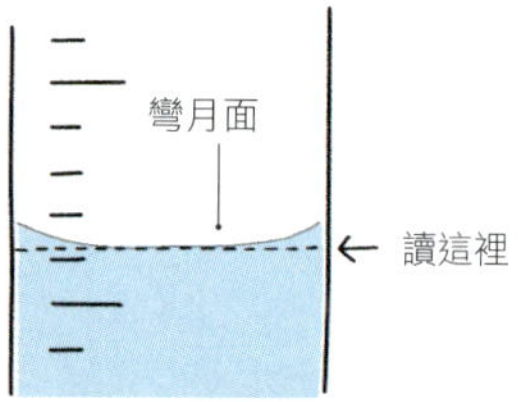
彎月面
讀這裡

刻度的精確度

有些器材畫有刻度，但精準度（正確度）各不相同。燒杯與球型刻度滴管的刻度僅供參考，不是那麼正確。至於量筒是測量體積的器材，因此刻度就做得很精準。此外，中小學比較少見到的玻璃量管、定量瓶、定量吸管等，則是精確度更高的器材。

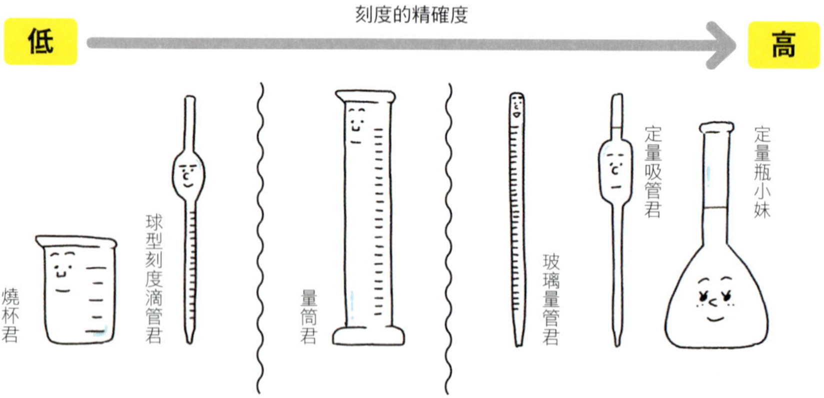
刻度的精確度
低
高
燒杯君
球型刻度滴管君
量筒君
玻璃量管君
定量吸管君
定量瓶小妹

保養・檢查

檢查器材與裝置是否故障或損壞，維持它們的正常狀態。為了安全使用並取得正確結果，必須定期進行保養和檢查。

→能修的東西就修理後再用

保養
瓦斯噴槍
擦擦
擦擦
分解並清潔
內部
顯微鏡
擦
擦
接物鏡君
清潔鏡片
百葉箱
塗
塗
重新上漆
檢查
玻璃器材
有沒有破損
電子儀器
電源是否確實開啟
實驗用
瓦斯爐
出火孔是否塞住

毛細現象

又稱為毛細管作用。指的是將玻璃管之類的細管插入液體時，液體在細管中升起的現象。除了管子之外，也會在縫隙發生。酒精燈芯吸取酒精、面紙吸水等，都是同樣的原理。

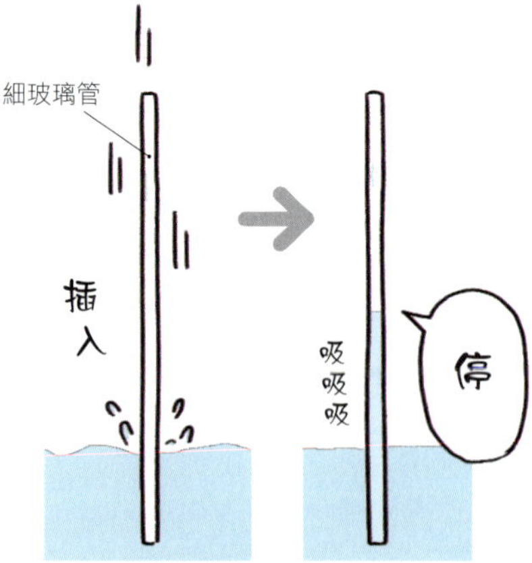
細玻璃管
插入
吸
吸
吸
停
水自動往上升！

毛細現象的簡單實驗

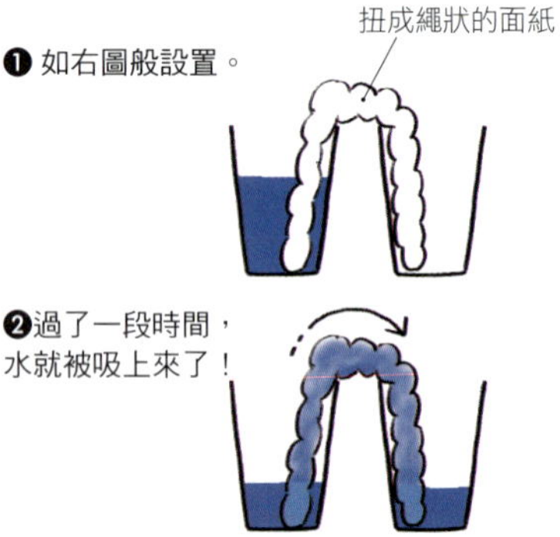
扭成繩狀的面紙
❶ 如右圖般設置。
❷過了一段時間，
水就被吸上來了！

毛細現象觀察器

毛細現象中，能夠觀察液體上升高度隨毛細管的粗細而改變的器材。將水從最粗的管子上方注入，水就會因毛細現象而在其他相連的管子中上升。這時，管子愈細，水就會上升得愈高。

→毛細現象

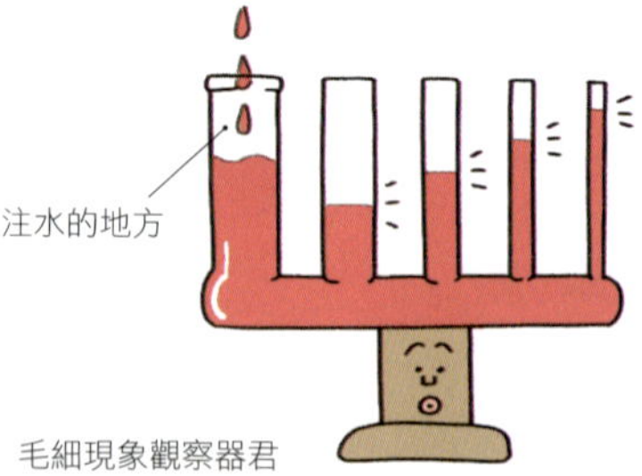
注水的地方
毛細現象觀察器君

灰燼收集器

用於收集火柴點燃後殘留灰燼的容器。有些學校也會將飲料罐或罐頭罐加工後使用。進行使用火柴的實驗之前，應事先在收集器中加入少量的水作為準備。

我們現在是灰燼
收集器。
鯖魚
啤酒
原本是鯖魚罐頭　原本是啤酒罐

發生意外時的處理

實驗過程中發生意外或受傷時所應採取的措施。可能發生的意外很多，例如火災或燒燙傷等，首先應該安全的排除原因（火或流出的藥品等），同時掌握意外的內容與受傷程度。接著冷靜的進行適當處置，並前往保健室或醫院治療。

→安全第一、實驗室的規則

燒燙傷

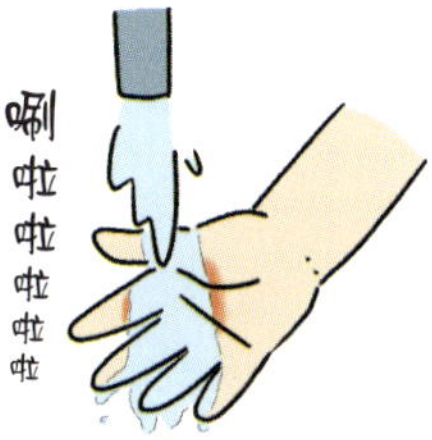

沖水15分鐘以上冷卻。

藥品濺入眼睛

撐開眼皮，清洗15分鐘以上。

吸入有毒氣體

去實驗室外呼吸新鮮空氣。

誤食藥品

喝大量的水，將藥品吐出來。

筆記本著火

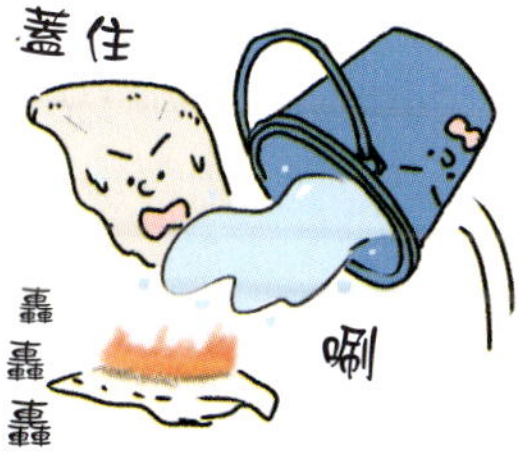

用溼抹布或沙子蓋住，或是潑水（當然也可以用滅火器）。

衣服著火

往身上潑水，或在地上滾動將火壓熄。

藥劑師

在醫院或藥局調配藥物、並向患者說明用藥的專業人員（需具備國家級證照）。在日本也有「學校藥劑師」這項職務，負責定期前往中小學針對藥品管理與衛生部分等進行指導。如果不確實記錄藥品的使用量等，會遭到藥劑師嚴格指正。

→藥品、藥品管理

藥匙

將顆粒狀或粉末狀藥品從容器取出時使用的器材。一端呈湯匙狀，另一端則有小凹槽。取用較多藥品時使用湯匙端，只想取出極少量藥品時則使用凹槽端。通常搭配包藥紙一起使用。

→微量刮勺、包藥紙

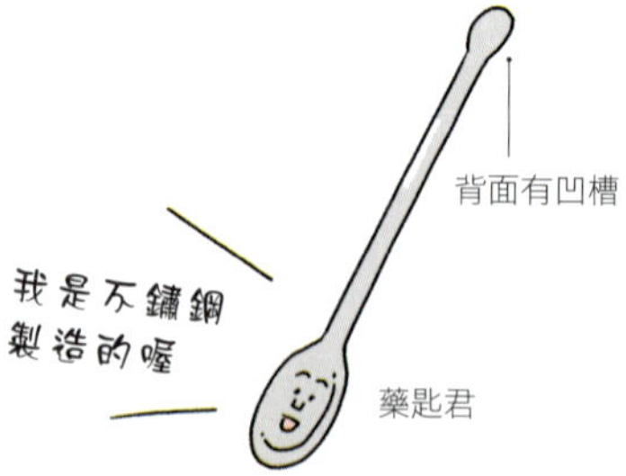

藥品

實驗用的化學物質，又稱為試劑。實驗室有各式各樣的藥品，例如氨水、鹽酸、氯化鈉、過氧化氫水、二氧化錳、碘液等。基本上，藥品只要從容器中取出就會開始變質，因此即使是用剩的藥品，也不能再倒回相同的容器裡。

→廢液桶

藥品管理

老師在實驗準備室進行的工作之一。實驗使用的藥品具有不同的性質，對人體的影響也各不相同，因此必須因應個別特性採取適合的保管方法。此外，藥品在購買、使用與廢棄時，都需要記錄數量。

→藥劑師、藥品櫃

藥品管理筆記

藥品櫃

收納、保管藥品的櫃子。能夠上鎖，並放在學生無法出入的地方。此外，為了防止地震時傾倒，也會以金屬配件固定在牆壁與地板上。

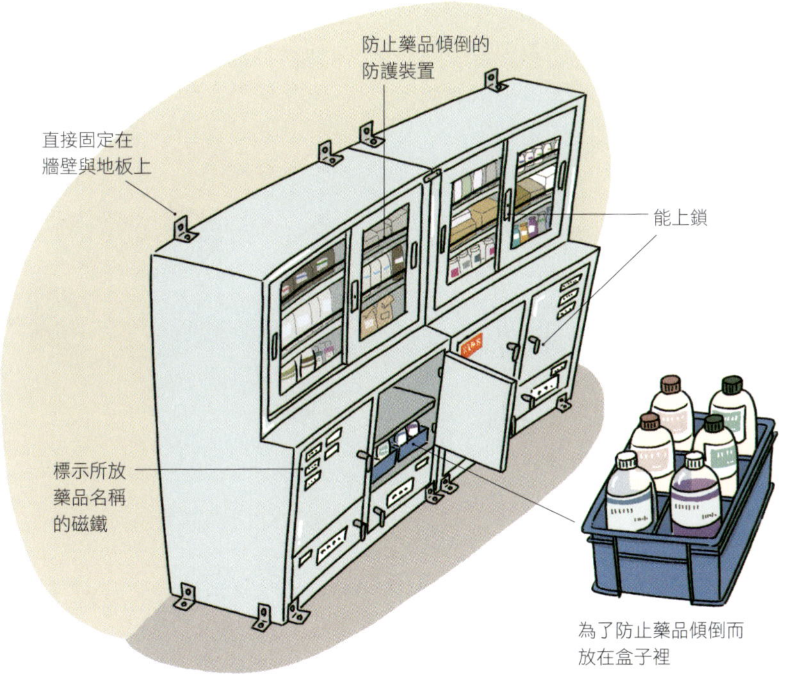

防止藥品傾倒的防護裝置
直接固定在牆壁與地板上
能上鎖
標示所放藥品名稱的磁鐵
為了防止藥品傾倒而放在盒子裡

包藥紙

取出粒狀或粉末狀藥品秤重時，墊在下方的紙張。用來將秤好的藥品包起來暫時保管也很方便。使用光滑的石蠟紙製成，可將藥品順暢的倒入燒杯等容器裡。

→藥匙

啊，燒杯君。
咦？誰啊？
啪！
我啦我啦！哎呀……
哎呀……
沙沙～

不要直接擦地板

打掃實驗室時的注意事項之一。實驗室的地板可能有不知不覺灑落的藥品或細小的玻璃碎片，如果用抹布擦地板，可能會導致藥品與水產生反應，或是被玻璃碎片割傷。因此打掃實驗室的地板時，要用掃把或拖把。

→抹布

水氣

水蒸氣在空氣中冷卻後形成的微小水滴。由於名稱中有個「氣」字，往往讓人誤以為是氣體，但實際上是液體。空氣中形成的微小水滴因光線的散射而看起來是白色的。

→水蒸氣、散射

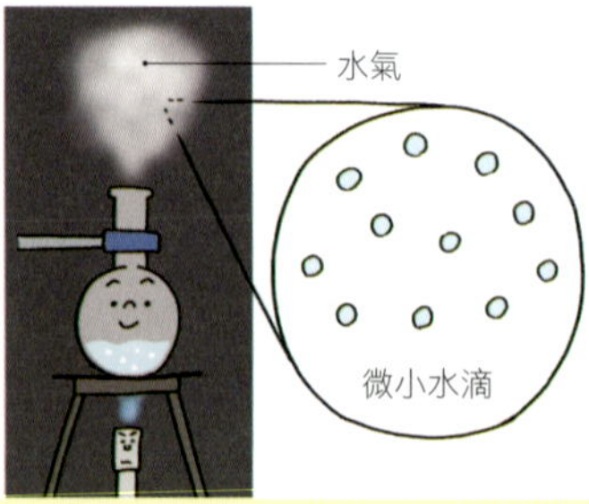

隔水加熱

不直接接觸火源，而是浸泡在熱水中間接加熱。這個方法使用於想要緩慢加熱時，或是加熱如乙醇般容易起火燃燒的液體時。

→加熱

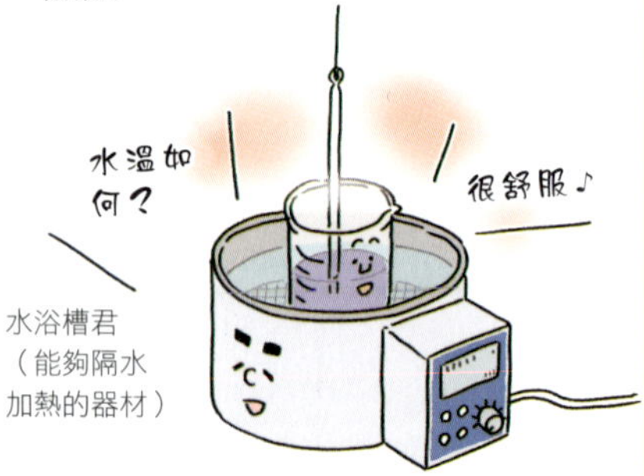

溶解

物質溶於液體中，變成透明均勻的狀態。除了固體溶於液體之外，也包含液體互溶或是氣體溶於液體。而溶解了某種物質的液體，就稱為溶液。

→水溶液

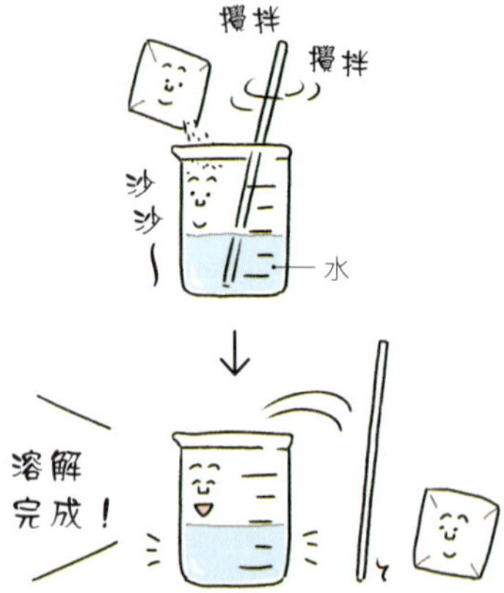

陶瓷纖維網大哥的教學時間

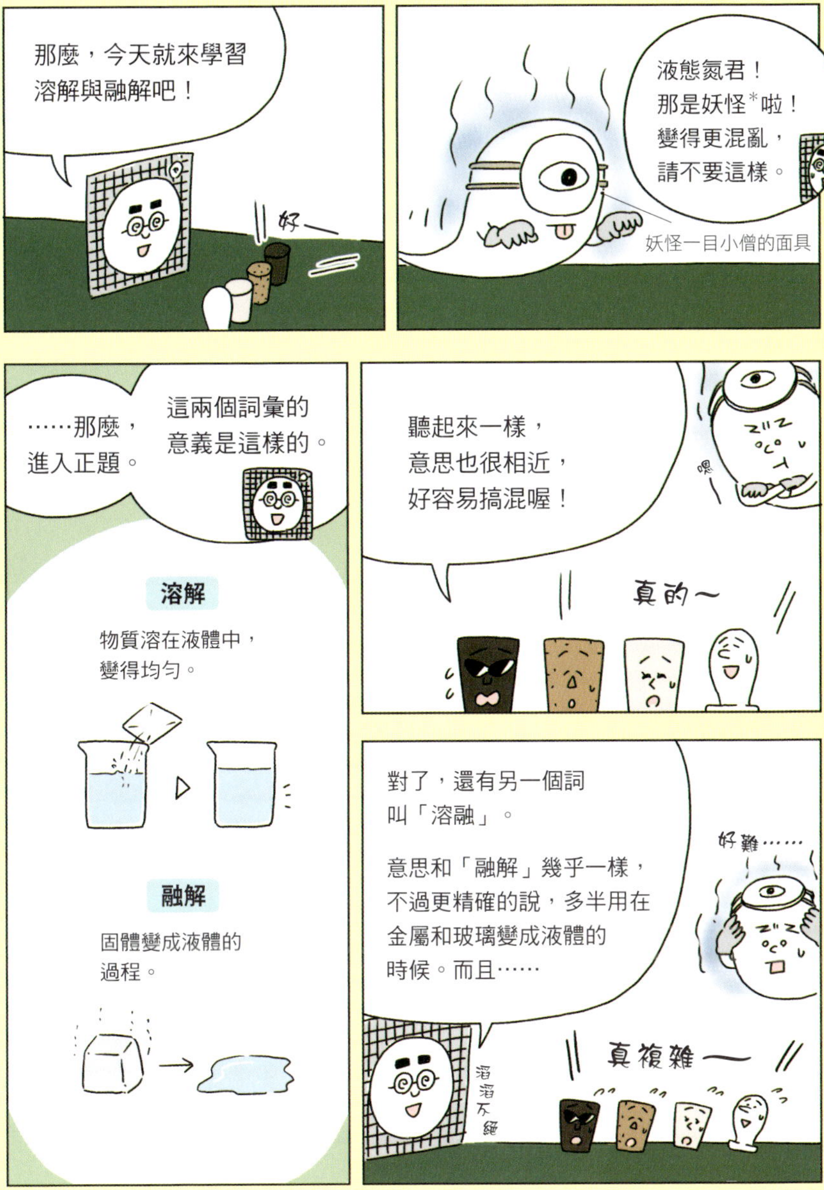
那麼，今天就來學習
溶解與融解吧！
好—
液態氮君！
那是妖怪*啦！
變得更混亂，
請不要這樣。
妖怪一目小僧的面具
……那麼，
進入正題。
這兩個詞彙的
意義是這樣的。
溶解
物質溶在液體中，
變得均勻。
融解
固體變成液體的
過程。
聽起來一樣，
意思也很相近，
好容易搞混喔！
嗯—
真的～
對了，還有另一個詞
叫「溶融」。
意思和「融解」幾乎一樣，
不過更精確的說，多半用在
金屬和玻璃變成液體的
時候。而且……
好難……
滔滔不絕
真複雜——

＊譯注：日文「妖怪」的發音和「溶解」相同。

雖然很容易搞混，還是要記住喔！

碘液

又稱為碘化鉀溶液，茶褐色液體。進行碘澱粉反應時，會稀釋到約50倍使用。附帶一提，也可以用含碘的漱口水代替，這時稀釋大約10倍使用。

→碘澱粉反應

碘澱粉反應

用來確認是否含有澱粉的反應，利用的是碘這種物質與澱粉結合時會變成藍紫色的現象。舉例來說，馬鈴薯含有大量澱粉，因此將碘液滴在馬鈴薯切面上就會變成藍紫色。這項反應經常應用在調查葉片進行光合作用的位置，以及唾液分解澱粉的實驗。

→振盪反應、唾液、澱粉

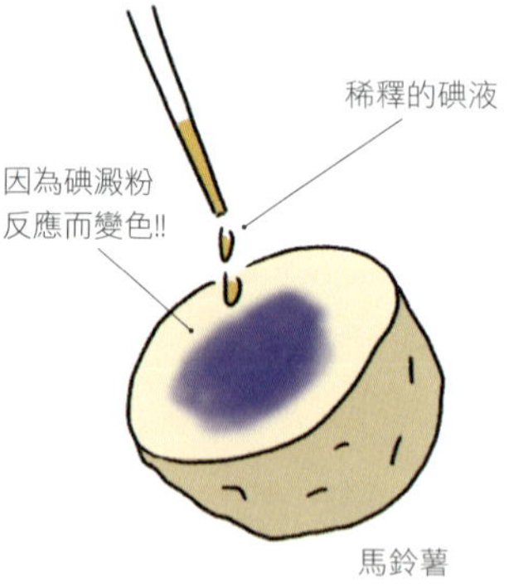
稀釋的碘液
因為碘澱粉
反應而變色!!
馬鈴薯

葉綠體

存在於植物的莖部與葉片細胞中的綠色小顆粒，也是進行光合作用的地方。綠色的色素成分為葉綠素（chlorophyll），具有吸收光能的作用。

→光合作用

水蘊草
葉綠體
（約5μm）

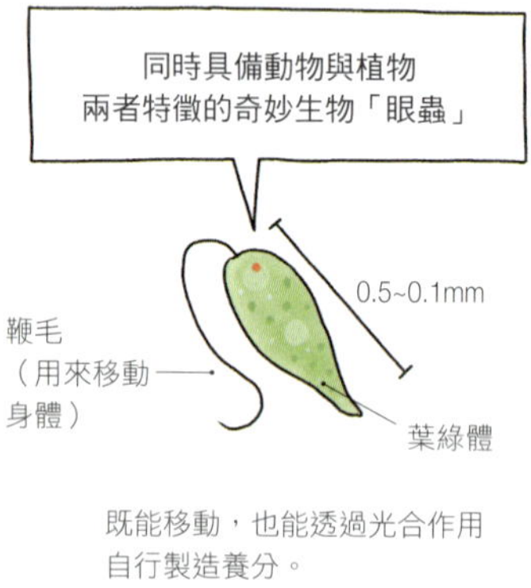
同時具備動物與植物
兩者特徵的奇妙生物「眼蟲」
0.5~0.1mm
鞭毛
（用來移動
身體）
葉綠體
既能移動，也能透過光合作用
自行製造養分。

萊頓瓶

儲存靜電的實驗所使用的器材，也可以利用塑膠杯與鋁箔紙製作簡單的萊頓瓶。

→靜電

嗶
嗶
嗶
以面紙摩擦的塑膠管
啪嚓
心臟不好的人不能試喔！

❶儲存靜電　❷放電

輻射計

真空玻璃容器中有著四片葉片的器材，葉片的一面是黑色，另一面是白色。當葉片照光時，由於黑白兩面吸收的光量不同，使得容器內的空氣流動，葉片開始旋轉。現在的自然科課堂上幾乎不再使用，但有時會放置於展示空間。

→展示空間

點亮——
轉動
轉動
轉動
轉動

標籤

為了更有效率的使用實驗室，貼在實驗器材與工具收納櫃的抽屜或籃子的紙片。除了標示物品名稱的標籤之外，如果還有寫著「朝下擺放」、「塑膠製培養皿放上層，玻璃製放下層」等注意事項的標籤就更理想了。

→收拾

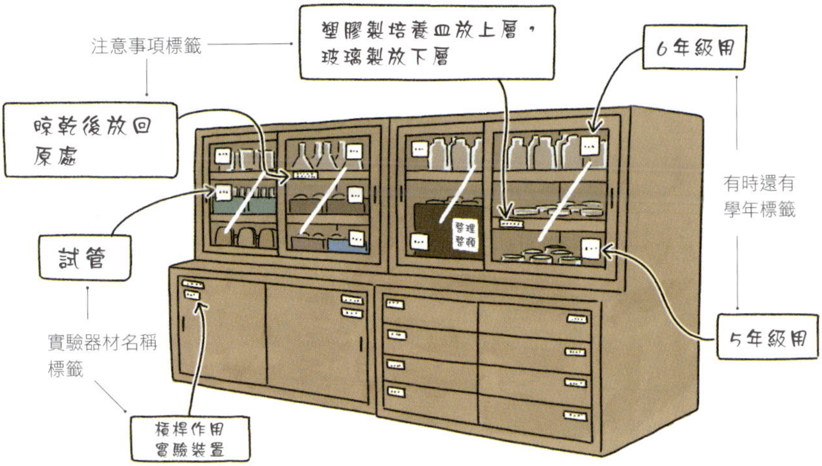
注意事項標籤
塑膠製培養皿放上層，玻璃製放下層
6年級用
晾乾後放回原處
試管
整理整頓
有時還有學年標籤
5年級用
實驗器材名稱標籤
槓桿作用實驗裝置

散射

光線照射到凹凸不平的表面時，會朝著各個方向反射的現象。生活中大多數的物品幾乎都會發生散射，冰塊就是很好理解的例子。即使是透明晶亮的大冰塊，如果刨成碎冰也會變成白色，不再維持透明。這就是因為光在大量碎冰表面發生散射的關係。

→光的反射

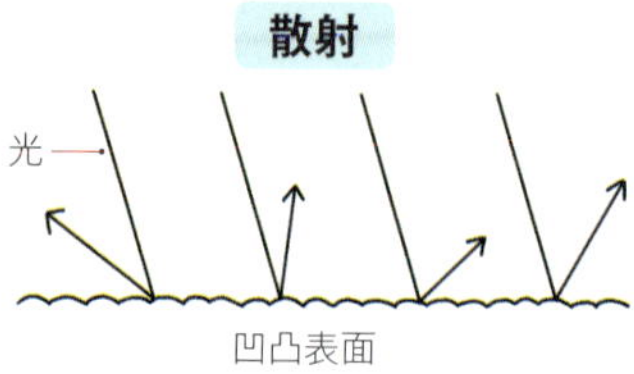

導線

又稱為電線，以不易導電的材質包覆導電的銅線製成，可用來製作線圈或連接電路。有些導線兩端附有夾子，依夾子的形狀可分成幾種不同的類型。

→漆包線、電路

自然科學

學校教育的一門學科，能夠學到生物、物質與現象的原理和定律，以及說明這些原理及定律的實驗方法和觀察方法等。分成物理、化學、生物及地球科學四個領域。

自然科教育新聞

日本「少年寫真新聞社」發行的展示用海報，以大張照片搭配文字呈現實驗與觀察、元素與礦物等各式各樣的資訊。光看就讓人很興奮。多半貼在實驗室的壁面或實驗室前的走廊。

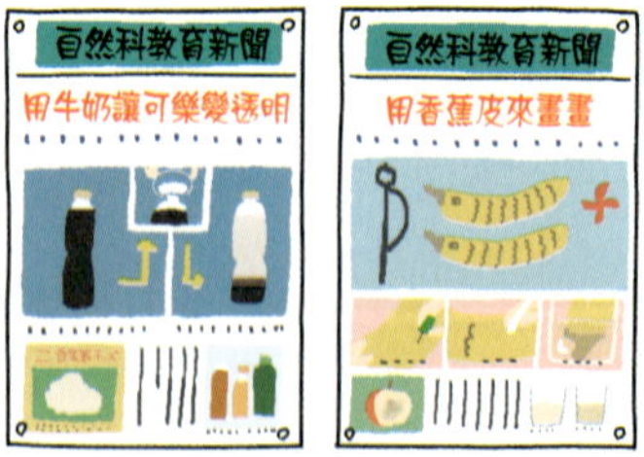

自然科教育新聞的海報

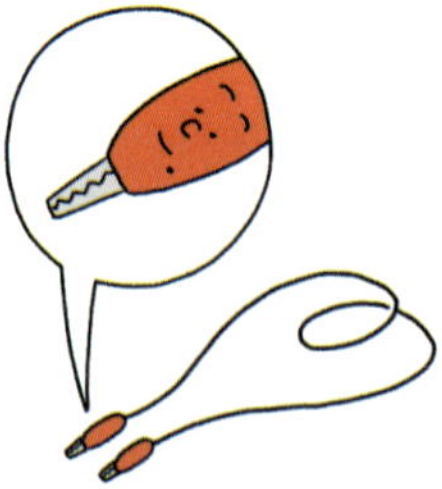

鱷魚夾導線

常用的類型

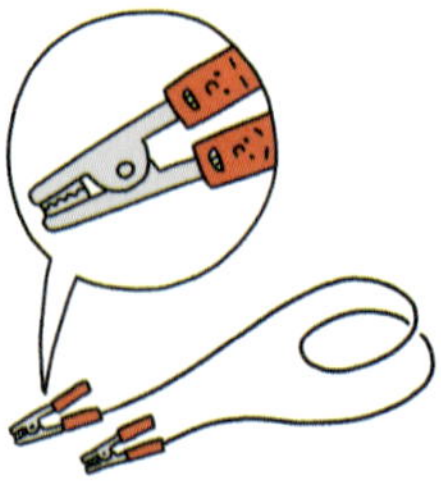

大型鱷魚夾導線

方便夾粗的東西

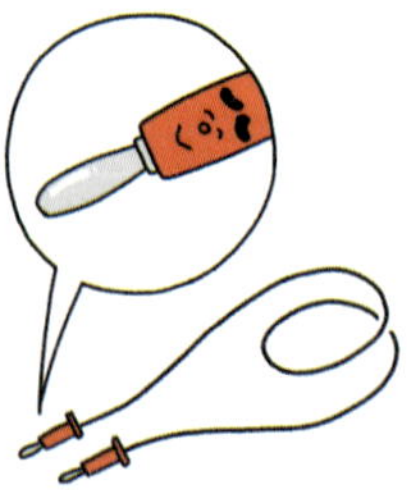

香蕉插導線

可以插入端子

自然科教材目錄

購買實驗器材與教材時會參考的厚重目錄，通常放在實驗準備室或教職員辦公室。
→自然科教材販賣公司

自然科教材目錄
好大一本～
大約有1000頁呢！

實驗室

進行自然科學觀察與實驗的教室，裡面有實驗器材、裝置與實驗桌等，國小多半只有一間，有些國中則有兩間以上。

實驗室的氣氛

其他教室所沒有的特殊氛圍。這樣的氛圍是由展示空間的標本、模型、陳列於實驗室櫃子上的燒杯、燒瓶、顯微鏡與人體模型等所營造出來的。

自然科教材販賣公司

販賣實驗與觀察使用的器材、藥品及實驗室設備等的公司。在日本，以中小學為對象的公司包括內田洋行、Kenis、島津理化、NaRiKa、「Yagami」等。各家公司都會開發獨特的商品與更安全的器材，自然科的學習都靠這些公司支持。

主要的自然科教材販賣公司

內田洋行股份有限公司

Kenis股份有限公司

島津理化股份有限公司

NaRiKa股份有限公司

Yagami股份有限公司

這些都是實驗室的幕後功臣！

實驗室的規則

為了避免在實驗室發生意外或受傷所必須遵守的事項。很多實驗室都把規則貼在牆上，作為進行所有實驗與觀察時的共通守則。好好的遵守規則，安全的享受實驗吧！

→安全第一、標示

張貼的規則範例

實驗室的規則

- 不要奔跑嬉鬧
- 桌上不擺多餘的東西
- 不要擅自觸碰器材與藥品
- 如果發生意外或受傷，無論多輕微都要馬上報告老師
- 觀察與實驗必須大家合作進行

實驗準備室

老師管理實驗材料與藥品的空間，有時也會保管舊的器材與裝置。學生不能進入，因此實驗準備室會上鎖。

力學臺車

實驗用小車，由長方形平臺加上車輪組成，用於學習物體的運動，多半與打點計時器一起使用，在研究沿斜坡滑落時的運動速度變化等實驗中非常好用。

→打點計時器

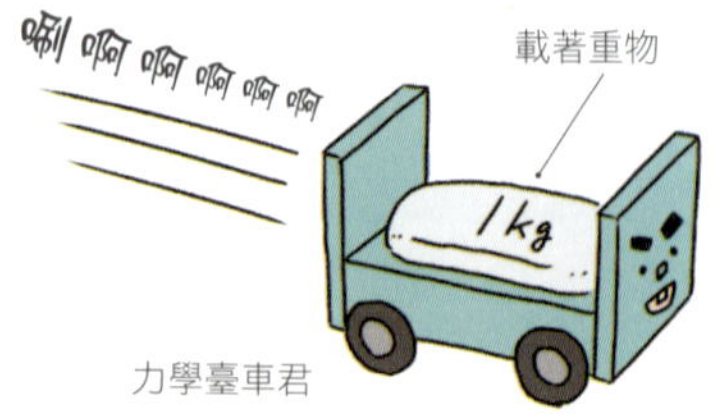

力學能守恆定律

指「物體的動能與位能總和（亦即力學能）維持不變」的定律＊。當物體愈重、速度愈快，動能就愈大；而物體愈重、位置愈高，則位能愈大。

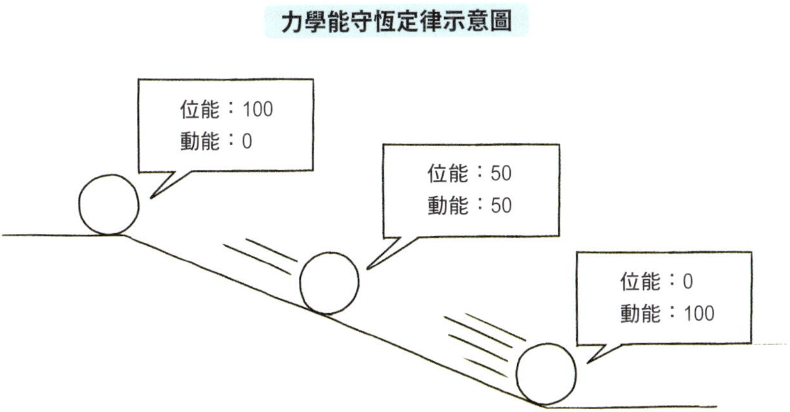
力學能守恆定律示意圖
位能：100
動能：0
位能：50
動能：50
位能：0
動能：100

石蕊試紙

又稱石蕊試驗紙，用來研究液體的酸性、鹼性、中性，有紅色和藍色兩種。原本使用取自海石蕊這種植物的色素製造，現在改用人工合成的色素成分。

→試紙、pH廣用試紙

紅色石蕊試紙君
藍色石蕊試紙君

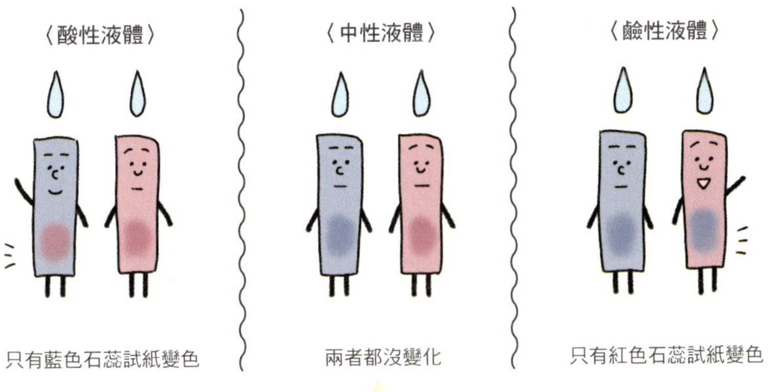
〈酸性液體〉
只有藍色石蕊試紙變色
〈中性液體〉
兩者都沒變化
〈鹼性液體〉
只有紅色石蕊試紙變色

＊指忽略空氣阻力與摩擦力的情況下。

吵架的兩人

我和藍色石蕊試紙君
吵架了……
今天的實驗只有我，
可以嗎？
這樣啊……
算了，總之就
先試試看吧！
我滴了喔！
好
滴
沒有變化……
換句話說，
這個液體是酸性或
中性……
無法判斷屬於
哪一種哩。
唉，我一個人
果然不行……
……我來了。
剛才很
抱歉……
藍色石蕊
試紙君!!
我才要
道歉呢。
——於是
滴
啊，變成紅色！
代表液體
是酸性！
你們還是適合兩人
在一起呢！
嗯
嗯
是啊！

我們兩人
是一組的！

硫化氫

無色的有毒氣體，具有類似腐爛雞蛋的臭味（腐卵臭味）。大家常說溫泉區等地有「硫磺味」，其實這是硫化氫的味道。事實上，過去也曾發生溫泉區因為高濃度的硫化氫氣體而中毒的意外。

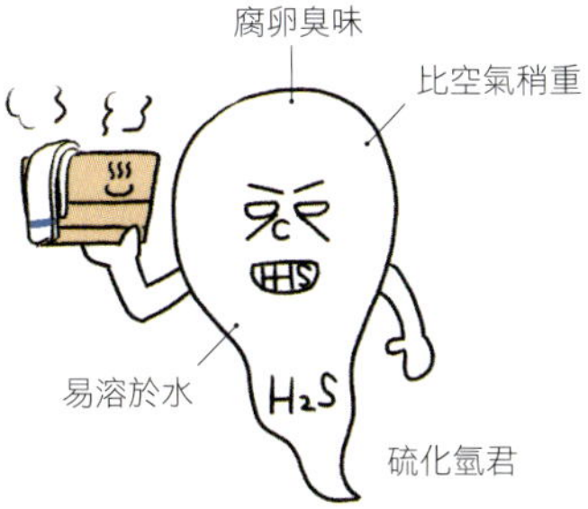
腐卵臭味
比空氣稍重
易溶於水
H_2S
硫化氫君

用雙手拿

搬運實驗器材與裝置的規則之一，目的是為了避免掉落。大型燒杯、燒瓶、顯微鏡與上皿天平等一旦掉落，就可能因為破損而無法使用，因此務必記得用雙手穩穩的拿好。

放大鏡

用來把小東西放大觀察的工具，主要用來觀察植物、礦物與昆蟲等。直接用放大鏡看太陽可能會導致失明，絕對禁止這麼做。此外，將光聚焦成一點也可能釀成火災，不可以任意嘗試。

→不可以做

放大鏡君

冷凝器

又稱為冷凝管，用來將變成氣體的物質冷卻成為液體的器材，常用於蒸餾實驗等。不過這種裝置很難組裝，而且需要隨時供應自來水，因此中小學很少使用。

→蒸餾

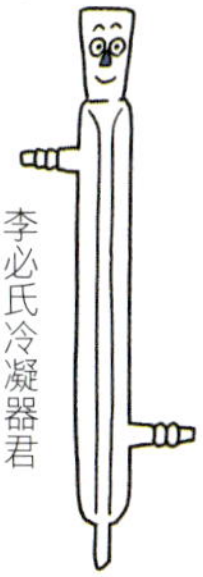
李必氏冷凝器君

透鏡

能將光聚集或發散的器材，由塑膠或玻璃等透明材質製成，大致分為凸透鏡與凹透鏡。這些透鏡經常使用於學習光線如何折射的實驗。此外，透鏡也廣泛應用於生活，例如眼鏡、相機、望遠鏡等。

→光的折射

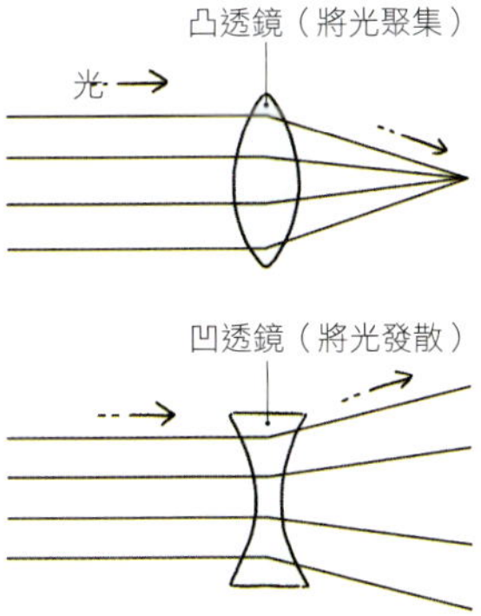
凸透鏡（將光聚集）
光
凹透鏡（將光發散）

蠟燭

能夠持續燃燒一段時間的工具，由一種叫做「蠟」的透明油脂包覆芯線製成。常用於學習物質的燃燒方式。

→集氣瓶

蠟燭燃燒實驗

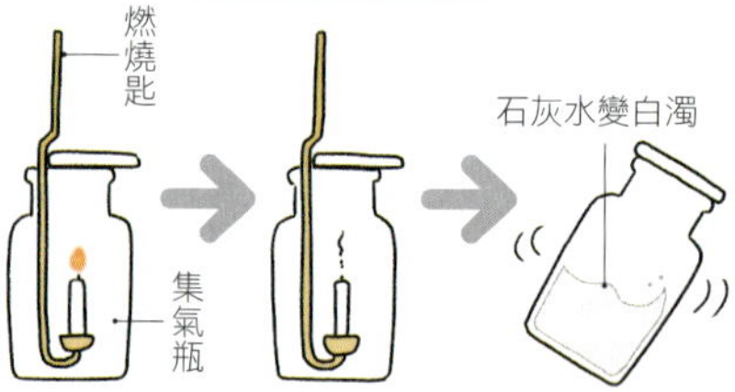
燃燒匙
集氣瓶
石灰水變白濁

❶蓋上蓋子的狀態下，火就會消失。

❷可以知道形成二氧化碳。

使用蠟燭的實驗

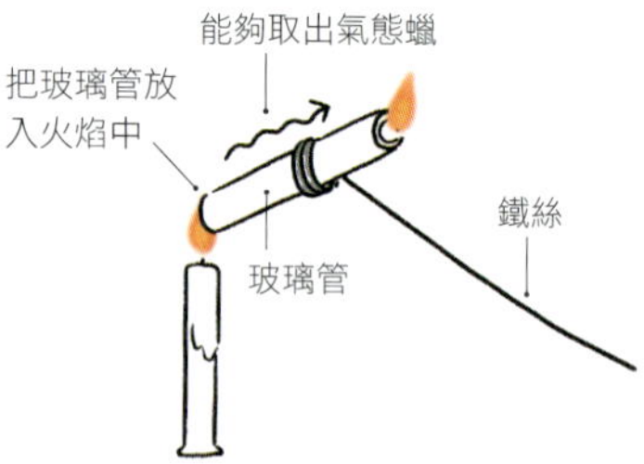
能夠取出氣態蠟
把玻璃管放入火焰中
鐵絲
玻璃管

燭臺

讓蠟燭立起來的板子，中間有一根針。使用於觀察蠟燭火焰，或是蓋上無底集氣瓶以觀察空氣進出與燃燒的關係。有時會看到蠟液滴落或燒焦的痕跡。

→老師的手工教材、無底集氣瓶

這些髒汙
就是勳章

燭臺君

漏斗

過濾用的器材。過濾時需將濾紙放進漏斗，並稍微用水沾溼後再使用。把漏斗前端尖尖的部分貼著燒杯內壁，液體就能順利流入。

→過濾

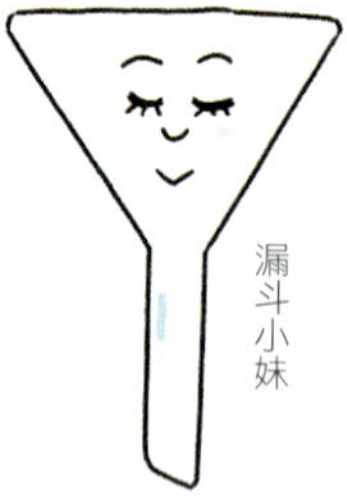

漏斗小妹

漏斗架

用來固定漏斗的實驗器材。可依漏斗與燒杯尺寸調整高度。

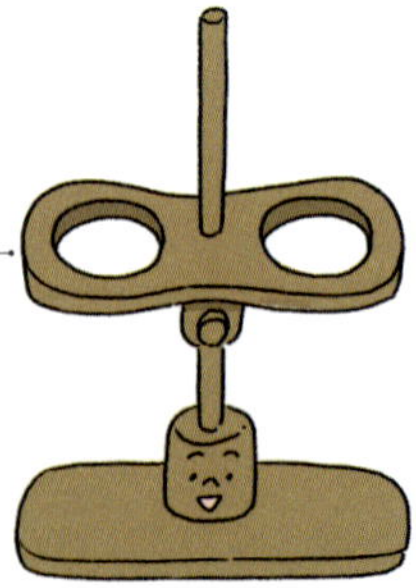
可調整高度

漏斗架君

過濾

分離混合物的方法之一，利用物質顆粒大小的差異，將固體物質從液體中取出。操作時需要濾紙、漏斗和玻璃棒。過濾大致可分成「自然過濾」與「減壓過濾」兩種，兩者都需要將液體沿著玻璃棒注入，這時玻璃棒有可能會戳破濾紙。如果遇到這種情況，當然就得重頭來過，真是個悲傷的時刻。

→混合物、失敗

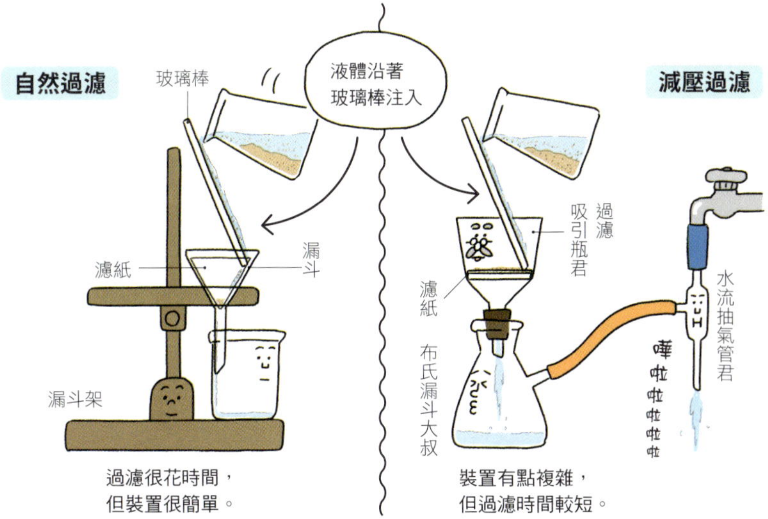

液體沿著玻璃棒注入
自然過濾
玻璃棒
濾紙
漏斗
漏斗架
過濾很花時間，但裝置很簡單。
減壓過濾
吸引瓶君
過濾
濾紙
布氏漏斗大叔
水流抽氣管君
嘩啦啦啦啦啦
裝置有點複雜，但過濾時間較短。

濾紙

用於過濾的圓形紙張，紙上有極小的縫隙。過濾的原理就是利用這些縫隙，將無法通過的固體物質留在濾紙上。摺濾紙時建議稍微剪去邊緣的一角，這樣濾紙就會更容易貼合漏斗。

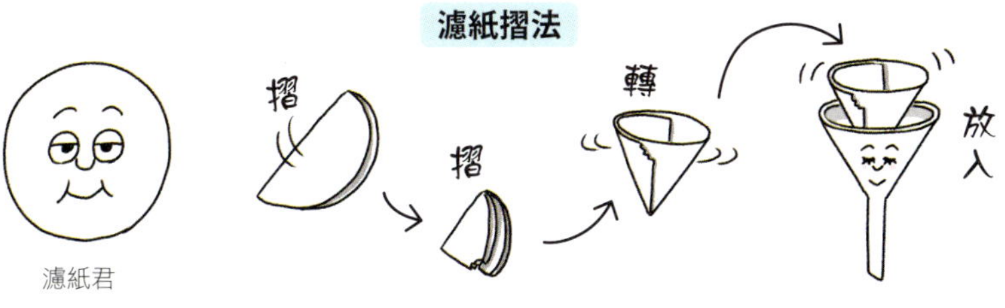

濾紙摺法
濾紙君
摺
摺
轉
放入

紅酒蒸餾

學習蒸餾的實驗之一。藉由蒸餾，可從紅酒中提取出酒精成分「乙醇」。從紅色的紅酒中蒸餾出無色透明的乙醇，這樣的顏色變化也很有趣。

→蒸餾

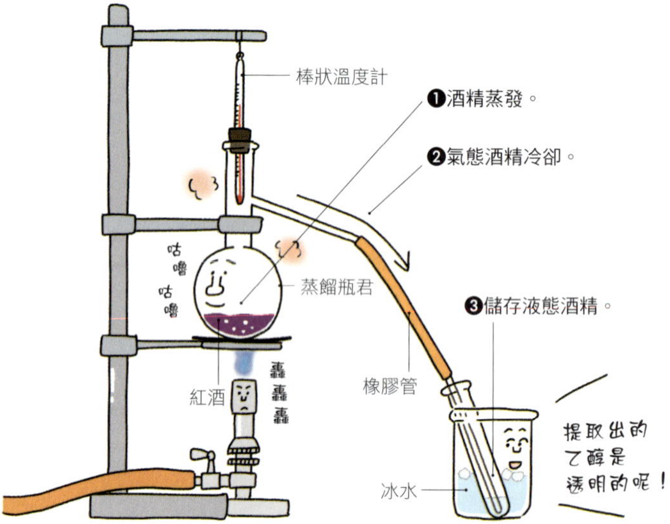
棒狀溫度計
❶酒精蒸發。
❷氣態酒精冷卻。
咕嚕
咕嚕
蒸餾瓶君
❸儲存液態酒精。
紅酒
轟
轟
轟
橡膠管
冰水
提取出的
乙醇是
透明的呢！

興奮感

走進實驗室，或是在實驗、觀察時所感受到的心情。實驗當然也具有學習自然這門學科的意義，但「樂在其中」也十分重要。這樣的心情在研究時不可或缺，相信全世界的科學家和研究者都能夠感受到這種樂趣。

今天的實驗
是什麼呢？
興奮
興奮
是什麼呢？

被遺忘的課本與筆記本

留在實驗室的遺失物之一。有時會放在實驗桌下的抽屜就忘記帶走。可能因為下課了就掉以輕心……

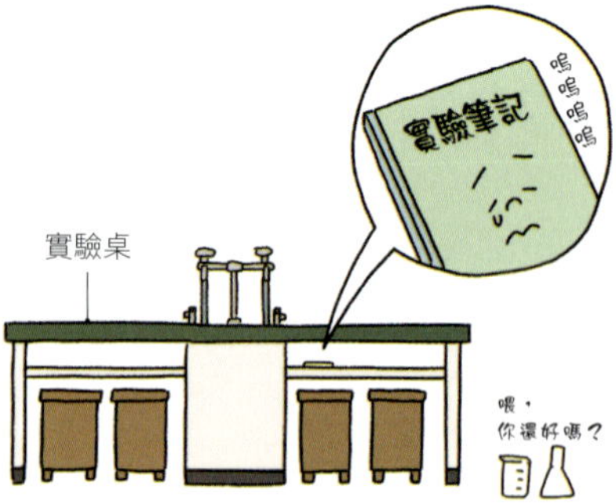
實驗筆記
嗚嗚嗚嗚
實驗桌
喂，
你還好嗎？

實驗室的體驗

我是
實驗筆記。
實驗筆記
之前因為被遺忘在實驗室而哭泣，
於是就有人來跟我說話。
喂
你還好嗎？
要和我們一起
做實驗嗎？
很好玩喔
咦？
……於是，我就和他們一起做
實驗了。不過我也只是遠遠的
看著而已。
喔～
我原本覺得實驗室有點可怕，
其實大家都很溫柔又有趣呢！
有時被遺忘在
實驗室也不錯哩～
……開玩笑的。
實驗室

再來實驗室一起
做實驗吧！

凡士林

白色黏稠的半固體物質，通常在蒸散實驗時用來封住葉片氣孔。透過這個實驗可以看出葉子正面與背面哪邊的氣孔較多。

→氣孔、蒸散

摸到
會黏黏的
凡士林

使用凡士林檢視葉片蒸散量實驗

❶如右圖準備A與B，測量整體的重量。

❷放置數小時。

❸測量整體的重量，計算水的減少量（蒸散量）。

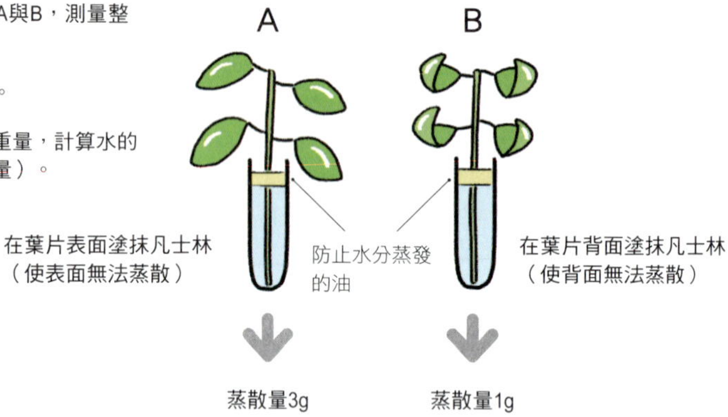

A
B
在葉片表面塗抹凡士林
（使表面無法蒸散）
防止水分蒸發
的油
在葉片背面塗抹凡士林
（使背面無法蒸散）
蒸散量3g
蒸散量1g

由此可知，
葉片主要由背面進行蒸散！

破掉的玻璃器材

這是學生不能自行處理的物品。使用玻璃器材時，先確認有無裂痕是最大原則，如果在實驗中破掉了，必須立刻向老師報告。此外，千萬不可以抱持著「只是稍微缺角，應該無所謂」這種想法而直接使用。除了拿取或清洗時可能會受傷，下一個人使用時也可能會破裂而造成危險。

→玻璃、垃圾桶

小心使用，
不要弄破喔～

COLUMN

06

紫高麗菜vs.紫地瓜

· 紫高麗菜→P.172

我先聲明，以下內容全都是真人真事（話說回來，本書的專欄都是真人真事）。言歸正傳……其實我很常進行紫高麗菜色素液的實驗，因為顏色變化明顯，色澤美麗，而且更重要的是，色素液既安全又好用。唯一的問題是，紫高麗菜販賣的季節有限，雖然最近產季變長了，但有些季節還是怎麼找都找不到，變成了稀有商品。你或許會想，既然如此，只要在能買到的季節製作大量的色素液存放起來，問題不就解決了嗎？不過，這個想法忽略了一件重要的事情（我也忽略了）。

說穿了，色素液就是紫高麗菜湯。湯放著會變質，接著就會散發出驚人的惡臭。這股臭味不僅會瀰漫整間實驗室，還會留在鼻腔深處久久不散，說不定導致這項實驗長久留在心底（也可說是創傷）。

所以若想要保存，我會使用紫地瓜粉。雖然色澤略有差異，但都是來自花青素的色素，粉末也便於保存。需要時只要放進水裡萃取色素，採集上層澄清液使用即可。

勤能補拙

· 輻射計→P.183

照射到燈光就會安靜的持續旋轉的輻射計，如果實驗室有這項裝置，一定要去看看。它的原理如同前面的說明，原因就是空氣發生了流動，但這項原理曾經過長時間討論，沒辦法一眼就能看穿。這種宛如變魔術般的奇妙現象是輻射計的魅力之一，它的美感更吸引人。葉片旋轉時，反射面閃閃發光，就像旋轉的警示燈一樣（這個比喻的氛圍完全不對，輻射計神祕多了），讓人不禁想要一直盯著看。

所以我產生了自己做（？）的念頭，結果真的做了一個（笑）。我將鋁箔紙的一面塗成消光黑，放在針尖上，再用最大的果醬瓶蓋起來。不擅長精密加工的我採取了非常隨便的策略，先製作出大致的樣子，再透過微調來想辦法補救。但是天公疼憨人，當直徑約6公分的葉片緩緩轉動時，我的雞皮疙瘩都豎起來了（不是因為冷喔）。我感到相當振奮，後來又做了好幾次，但只要偷懶不精確調整，就完全無法順利運作。沒錯，天公雖然疼憨人，對於懶人卻相當嚴格……這就是教訓～♪。

文：山村紳一郎

中文名索引

【6畫】

【7～8畫】

【9畫】

【10畫】

【11畫】

【12畫】

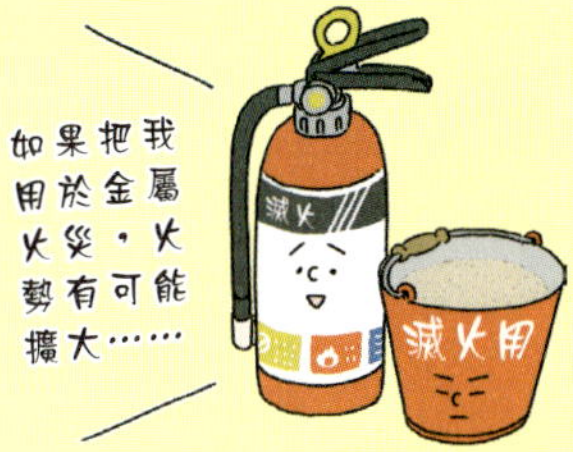
如果把我用於金屬火災，火勢有可能擴大……
滅火
滅火用

【13畫】

【14畫】

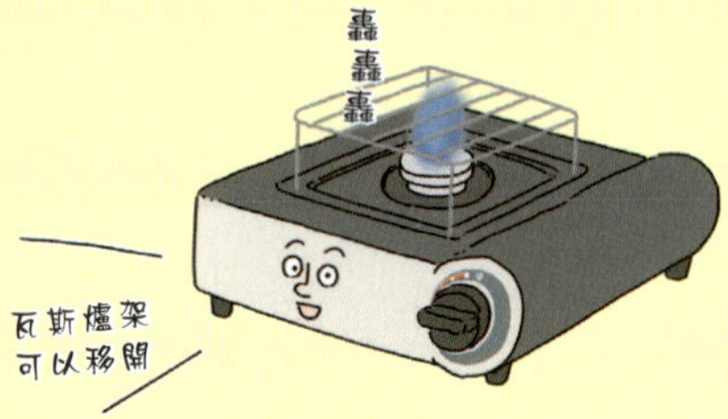

【15～16畫】

轉動
轉動
轉動

結語

本書主要收錄的是中小學自然科範圍內的用語（雖然有些部分例外）。這並不限於自然科學，隨著進入高中、大學，使用的術語就會逐漸增加。尤其大學更是如此，進行研究時，因為需要聚焦在自己的專業領域，就有必要對術語做更精細的分類和理解。

以水為例，進行化學實驗時，水中成分（雜質）會造成干擾，因此必須使用去除雜質的水。這種去除雜質的水稱為「純水」，但純水也有種類之分，例如：

- 蒸餾水
- 去離子水（離子交換水）
- 超純水
- 逆滲透水

如果要說明各自的意義會變得太冗長，所以在此省略，不過簡而言之，實驗時會因為使用哪一種水而影響結果，必須妥善區分。有人可能認為這樣的區分很麻煩，不過也有人會覺得「原來還有這樣的區別」、「居然還有這樣的用語」而感到興奮，我就是其中之一。

我原本在一家化妝品公司負責研發護髮產品，在我剛進公司時，發生了這樣的事情。當時正在研發的髮蠟原本是白色的，結果幾個月後竟然變成帶點褐色。就在我埋頭苦思「這是為什麼呢」、「應該發生某種反應吧」時，前輩研究員告訴我：「這或許是發生了梅納反應喔！」梅納反應是一種化學反應，簡單來說，就是由醣類中的碳與胺基酸中的氮結合所引起（其他組合也可能發生）。

但我當時沒聽過「梅納反應」這個詞，所以拚命閱讀各種文獻來學習這項反應，而我還記得當時遇到新術語的興奮感。

而在我查詢梅納反應的過程中，發現這項反應也會發生在生活周遭，尤其做菜時更是常見。例如烤肉時的香氣，或是洋蔥慢慢翻炒到焦糖色，都是梅納反應的結果。除此之外，麵包烘烤後的顏色、咖啡與巧克力的顏色等，也都與這項反應有關。梅納反應能夠增添食物的色澤與香氣，人們早在不知不覺間就在運用了。

就像這樣，區區一個術語甚至能改變我們看待世界的方式。

我想，閱讀本書的小學和國中生日後升上高中、大學之後，將會遇到愈來愈多的術語，倘若每次都能懷抱這種興奮雀躍的心情，我會很開心的，也希望大家的世界能夠因此變得開拓。

最後，非常感謝在繪製本書時協助採訪的學校。也因為有再次幫忙寫專欄的山村先生、設計師佐藤先生與編輯渡會先生的協助，讓我完成了一本非常有趣的書。

如果全國中小學校的實驗室都能將這本書作為科學圖書之一來陳列，將是我的榮幸。大家一起享受實驗室的樂趣吧！

上谷夫婦

謝辭

本書在下列國中、國小的實驗室與實驗準備室的協助採訪之下完成，感謝大家的幫忙。

此外，本書內的商品名稱與企業名稱都取得各企業的刊登許可，由衷感謝各位的協助。

〈採訪協助〉

- 青山學院初等部
- 青山學院中等部
- 京都市立修學院小學
- 京都府木津川市立木津第二中學
- 筑波大學附屬小學
- 奈良縣香芝市立鎌田小學
- 奈良縣橿原市立畝傍東小學
- 奈良縣大和高田市立片鹽中學

〈協助企業〉

- 內田洋行股份有限公司
- Kenis股份有限公司
- 島津理化股份有限公司
- 少年寫真新聞社股份有限公司
- 東海股份有限公司
- NaRiKa股份有限公司
- 日本製紙CRECIA股份有限公司
- Yagami股份有限公司

参考文献

- 《おもしろ理科授業の極意》左巻健男／東京書籍（2019）
- 《化学実験の基礎知識 第3版》編・飯田隆ほか／丸善出版（2009）
- 《花粉ハンドブック》日下石碧／文一総合出版（2023）
- 《岩石と鉱物の写眞図鑑》クリス・ペラント／日本ヴォーグ社（1997）
- 《草木の種子と果実》鈴木庸夫ほか／誠文堂新光社（2018）
- 《実験でわかる化学》福地孝宏／誠文堂新光社（2007）
- 《実験を安全に行うために 第8版》化学同人編集部／化学同人（2017）
- 《島津理化 理化学機器カタログ》島津理化（2022）
- 《スーパー理科事典（四訂版）》監修・齊藤隆夫／受験研究社（2013）
- 《中学 詳說 用語＆資料集 理科（改訂版）》中学教育研究会／ 受験研究社（2016）
- 《中学理科用語集 三訂版》旺文社／旺文社（2018）
- 《中学校 理科室ハンドブック》編著・山口晃弘ほか／大日本図書（2021）
- 《中学校理科指導スキル大全》編著・山口晃弘ほか／明治図書出版（2022）
- 《中学校理科 理科室マネジメントBOOK》編著・山口晃弘ほか／明治図書出版（2022）
- 《中学校理科観察・実験のアイデア50》青野裕幸／明治図書出版（2018）
- 《中学校理科授業のネタ100》三好美覚／明治図書出版（2017）
- 《ナリカ 理科機器総合カタログ2023・2024年度版》ナリカ
- 《ひっつきむしの図鑑》伊藤ふくお、丸山健一郎／トンボ出版（2003）
- 《日々に出会う化学のことば》加藤俊二、竹村富久男／化学同人（1991）
- 《改訂版　フォトサイエンス化学図録》数研出版（2013）
- 《三訂版　フォトサイエンス生物図録》数研出版（2016）
- 《ヤガミ 理科機器総合カタログ2023・2024年度版》ヤガミ
- 《理科実験・観察の器具図鑑》監修・横山正／ポプラ社（2014）
- 《理科の実験　安全マニュアル》左巻健男ほか／東京書籍（2003）

名家推薦

誰說理化知識只能死背硬記？超可愛的燒杯君跟他的實驗室器材夥伴們，這次要從他們的實驗室日常中，帶你理解各種理化相關詞彙與知識。在《燒杯君和他的實驗室大百科》中，超過400個理科詞彙搭配可愛的漫畫插圖一一登場，不只可愛好笑，還超有知識點！不管你是理科小白還是實驗高手，這本書都會試著讓你愛上理化、愛上學習。邊笑邊學，才是最強的學習魔法！

——**地方爸爸**「地方爸爸與他的小幫手們」版主

對科學實驗室充滿好奇的人，這本書是你的最佳入門指南。我想起每年帶領七年級新生踏入實驗室時，總能看到他們眼中閃爍著對未知世界的渴望。這本書正能滿足那份好奇心，詳細解答「實驗室裡有什麼？」、「那些器材是做什麼用的？」等每個疑問。

它不只是一本實驗室器材圖鑑，更是一本結合可愛漫畫的理科術語辭典。書中連結了科學原理與日常生活，讓你發現科學原來離我們這麼近。透過生動有趣的文字和插畫，你也能感受到那份探索與發現科學的純粹快樂。

——**阿簡老師**「阿簡生物筆記」版主

很高興看到燒杯君系列第五集出版了，這本是以實驗室為主題的《燒杯君和他的實驗室大百科》。自然科學涵蓋了物理、化學、生物、地球科學等學科，若要好好學習，是需要進到實驗室去動手做實驗和探究的。而自然科學實驗室對學生們來說，是一個可以滿足好奇心的百寶屋，但又常因為需要學習的器材設備非常多而怯步。這本書透過漫畫情境，生動的介紹了實驗室裡使用的器材、藥品和如何在實驗室操作實驗，同時也帶入一些專業術語和說明。作者的用心規畫，讓這本書不僅僅是一本科學辭典，更是一本充滿趣味、貼近現實生活且能激發讀者對科學好奇心的好書。

——**林文偉** 臺灣師範大學科學教育中心主任

小時候如果有這樣的科學讀物，我一定愛不釋手，而且這本《燒杯君和他的實驗室大百科》真的超好看又不時令人莞爾一笑！這本書透過主角燒杯君的貫穿全場，讓書更具可讀性，作者更用超有愛的筆觸，把每個詞條都變成生動有趣的小故事。

誰說科學很無聊？跟著燒杯君，你會發現實驗室裡充滿各種有趣的「工具人」朋友，還有那些讓你驚呼連連的趣味實驗！這絕對是用心感受科學、笑著探索未知世界的最佳推薦！

——**洪旭亮** 中華民國愛自造者學習協會祕書長

上谷夫婦的科普名角兒「燒杯君」又出擊了。（掌聲！）

用漫畫傳遞知識已經是日本的好萊塢文化，名冠天下。這一次燒杯君帶我們走入實驗室，透過詞條介紹，從鉅細靡遺的實驗裝備、儀器、工具、設施，到常用的簡易示範實驗、檢測的反應，以及實用的活動、操作或化學反應等，只要是在實驗室操作的或具有基本功能的物件，一應俱全。此外，燒杯君更與時俱進，打破學科，只要與自然科學、科技、環境、應用……相關的都囊括在內，本書不愧是大百科。

——**陳竹亭** 臺灣大學化學系名譽教授

原以為這是工具書，結果它比漫畫還好笑、比課本還專業、比實驗室還熱鬧。這本書用辭典包裝，實則是一本科學知識與角色劇場的混血寶典。書中超過400個詞條，從「酒精燈蓋子」到「紅酒蒸餾」，從「顯微鏡」到「趨性」、「不能徒手」，就連「水槽的碗型排水孔蓋」、「拔不起來……」都收錄其中，誠意滿點，笑點密集，知識含量爆棚。

原來，知識也可以這麼有戲。一頁翻出生活裡的理化線索，一詞點燃藏在器材裡的好奇心，在燒杯君的領軍下，你會重新看見科學的幽默與靈魂。

——**檸檬**「檸檬的家」粉絲頁板主

第一次看到這本書時，儘管面對的是日文原版，文字尚無法全然理解，但活潑生動的漫畫與插圖卻立刻吸引我的目光，激起濃厚的興趣。以科普、多模態的方式整頁呈現實驗室的各種知識與設備，既可愛又清晰，讓人忍不住一頁接一頁往下翻。這本書巧妙地涵蓋了中學自然領域的物理、化學、生物與地球科學相關實驗設備與學科知識，不僅有趣，更對學生學習理化知識有實質幫助，是兼具趣味與學習效益的優質科普教材，誠摯推薦給所有老師與學生！

——**盧政良** 高雄中學物理教師

哇！這真是一本生動的科學入門書，各種器材與實驗的說明，搭配俏皮活潑的插圖，不僅介紹了國中理化課本裡面的許多知識，也有許多生物和地球科學的知識呢!

《燒杯君和他的實驗室大百科》這本書適合國小或國中同學來當科學入門書，也適合大朋友來當作科學知識的補充書，閱讀起來不僅一點不生硬，反而會感覺到各種實驗室的器材彷彿都動起來了，活靈活現的在你面前對話喔！裡面各種常見的和稀有的實驗器材，用淺顯易懂的插圖和對話，教你如何安全使用它，還能連結到許多常見的科學概念及生活常識的補充，讓讀者能輕鬆和詼諧的學習到許多科普知識，非常值得推薦給小朋友和大朋友一起閱讀喔！

——**蘇宥誠** 高雄市左營國中理化老師

作者：上谷夫婦
生於日本奈良縣，現居神奈川縣。是一對夫妻檔作家，先生曾在化妝品製造商資生堂擔任研究員，太太則為非理工背景出身。最愛吃京都拉麵。主要著作有《燒杯君和他的夥伴》、《燒杯君和他的化學實驗》、《燒杯君和他的偉大前輩》、《燒杯君和他的小旅行》（遠流）、《透鏡君的品質檢驗之旅》（楓葉社文化）、《最有梗的元素教室》（親子天下）等。
最想說的實驗室用語是「生物分離漏斗」。
社群網站資訊隨時更新中：@uetanihuhu。

專欄：山村紳一郎
科學作家。出生東京都。日本東海大學海洋學系畢業後，曾經擔任雜誌記者與攝影師，從事科學技術與科學教育之取材暨執筆。為介紹和啟發「有趣、易懂、觸感佳和有夢想的科學」而努力。2004年起也在日本和光大學擔任兼任講師。
最想說的實驗室用語是「馬德堡半球」。

日文版裝幀設計：佐藤晃
日文版排版：中山詳子、渡部敦人（松本中山事務所）

譯者：林詠純
專職日文譯者，譯有《燒杯君和他的偉大前輩》、《燒杯君和他的小旅行》等書。
翻譯本書時正與幼兒纏鬥中，最想說的實驗室用語是「手溼不能摸」。

燒杯君和他的實驗室大百科

作　　者——上谷夫婦
譯　　者——林詠純

主　　編——陳懿文
美術設計——陳春惠
行銷企劃——鍾曼靈
出版一部總編輯暨總監——王明雪

發 行 人——王榮文
出版發行——遠流出版事業股份有限公司
地址：104005 台北市中山北路一段11 號13 樓
郵撥：0189456-1　電話：(02)2571-0297　傳真：(02)2571-0197
著作權顧問——蕭雄淋律師
2025 年 7 月 1 日 初版一刷

定價——新台幣480 元（缺頁或破損的書，請寄回更換）

ISBN 978-626-418-224-9
YL 遠流博識網 http://www.ylib.com　E-mail: ylib@ylib.com
遠流粉絲團 http://www.facebook.com/ylibfans

BEAKER KUN NO NARUHODO RIKASHITSUYOGO JITEN

國家圖書館出版品預行編目(CIP)資料

燒杯君和他的實驗室大百科= Beaker kun no naruhodo rikashitsuyogo jiten/上谷夫婦著；林詠純譯. -- 初版. -- 臺北市：遠流出版事業股份有限公司, 2025.07
面；　公分

ISBN 978-626-418-224-9 (平裝)

1.CST: 化學實驗 2.CST: 試驗儀器 3.CST: 行業語

347.02　　114006960